煤的固态
核磁共振研究

林雄超　王彩红　等 编著

化学工业出版社

·北京·

内 容 简 介

本书结合编者多年来利用固态核磁共振对煤结构和性质分析的实践，系统归纳了适用于煤的固态核磁共振方法。论述了固态核磁共振对煤的有机大分子结构、煤的物理结构以及煤中无机质的结构研究进展。努力探求先进分析技术在煤炭领域的应用和发展。

本书可以作为煤性质研究科研工作者的参考书，也可以作为相关专业硕士和博士研究生的参考教材。

图书在版编目（CIP）数据

煤的固态核磁共振研究/林雄超等编著 . —北京：
化学工业出版社，2021.1

ISBN 978-7-122-39171-1

Ⅰ.①煤… Ⅱ.①林… Ⅲ.①煤-核磁共振-研究
Ⅳ.①O482.53

中国版本图书馆 CIP 数据核字（2021）第 092874 号

责任编辑：张双进　　　　　　　　　装帧设计：王晓宇
责任校对：边　涛

出版发行：化学工业出版社（北京市东城区青年湖南街 13 号　邮政编码 100011）
印　　装：北京印刷集团有限责任公司
710mm×1000mm　1/16　印张 18¼　彩插 8　字数 325 千字
2021 年 11 月北京第 1 版第 1 次印刷

购书咨询：010-64518888　　　　　　　　售后服务：010-64518899
网　　址：http://www.cip.com.cn
凡购买本书，如有缺损质量问题，本社销售中心负责调换。

定　　价：89.00 元

在"碳达峰、碳中和"的背景下，我国煤炭利用正逐步向清洁化、大型化、规模化、集约化转型发展。推动煤炭由单一燃料属性向燃料、原料方向转变，是实现高碳能源低碳化利用的关键。由于煤的性质复杂，在煤炭的洁净高效利用过程中，先进的分析技术是认识煤炭相关特性的关键。煤是一种有机和无机组分的混合体，同时存在大量孔隙和裂隙，并吸附和伴生各种气体和矿物质等成分，因此造成对煤性质的分析存在诸多困难。迄今为止，在基础理论的支撑下，开发了众多针对煤炭性质的分析方法。核磁共振可从分子尺度研究物质的结构，是一种对煤有效的分析手段。

液态核磁共振方法已经广泛应用于各种有机化合物的结构确认中，起到了决定性的作用。然而液态核磁共振需要将样品溶解，其结构可能发生变化，并不能准确反映煤的原始结构特征。固态核磁共振技术提供了一种针对煤特点的非破坏性分析方法，既可以保留煤的固体形态，还能对不同环境中的结构信息进行定量分析。固态核磁共振技术可从原子、分子水平上揭示煤的微观结构和性质之间的关系。利用核磁共振技术，可以分析煤中有机大分子结构、煤中的孔隙特点以及煤中矿物质形态和高温转化过程中的特征。核磁共振技术结合其他分析方法，可以实现对煤性质的整体解析。

由于核磁共振技术十分复杂，我国在相关仪器和方法开发方面发展缓慢。利用固态核磁共振对煤的分析仍然停留在较为初级和片面的结构解析上。为使广大科技工作者较全面、系统地了解核磁共振技术在煤炭分析方面的应用和发展，本书结合编者多年来利用固态核磁共振对煤结构和性质分析的实践，系统归纳了适用于煤的固态核磁共振方法。论述了固态核磁共振对煤的有机大分子结构、煤的物理结构以及煤中无机质的结构研究进展，探求先进分析技术在煤炭领域的应用和发展。

由于编者并非核磁共振领域所属的数学物理专业出身，书中可能存在一定的不确定性，欢迎读者对此提出不同的意见。

在本书编写过程中林雄超、王彩红对大部分书稿进行了统稿，席文帅、邵苟苟、张玉坤、李首毅、王倩等进行了大量的文献搜集和整理工作。王永刚、丁华等对本书的内容进行了校核和审定。同时日本九州大学尹-宫胁实验室提供了固态核磁共振设备的共享，以及九州大学出田圭子研究员对分析过程给予了大量的指导，在此一并表示感谢。

本书涉及一定的理论和实际分析方法，有助于系统认识核磁共振技术在煤性质研究中的应用。本书可以作为煤性质科研工作者的参考书，也可以作为相关专业硕士和博士研究生的参考教材，希望能达到预期的效果。

编著者
2021 年 4 月

目录

绪论

分析技术始终是认识物质相关特性的关键，尤其是对材料学研究至关重要。迄今为止，在基础理论的支撑下，科学家开发了众多针对不同物质的分析技术。材料的分析可以从不同维度展开。物质的"体相"性质（bulk properties），包括密度、表面积、化学成分和热特性等，可以借助相对简单和经典的物理、化学分析方法进行解析。材料的晶粒或相的集合状态、存在的缺陷等宏观特征一般可借助光学显微镜和电子显微镜等直观观测。X射线是探测物质结构的重要手段，X射线与物质相互作用时，除了可能被物质吸收外，还可能被物质散射。利用这种特性，小角X射线散射（small angle X-ray scattering，SAXS）和中子散射（small angle neutron scattering，SANS）等可以探测原子序数在一定范围内物质的细观结构。材料原子尺度特征可以通过振动光谱〔如红外（infrared spectrophotometry，IR），紫外可见（vis-UV），拉曼光谱（Raman）〕，X射线吸收（EXAFS，XANES）或各种核磁共振（NMR）技术进行研究。在原子排序的中程范围内，可以用常规的X射线、中子或电子衍射来探测结构；而非晶材料的衍射可以通过分布函数进行表征。不同维度材料结构的分析方法见图0-1。

材料以多种形态存在，结构存在无序向有序的转换，同时伴随非均质向均质的过度（图0-2）。以X射线为代表的分析方法通常需要长程有序的原子结构。核磁共振技术是唯一一种既可以适用于探测最无序的原子结构（熔体和胶体）还可以探测最有序的单晶系统的方法。核磁共振技术能够有效地监测材料从一种无序结构或非均质状态转变为另一种状态时原子环境的变化。核磁共振技术也是研究无机矿物质在加热或机械研磨过程中的反应或相转变的理想方法，而此种转换过程往往缺乏常规衍射研究所必需的长程有序特征。

利用核磁共振技术确定材料的结构特征的一个重要因素是建立核磁共振谱和

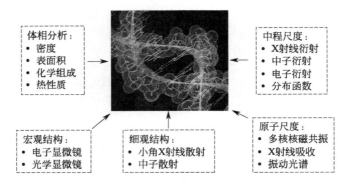

体相分析：
- 密度
- 表面积
- 化学组成
- 热性质

中程尺度：
- X射线衍射
- 中子衍射
- 电子衍射
- 分布函数

宏观结构：
- 电子显微镜
- 光学显微镜

细观结构：
- 小角X射线散射
- 中子散射

原子尺度：
- 多核核磁共振
- X射线吸收
- 振动光谱

图 0-1　不同维度材料结构的分析方法

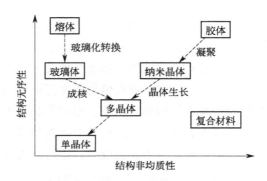

图 0-2　材料无序与非均质性的关系示意图

结构基元之间的关系。最简单的方法是通过"指纹"程序实现。该方法以已知组成和结构的相关材料建立广泛的核磁共振波谱数据库，并通过比较推导出未知材料的特征。到目前为止，核磁共振技术已经在物理、化学、材料、生物和医学等多个学科得到了广泛的应用。自旋核之间的相互作用能够提供原子核间距或化学键等几何信息，使从分子和原子水平上研究宏观物质成为可能。除常用的测定有机化合物的结构和构型外，核磁共振方法还可从原子、分子水平上揭示材料微观结构和功能间的关系。如催化剂表面活性中心及其与反应分子的相互作用机制；新材料制备过程中，各种元素的原子相互结合的机理；高分子材料中化学结构、晶态与非晶态、链运动、链构象等信息；纳米晶体或原子簇的聚集状态及导致其特殊的物理性质和产生量子化效应的原因；以及生物大分子的多级结构等。

　　傅里叶变换核磁共振及二维核磁共振技术的出现，为固体核磁共振和核磁共振成像（MRI）奠定了基础，是核磁发展史上的一大突破。而核磁共振成像的出现则使谱学扩展到医学领域。核磁共振成像技术是核磁共振在医学领域的应用。人体内含有非常丰富的水，不同的组织，水的含量也各不相同，如果能够探测到这些水的分布信息，就能够绘制出一幅比较完整的人体内部结构图像。核磁共振成像技术就是通过识别水分子中氢原子信号的分布来推测水分子在人体内的分布，进而探测人体内部结构的技术。与用于鉴定分子结构的核磁共振谱技术不同，核磁共振成像技术改变的是外加磁场的强度，而非射频场的频率。核磁共振成像仪在垂直于主磁场方向会提供两个相互垂直的梯度磁场，这样在人体内磁场的分布就会随着空间位置的变化而变化，每一个位置都会有一个强度不同、方向不同的磁场。这样，位于人体不同部位的氢原子就会对不同的射频场信号产生反应，通过记录这一反应，并加以计算处理，可以获得水分子在空间中分布的信息，从而获得人体内部结构的图像。核磁共振成像技术还可以与 X 射线断层成像技术（CT）结合为临床诊断和生理学、医学研究提供重要数据。

核磁共振探测是 MRI 技术在地质勘探领域的延伸，通过对地层中水分布信息的探测，可以确定某一地层下是否有地下水存在，地下水位的高度、含水层的含水量和孔隙率等地层结构信息。目前核磁共振探测技术已经成为传统的钻探探测技术的补充手段，并且应用于滑坡等地质灾害的预防工作中。但是相对于传统的钻探探测，核磁共振探测设备的购买、运行和维护费用非常高昂，这严重地限制了该技术在地质科学中的应用。

在材料的力学及物理性能的研究方面，核磁共振波谱也是一种重要的分析手段。可以解析材料力学性能和相结构的变化规律，获得局部分子运动与力学性能之间的相互关系。动态核磁共振一般用于研究物质内部分子、原子运动对核磁共振信号的影响，例如化学交换、弛豫、构象等。高分子动态方法被用来研究高分子体系的时间相关性。可通过测定分子弛豫数据考察分子运动的速度，研究分子运动与大分子结构的内在关系。

煤是古代植物埋藏在地下经历了复杂的生物化学和物理化学变化逐渐形成的固体可燃性矿产，主要由植物遗体经生物化学作用，埋藏后再经地质作用转变而成。煤主要由碳、氢、氧、氮、硫和磷等元素组成，碳、氢、氧三者总和约占有机质的 95% 以上，是非常重要的能源，也是冶金、化学工业的重要原料。分为褐煤、烟煤、无烟煤等几种。综合、合理、有效开发利用煤炭资源，并着重把煤转变为洁净燃料一直是能源研究领域关注的重点。由于煤的性质复杂，煤的利用需要对煤的性质进行充分和细致的分析。煤是一种有机和无机组分的混合体，同时存在大量孔隙和裂隙，并吸附和伴生各种气体和矿物质等成分，因此造成对煤性质的分析存在诸多困难。核磁共振是一种对煤有效的分析方法。利用核磁共振技术，可以分析煤有机大分子结构、煤中孔隙特点以及煤中矿物质形态和高温转化过程中的特征。核磁共振技术结合其他分析方法，可以实现对煤性质的整体解析。

核磁共振技术是逐渐发展并成熟的一种结构分析的重要手段。虽然在方法建立与实验过程中存在一定的局限性，但随着核磁共振理论以及软、硬件技术的不断进步与提高，核磁共振方法将在分析领域，尤其是在煤的解析方面展示更大的潜力。

第1章
核磁共振技术基础

1.1 核磁共振技术介绍

磁共振指的是自旋磁共振（spin magnetic resonance）现象，它是指磁矩不为零的原子或原子核在稳恒磁场作用下对电磁辐射能的共振吸收现象。其包含有核磁共振（NMR）、电子顺磁共振（EPR）或称电子自旋共振（ESR）等。

磁共振是在固体微观量子理论和无线电微波电子学技术发展的基础上被发现的。20 世纪 30 年代，物理学家伊西多·拉比发现，在磁场中的原子核会沿磁场方向呈正向或反向有序平行排列，而施加无线电波之后，原子核的自旋方向发生翻转。这是人类关于原子核与磁场以及外加射频场相互作用的最早认识。由于这项研究，拉比于 1944 年获得了诺贝尔物理学奖。1945 年在顺磁性 Mn 盐的水溶液中观测到顺磁共振。1946 年两位美国科学家布洛赫和珀塞尔发现，将具有奇数个核子（包括质子和中子）的原子核置于磁场中，再施加以特定频率的射频场，就会发生原子核吸收射频场能量的现象，这就是人们最初对核磁共振现象的认识。为此他们两人获得了 1950 年度诺贝尔物理学奖。1950 年在室温附近观测到固体 Cr_2O_3 的反铁磁共振。1953 年在半导体硅和锗中观测到电子和空穴的回旋共振。1953 年和 1955 年先后从理论上预言和实验上观测到亚铁磁共振。随后又发现了磁有序系统中高次模式的静磁型共振（1957）和自旋波共振（1958）。1956 年开始研究两种磁共振耦合的磁双共振现象。这些磁共振被发现后，便在物理、化学、生物等基础学科和微波技术、量子电子学等新技术中得到了广泛的应用。

核磁共振作为一种波谱学方法，是物理学提供给化学、生物、医学和材料科学等领域的一种非常有效的研究手段。核磁共振技术能用于观测小到原子、分子的结构和动力学性质，大到活体动物甚至人体的宏观行为。也正是因为核磁共振技术的广泛应用前景，它在近五十年得到了迅速发展。尤其是在近二十年中，核磁共振在生物医学中的应用及相关技术的研究有了飞跃性的进步，其发展的速度和涉及的范围已经超越了几乎所有人的期望和想象。现在无论是在临床诊断，还是在基础研究中，核磁共振技术都已成为必不可少的重要工具之一。

早期核磁共振主要用于对核结构和性质的研究，如测量核磁矩、电四极距及核自旋等，后来广泛应用于分子组成和结构分析，生物组织与活体组织分析，病理分析、医疗诊断、产品无损监测等方面。对于孤立的氢原子核（也就是质子），当磁场为 1.4T 时，共振频率为 59.6MHz，相应的电磁波为波长 5m 的无线电波。但在化合物分子中，这个共振频率还与氢核所处的化学环境有关。处在不同化学环境中的氢核有不同的共振频率，称为化学位移。这是由核外电子云对磁场的屏蔽作用、诱导效应、共轭效应等原因引起的。同时，由于分子间各原子的相互作用，还会产生自旋-耦合分裂。利用化学位移与分裂数目，就可以推测化合物尤其是有机物的分子结构。这就是核磁共振的波谱分析。20 世纪 70 年代，脉冲傅里叶变换核磁共振仪出现了，它使 ^{13}C 谱的应用也日益增多。用核磁共振法进行材料成分和结构分析有精度高、对样品限制少、不破坏样品等优点。

最早的核磁共振成像实验是 1973 年由劳特伯发表的，并立刻引起了广泛重视，短短 10 年间就进入了应用阶段。作用在样品上有一稳定磁场和一个交变电磁场，去掉电磁场后，处在激发态的核可以跃迁到低能级，辐射出电磁波，同时可以在线圈中感应出电压信号，称为核磁共振信号。人体组织中由于存在大量水和烃类化合物而含有大量的氢核，一般用氢核得到的信号比其他核大 1000 倍以上。正常组织与病变组织的电压信号不同，结合 CT 技术，即电子计算机断层扫描技术，可以得到人体组织的任意断面图像，尤其对软组织的病变诊断，更显示了它的优点，而且对病变部位非常敏感，图像也很清晰。

核磁共振成像研究中，一个前沿课题是对人脑的功能和高级思维活动进行研究的功能性核磁共振成像。人们对大脑组织已经很了解，但对大脑如何工作以及为何有如此高级的功能却知之甚少。美国贝尔实验室于 1988 年开始了这方面的研究，美国政府还将 20 世纪 90 年代确定为 "脑的十年"。用核磁共振技术可以直接对生物活体进行观测，而且被测对象意识清醒，还具有无辐射损伤、成像速度快、时空分辨率高（可分别达到 $100\mu m$ 和几十毫秒）、可检测多种核素、化学位移有选择性等优点。美国威斯康星医院已拍摄了数千张人脑工作时的实况图像，有望在不久的将来揭开人脑工作的奥秘。

若将核磁共振的频率变数增加到两个或多个，可以实现二维或多维核磁共振，从而获得比一维核磁共振更多的信息。目前核磁共振成像应用仅限于氢核，但从实际应用的需要，还要求可以对其他一些核如：^{13}C、^{14}N、^{31}P、^{33}S、^{23}Na、^{127}I 等进行核磁共振成像。^{13}C 已经广泛进入实用阶段，但仍需要进一步扩大和深入。核磁共振与其他物理效应如穆斯堡尔效应（γ 射线的无反冲共振吸收效应）、电子自旋共振等的结合可以获得更多有价值的信息，无论在理论上还是在实际应用中都有重要意义。核磁共振拥有广泛的应用前景，伴随着脉冲傅里叶技术已经取得了一次突破，使 ^{13}C 谱进入常规应用阶段。因此，有理由相信，随着技术的进步，越来越多核的谱图进入应用阶段应为期不远。

另一方面，医学家们发现水分子中的氢原子可以产生核磁共振现象，利用这一现象可以获取人体内水分子分布的信息，从而精确绘制人体内部结构，在这一理论基础上，1969 年纽约州立大学南部医学中心的医学博士达马迪安，通过对测核磁共振的弛豫时间的控制，成功地将小鼠的癌细胞与正常组织细胞区分开来。在达马迪安新技术的启发下，纽约州立大学石溪分校的物理学家保罗·劳特伯尔于 1973 年开发出了基于核磁共振现象的成像技术，并且应用他的设备成功地绘制出了一个活体蛤蜊的内部结构图像。劳特伯尔之后，MRI 技术日趋成熟，应用范围日益广泛，成为一项常规的医学检测手段，广泛应用于帕金森氏症、多发性硬化症等脑部与脊椎病变以及癌症的治疗和诊断。2003 年，保罗·劳特伯尔和英国诺丁汉大学教授彼得·曼斯菲尔因为他们在核磁共振成像技术方面的贡献获得了当年度的诺贝尔生理学或医学奖。其基本原理：是将人体置于特殊的磁场中，用无线电射频脉冲激发人体内氢原子核，引起氢原子核共振，并吸收能量。在停止射频脉冲后，氢原子核按特定频率发出射电信号，并将吸收的能量释放出来，被体外的接收器收录，经电子计算机处理获得图像，获得核磁共振成像。

在适当的磁场强度下，可以很容易地从有机溶液中获得解析度高、结构信息丰富的 ^{13}C NMR 谱。早期无机化学家试图将这种技术应用于固体样品，但获得的波谱谱图太宽，并不能提供太多有用信息。此外，固体样品中的原子核通常是四极的（例如 ^{27}Al），需要更高的磁场进行解析。超导磁体的发展最终满足了对更高场强的需要，但是如何改变超导磁体的场强仍面临挑战。

固体核磁共振波谱学的一个重要突破是英国学者 Andrew 和美国学者 Lowe[1]，发现引起核磁共振信号过宽的因素可以通过将样品在特定角度（魔角 $54.73°$，magic angle）快速旋转而消除。但由于无机物中原子的灵敏度极低，且弛豫时间过长，造成固态物质的分析难度较大。此外，在一定的旋转速度下，偶极矩较大，并不能用通过魔角来缩小。

1.2 核磁技术基本原理

由于原子核携带电荷，当原子核自旋时，会由自旋产生一个磁矩。这一磁矩的方向与原子核的自旋方向相同，大小与原子核的自旋角动量成正比。将原子核置于外加磁场中，若原子核磁矩与外加磁场方向不同，则原子核磁矩会绕外磁场方向旋转，这一现象类似陀螺在旋转过程中转动轴的摆动，称为进动（precession）。核磁共振现象来源于原子核的自旋角动量在外加磁场作用下的进动，也就是说核磁共振主要是由原子核的自旋运动引起的。进动具有能量也具有一定的频率，它与所加磁场的强度成正比。如在原子核自旋基础上再加一个固定频率的电磁波，并调节外加磁场的强度，使进动频率与电磁波频率相同。这时原子核进动与电磁波产生共振，叫核磁共振。质子带正电荷，它们像地球一样在不停地绕轴旋转，并有自身的磁场，如图 1-1 所示。核磁共振时，原子核吸收电磁波的能量，记录下的吸收曲线就是核磁共振谱。由于不同分子中原子核的化学环境不同，将会有不同的共振频率，产生不同的共振谱。记录这种波谱即可判断该原子

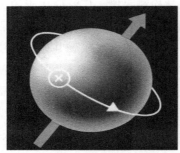
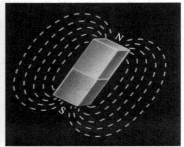

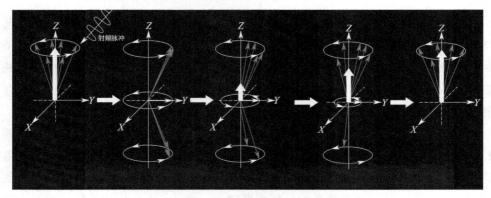

图 1-1 原子核进动与电磁波产生共振原理

在分子中所处的位置及相对数目，用以进行定量分析及分子量的测定，并可对有机和无机化合物进行结构分析。

根据量子力学原理，原子核与电子一样，也具有自旋角动量，其自旋角动量的具体数值由原子核的自旋量子数决定。不同的原子核，自旋运动的情况不同，它们可以用核的自旋量子数 I 来表示。自旋量子数与原子的质量数和原子序数之间存在一定的关系，大致分为三种情况，如表 1-1 所示。

表 1-1　原子的质量数、原子序数和自旋量子数与 NMR 信号的关系

分类	质量数	原子序数	自旋量子数 I	NMR 信号
Ⅰ	偶数	偶数	0	无
Ⅱ	偶数	奇数	$1,2,3,4,5,6,7,\cdots$（I 为整数）	有
Ⅲ	奇数	奇数或偶数	$0.5,1.5,2.5,3.5,4.5,\cdots$（$I$ 为半整数）	有

第Ⅰ类为质量数和原子序数均为偶数的原子核，自旋量子数为 0，即 $I=0$，如 ^{12}C、^{16}O、^{32}S 等。这类原子核可以看作是一种非自旋的球体，没有自旋现象，称为非磁性核，不产生 NMR 信号。第Ⅱ类为质量数为偶数，原子序数为奇数的原子核，自旋量子数为整数，原子核为电荷分布均匀的自旋球体。第Ⅲ类为质量数为奇数的原子核，自旋量子数为半整数，如 ^{1}H、^{13}C、^{15}N、^{19}F、^{31}P 等，其自旋量子数不为 0，是一种电荷分布不均匀的自旋椭球体。

只有自旋量子数等于半整数的原子核，其核磁共振信号才能够被人们利用。经常为人们所利用的原子核有：^{1}H，^{11}B，^{13}C，^{17}O，^{19}F，^{23}Na，^{27}Al，^{31}P，^{31}Si 等。

原子核进动的频率由外加磁场的强度和原子核本身的性质决定，也就是说，对于某一特定原子，在一定强度的外加磁场中，其原子核自旋进动的频率是固定不变的。原子核发生进动的能量与磁场、原子核磁矩以及磁矩与磁场的夹角相关。根据量子力学原理，原子核磁矩与外加磁场之间的夹角并不是连续分布的，而是由原子核的磁量子数决定的，原子核磁矩的方向只能在这些磁量子数之间跳跃，而不能平滑地变化，这样就形成了一系列的能级。当原子核在外加磁场中接受其他来源的能量输入后，就会发生能级跃迁，也就是原子核磁矩与外加磁场的夹角会发生变化，这种能级跃迁是获取核磁共振信号的基础。

为了让原子核自旋的进动发生能级跃迁，需要为原子核提供跃迁所需要的能量，这一能量通常是通过外加射频场来提供的。根据物理学原理，当外加射频场的频率与原子核自旋进动的频率相同的时候，射频场的能量才能够有效地被原子核吸收，为能级跃迁提供助力。因此某种特定的原子核，在给定的外加磁场中，只吸收某一特定频率射频场提供的能量，这样就形成了一个核磁共振信号。

原子核是带正电荷的粒子，不能自旋的核没有磁矩，能自旋的核有循环的电流，会产生磁场，形成磁矩（μ）。

$$\mu = P\gamma$$

式中，P 是角动量矩，γ 是磁旋比，它是自旋核的磁矩和角动量矩之间的比值，因此是各种核的特征常数。

当自旋核处于磁感应强度为 B_0 的外磁场中时，除自旋外，还会绕 B_0 运动，这种运动情况与陀螺的运动情况十分相像，称为拉莫尔进动。自旋核进动的角速度 ω_0 与外磁场感应强度 B_0 成正比，比例常数即为磁旋比 γ。

$$\omega_0 = 2\pi\nu_0 = \gamma B_0$$

式中，ν_0 为进动频率。

原子核在外磁场中的运动情况如图 1-2 所示，微观磁矩在外磁场中的取向是量子化的（方向量子化），自旋量子数为 I 的原子核在外磁场作用下只可能有 $2I+1$ 个取向，每一个取向都可以用一个自旋磁量子数 m 来表示，m 与 I 之间的关系是

$$m = I, I-1, I-2 \cdots -I$$

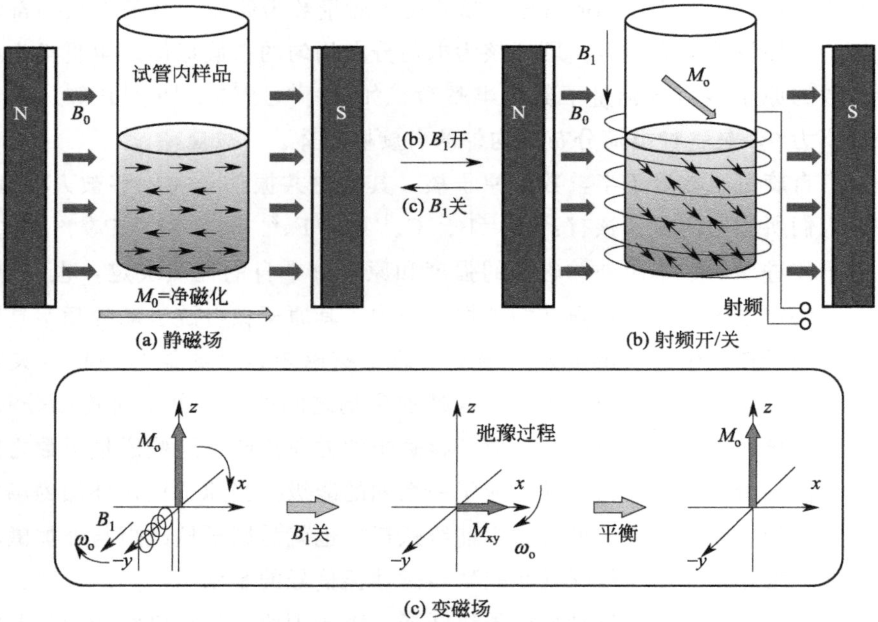

图 1-2　原子核在外磁场中的运动情况

原子核的每一种取向都代表了核在该磁场中的一种能量状态，I 值为 $1/2$ 的核在外磁场作用下只有两种取向，各相当于 $m=1/2$ 和 $m=-1/2$，这两种状态之间的能量差 ΔE 值为：

$$\Delta E = \gamma h B_0 / 2\pi$$

一个核要从低能态跃迁到高能态，必须吸收 ΔE 的能量。让处于外磁场中的自旋核接受一定频率的电磁波辐射，当辐射的能量恰好等于自旋核两种不同取向的能量差时，处于低能态的自旋核吸收电磁辐射能跃迁到高能态。这种现象称为核磁共振。当频率为 $\nu_{射}$ 的射频照射自旋体系时，由于该射频的能量 $E_{射} = h\nu_{射}$，因此核磁共振要求的条件为：

$$h\nu_{射} = \Delta E (即 \ 2\pi\nu_{射} = \omega_{射} = \gamma B_0)$$

1.3 核磁实验方法

1.3.1 核磁共振仪器

NMR 共振仪的基本组成如图 1-3 所示。主要包括一个由超导磁铁构成的高频磁场。装有样品的探针放置在该磁场的中心，探头连接到变送器。波谱仪的所有部件通过传输线耦合在一起，从而传送射频功率/信号。通常用作传输线的同轴电缆具有特性阻抗，阻抗由其单位长度的电容和电感决定。发射机由一个合成器组成，产生中心频率，形成脉冲。脉冲被放大后，可以形成足够短，并激发足够宽频率的激励来观测频率宽度。探头连接到接收器，通过高精度设计，确保对微伏信号的接收。在接收器中接收到的感应电压以数字化方式存储在计算机中，并将其处理转换成频谱。

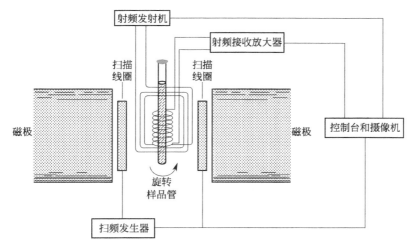

图 1-3 典型核磁共振仪基本结构

1.3.2　磁体

核磁共振需要高的磁场，高磁场可分散化学位移（以 Hz 为单位）、提高 Boltzmann 因子、获得更高的灵敏度。通常以 Nb_3Sn 或 NbTi 为主要超导材料，在液氦温度下形成超导磁体。然而，由于分析要求的提高，场强和电流密度接近这些材料的极限，需要更先进的材料。超导磁体由低温恒温器、主线圈、超导垫片组和一个将电流源连接到主线圈的装置组成（图 1-3）。低温恒温器由液态冷阱组成，内部用液氦，外部用液氮，由几个真空套与辐射屏蔽隔开。

NMR 超导磁体通常连续运行，这意味着在引入电流之后，不允许电源断开。核磁共振波谱实验也要求磁场的均匀性和稳定性。长期稳定性要求每天漂移小于 2×10^{-7}；均匀性要求在约 $1cm^3$ 的体积内偏差为 2×10^{-9}。单靠主线圈不能维持均匀性，因此在恒温器中有一组称为低温垫片的较小的超导线圈，其数量取决于设计磁体的目的（例如固态 NMR，高分辨率 NMR），通常在 3～8 之间。

1.3.3　匀场

高分辨率实验所需的分辨率通常为 0～0.1Hz。对于大多数固体核磁共振波谱来说，均匀性磁场（匀场）是一个相对较小的因素。在 400MHz 的共振频率下，理想情况下一般可以在高 20mm 和直径 10mm 的圆柱范围内获得一个均匀性为 2.5×10^{-10} 的磁场。

每个匀场梯度（当电流施加到该特定线圈时产生的梯度的方向和形状）具有匀场中心。在低温磁体中，沿着 z 轴将具有相当强的磁场依赖性（即梯度）。如果使用匀场电流来施加额外的场来抵消这个梯度，那么除了一个点之外的所有点都应该改变磁场的值，这个不变的点被称为该梯度的匀场中心。

多数核磁共振波谱仪有 12～18 个匀场控制。对于固态操作，通常需要较少地执行匀场。在匀场过程中，梯度应该系统地变化[2]，但在线宽和线形（没有肩峰和隆起）间需要平衡。

1.3.4　信号发射机

根据特定原子核分析所需的频率，以稳定和准确的方式合成频率非常重要。在一些实验中，合成器的频率需要快速切换。通常可选择相位连续方式切换频率。当频率改变时，相位以相同的值保持不变或相位连续（即，第二频率的相位在相位上的相同时间点以其他频率开始）。此种设置可产生最大的相位切换速度，但需要纠正变化的条件和操作的频率。在此设置下，计算机内存以数字形式保存正弦波，然后由计算机存储器读出的速度产生所需的频率，该射频由数模转换器产生。通过简单地改变信号读出的存储器地址来产生相移。

通常，来自调制器的处于～V水平的脉冲被放大到实验需要的水平，通过检查示波器上的脉冲电压来确定发射机的功率，衰减以分贝（dB）和电压来衡量。放大是通过固态晶体管或真空管放大器来实现的。在较高的频率下，管式或腔式放大器仍然是唯一的选择。对于要求更高的高功率应用，管式放大器是优选的，因为如果产生显著的加热效应，则晶体管容易受其特性变化的影响。电子管放大器通常是一个可调电路的一部分，所以随着工作频率的改变，放大器电路必须重新调节。相反，晶体管放大器是宽带的，只需要设定新的频率。另外，来自信号发射机的直接脉冲通常存在很大的噪声，需要在示波器上通过加载宽带 50Ω 的阻抗来检视过滤。

1.3.5 探头

探头是核磁共振实验的核心。它本质上是一个可调谐的谐振电路和包含在主电感（NMR线圈）内的样品池。线圈的电感与 $\mu\mu_o n^2 lA$ 成正比，式中 n 是线圈上每单位长度的匝数［即 N（总匝数）/l（线圈长度）］；$\mu\mu_o$ 是样品的磁导率；A 是线圈的横截面积。电路的细节通常很复杂，通常采用并联调谐电路，简化后的电感（L）和电容（C）可以用所需的谐振频率（V_0）经公式 $\upsilon_o = \dfrac{1}{2\pi\sqrt{LC}}$ 相关联。谐振频率是最重要的参数，输入阻抗也必须满足 50Ω。品质因数 Q（探针电路的谐振锐度）定义为：谐振频率/谐振响应的半宽度，（也就是 $\dfrac{\omega_o L}{R}$，其中 R 为线圈电阻）也必须相匹配。

线圈也有多种形式，取决于具体应用。传统的电磁线圈适用于较低的频率和固体；Helmholtz或鞍形线圈在高分辨率液态核磁共振研究中被广泛使用，而笼式线圈被MRI普遍采纳。因需要承受高电压，电容器在探头设计中十分重要。而线圈与探头之间的导线，以及匹配的电容和电感也在探头的整体性能中起着关键作用。

所有的探头都有背景信号。这对于静态宽线工作来说是一个问题，因为背景信号本身通常是宽泛的。宽泛的背景信号对高分辨率工作中使用的较窄的波谱窗口没有太大影响。为了检查信号是否来自样本，应该在相同的条件空白样本的情况下获取数据集，可以从特定核中构建探针以最小化背景，来观察样品中的核磁信号。

1.3.6 探头的连接

通常将探头物理连接到发射器和接收器。当脉冲分别开启和关闭（称为双工）时，电路有效地将探头耦合到发射器和接收器。在固态 NMR 操作中，双工电路可承受高功率射频，并在整个脉冲序列中保持稳定。并联成对的二极管作为有源开关，其导电方向相反（称为交叉）。脉冲打开时，两个开关闭合。因此，探头连接到发射器，通过 $\lambda/4$ 的阻抗变换，探头的远端接地并且接收器受到保护，允许最大电压传输到探头。然后，当脉冲关闭时，发射器实际上与自身连接到前置放大器的探头连接断开。

1.3.7 信号检测

在线圈中产生的核磁共振信号在检测和数字化之前需要放大。第一阶段通常是 $20\sim30\text{dB}$ 放大，使用前置放大器，其最重要的参数是噪声系数（N_F），是放大器加到信号上的噪声的量度。通常在接收机中使用充当双平衡混频器的三端口设备检测最初放大的信号。三端口器件可用作门、混频器或相敏检测器，由一系列二极管和变压器线圈组成。相敏检测器有两个输入信号，NMR 信号（ω_0）和合成器的频率（ω_{ref}），并且成一定比例输出。

总频率远大于波谱仪的总带宽，因此丢失、留下差异频率，即观察到的自由感应衰减（FID）的频率。这个较低的频率通常由音频放大器进一步放大。可以看出，相敏检测相当于检查在 ω_{ref} 处旋转系中的 NMR 信号。如果频率 ω_0 和 ω_{ref} 相等，并且弛豫效应被忽略，则获得恒定的输出并取决于相位差（ϕ），因此是相位敏感的检测器。大多数现代波谱仪使用两个相位敏感检测器，其相位相差为 90°，因此称为正交相位敏感检测。与单通道检测相比，正交检测具有几个优点。最重要的是正交检测可以区分信号是高于还是低于参考频率[3]。发射频率在正在检查的频谱窗内的定位则不那么重要。这种将发射机频率设置在激励范围中心附近的能力提高了脉冲功率效率和信噪比。但是，需要设置设备参数来消除两个通道增益的不平衡，并且纠正两个通道之间相移 90°的任何偏差。这两个通道被称为实部和虚部通道，因为如果信号经傅里叶变换，通道将给出吸收和色散的波谱分量。如果这些因素没有得到纠正，将出现称为正交图像的伪信号。在通道之间或整体上，任何直流净偏移也会造成频谱伪影，最明显的是零频率尖峰。仔细设置波谱仪参数可以有效地消除这种影响。但是，相位循环也将有效地消除正交图像。最常见的序列包括使用四相 90°分离。CYCLOPS 序列广泛用于消除正交伪像[4]。这个脉冲序列在相位周期中有四个步骤。信号的相位循环和路径选择消除了两个通道之间直流偏移、振幅不平衡以及 90°相位的偏差。应该强调的是，这个相位循环只是通过取消而不是重建来去除伪像，因此使得信噪比 S/N 比在系统设置完美的情况下较差。

为了改善 S/N，应该减少来自激励的频谱范围之外的高频噪声。当信号被数字化时，离散采样时域信号的 Nyquist 采样定理（间隔为 DW＝停留时间）表明可以明确确定的最高频率是 2/DW。因此在较低的频段出现较高的频率，将较高频率的噪声折叠到频谱范围内。音频滤波器用于消除这种高频噪声。波谱宽度的最佳值为 1.2～1.3MHz，波谱仪制造商通常会将其自动构建到软件中作为默认设置。这里有很多可用的各种模拟滤波器设计。最简单的是 RC 电路，其中时间常数决定了较高的频率响应。也有许多更复杂的滤波器电路，在 NMR 中常用的两个是 Bessel 和 Butterworth 设计[5]。滤波器没有无限锐利的截止点，并且这些设计显示出不同的衰减特性。核磁共振波谱仪较早的设计使用 Bessel 或 Butterworth 滤波器来测量低于 100～120kHz 的波谱范围，而高于这个范围的则使用了 RC 滤波器。必须通过滤波来改善 S/N，因为滤波器引起失真（例如，弛豫时间，超调量）到 FID 开始能够使宽共振线形失真。在确定最佳滤波时，通常采用的理论是使用比激励的频谱范围稍大的滤波值，但在某些情况下，这不一定是最好的方法。如果是一条激励宽线，信号可以非常快速地数字化，以便精确地记录 FID，但是滤波器的设置明显小于波谱范围。这改善了 S/N，但噪声将显示波谱范围的变化。只要不与波谱位置重合，就不构成明显的问题。

信号然后被数字化以存储在计算机存储器中。当使用两个正交信道时，有两种方式可以捕获数据。可以同时捕获每个通道的数据点（称为同时捕获），或者在每个驻留时间捕获一个数据点，但是路由到相敏检测器的通道不同（称为顺序捕获）。谱宽与 DW 的关系在两种方法上略有不同：

同步采集
$$DW = \frac{1}{SW} \tag{1-1}$$

连续采集
$$DW = \frac{2}{SW} \tag{1-2}$$

时域数据点（TD）的数量意味着数据采集的时间［称为采集时间（AQ）］由 AQ＝TD×DW 给出。数字化仪由字节（确定记录电压的动态范围）、数字化速率（确定停留时间）和能够存储数据点的存储器的大小表示。直到目前，通过机载计算机存储器来限制在宽频率范围内记录窄谱对象的能力受到了限制，但商用波谱仪已经解决了这个问题。另一种可能的方法是过滤数字化数据（称为数字滤波）。

1.4 附加设备

虽然波谱仪是独立的，但为了优化波谱仪的操作，特别是对于那些想要自己构建组件（例如探针）并开发新方法的研究人员来说，通常需要一些非常有用的额外硬件。高射频带宽和扫描速率对于一个好的示波器是必不可少的，可以检测到非常高的频率。触发和校准过程必须要求有较高的可靠度。对于普通的荧光屏仪器来说，需要突出显示观察瞬态发生的事件。近年来普遍采用液晶显示的示波器，可使操作更接近磁场。另外信号的衰减器也非常重要，可以在示波器上或在波谱仪接收器上观察脉冲而不会造成损坏。虽然核磁共振脉冲可以是高功率，但它们通常是在一个相对较短的时间内完成，所以连续波的额定功率不必太高。衰减器需要具备一个比较宽的带宽。示波器和衰减器可能是核磁共振实验室的常用附件。定向耦合器在试验过程中用途也较广泛，可以连续监测探头反射的功率，从而允许调谐和监测故障，这在高功率实验中很重要。

1.5 核磁共振谱图的采集

样品核磁共振转换成电信号后经过采集可进一步转换成核磁共振谱图。在单脉冲信号采集中，需要遵循以下简单的步骤。

① 选择一个合适的频率并调整探头进行核磁激发；

② 设置适当的发射机和探头参数确定90°脉冲；

③ 确保带宽和频率范围（通常称为波谱或扫描范围）被数字化；

④ 选择适当的停留时间延迟；

⑤ 设置足够长的信号接收时间；

⑥ 在接收机（前置放大器）中选择一个合适的增益，使信号不会使接收机过载；

⑦ 使用循环时间，将波谱中所有的位置全都弛豫。

1.5.1 自感应衰减（FID）处理产生波谱

样品的 NMR 信息（如拉莫尔频率分布、相互作用等）都包含在 FID 中。傅里叶变换有利于解释时域数据，可为波谱解析提供帮助。通常采用数值算法进行全离散的复数傅里叶变换分析。对于直接变换，消耗的时间随着数据点 N^2 增加；而对于快速傅里叶变换算法，消耗的时间随着 $2N\lg N$ 增加。

T_2 弛豫过程信息在整个时域数据中不均匀分布，信号的 T_2 衰减相对于噪声随时间增加而减小。因此，可以将加权函数应用于时域数据点，以强调优先存在信号的 FID 部分。

1.5.2　窗口函数

实验信号 $S(t)$ 在称为变迹的过程中被乘以窗口函数以产生经傅里叶变换的新加权信号 $A(t)$。常用的窗口函数如下。

（1）指数乘法

此功能改善了信噪比（S/N），减少了高频噪声的影响，可引起洛伦兹线增宽。

（2）高斯乘法

可以使用高斯线宽来改善 S/N。如果常数被设置为负值，则 S/N 将降低，但是线更窄（即分辨率增强）。

（3）梯形乘法

$S(t)$ 可以用梯形乘法来降低高频噪声，也可以用来定义回波周围的区域，以消除停留时间效应。

（4）平方正弦倍增

与指数乘法和高斯乘法比较近似，可消除零点偏移和截断振荡。

1.5.3　时间原点的偏移和线性回归预测

由于各种停留时间效应，数据不能准确记录，有时会导致傅里叶变换（FT）中出现大的非逻辑感应电压。这些频谱特征可通过在左移的过程中移动时域零点来消除，相反的过程可以将数据移回到实际的零时间点。

1.5.4　零点定位

为了增加频谱的数字分辨率，可以在傅里叶变换前增加数据点数。FID 由获取的数据点和包含零点的附加数据点组成。此种模拟过程延长了 FID 的采集时间，但是如果 FID 已经衰减，则不会累积噪声。

1.5.5　相位校正

正交检测 FID 的相敏采集意味着 FT 后可形成纯吸收线形，但可能需要对数据进行一些处理才能达到此效果。如果信号的实部和虚部是 A_R 和 A_I，则实际吸收波谱 $A(\omega)$ 可以形成为：

$$A(\omega) = pA_R\cos\omega + \sqrt{1-p^2}\,A_i\sin\omega \qquad (1-3)$$

载波频率和脉冲之间的相位差导致对于所有谐振频率（ω）几乎相同的相移。这种影响可以通过零阶相位校正得到补偿，该相位校正产生上述等式中实部和虚部与 $p=p_0$ 的线性组合。激励脉冲的有限长度和采集开始之前不可避免的延迟（停留时间延迟）导致相位误差随频率线性变化。这个效应可以通过频率相关的一阶相位修正来补偿，其中因子 p 与频率相关。

1.5.6　基线修正

频谱的基线可能由于多种原因而失真，但是为了可靠地评估频谱信息，必须对基线进行平滑。可以使用不同的算法进行基线校正，具体取决于基线失真的性质。一般有自动线性基线校正和多项式校正等。数据点定义了波谱的基线，并用于函数拟合。

1.6　一维高分辨率技术

1.6.1　魔角自旋（MAS）

MAS 技术广泛应用在固态 NMR 分析中。MAS 样品在探针中通过压缩空气驱动快速旋转，旋转速度可达到 70kHz。

精确设定魔角角度，MAS 技术可以将峰宽高效收窄，并可通过四极卫星技术进行精细调整。此种技术基于材料的四极核特征，其部分四极核的扭曲，导致一阶四极的宽化。用于设定魔角的一阶四极核展宽不应该太苛刻，使波谱能够在有限的但不是过于限制性的角度范围内变窄为可见的边带。远离这个角度，只能观测到中心过渡的二阶展宽的边带。接近魔角时，可观察到来自卫星转换的边带，并逐渐变窄。KBr 的溴共振常用于校正魔角，具有小磁矩的替代核也可用于设定魔角，其中包括 ^{14}N 的化合物，可在不受限制的范围内变窄为一组边带。

1.6.2　自旋边带的抑制

自旋边带的产生对核磁共振谱图的分析产生较大影响，因此需要通过去除自旋边带来简化频谱。Dixon[6] 提出了将自旋周期分解为 180°脉冲间隔的概念。每个自旋的相位被脉冲反转，可以计算每个自旋累积的总相位。对于所要去除的边带，需要抹去与自旋边带有关的自旋相位之和。此种边带处理方式与特定的物质晶体取向无关。开发的 TOSS 序列，可通过延长所施加的相位周期来补偿缺陷。TOSS 序列对 180°脉冲的精度很敏感，并且通过有效地抵消边带中的磁化来工作。但与 180°脉冲的旋转速度和照射宽度相比，对各向异性材料并不能完全消除边带。通过对磁场的设定，可以有助于最小化边带。

1.6.3　四极核的双角旋转（DOR）

一个自旋样品的两个轴向旋转可以通过专门的探头来实现。从机械的角度来看，内转子的角动量可抵消外转子的旋转。因此，当两个转子的转速满足一定条件，则可以消除由内转子产生的转矩。

边带的强度和相位取决于两个转子的相对相位和两个转子的自旋速度之比。如果四极相互作用占主导，并且样品高度结晶，则可获得极高的分辨率。DOR 方法的局限主要是外转子的转速相对较慢，外转子速度必须超过由化学位移分散产生的残余宽展，因此提高自旋速度是扩大此项技术应用范围的关键。较高的自旋速度不仅可减少旋转边带，并能将该技术用于对非晶材料的分析。通过中心带加旋转边带的 DOR 技术，可以将无定形固体样品峰变窄[7]，但 DOR 存在的主要问题是射频线圈封闭了整个系统，导致灵敏度降低。而采用大尺寸线圈获得的射频较低，实现交叉极化的双调谐相对比较困难。

1.6.4　旋转耦合多脉冲方法（CRAMPS）

CRAMPS 的缺点是长脉冲必须设置非常精确的脉冲长度和稳定的相位，限制了该方法的广泛使用。随着现代波谱仪数字化的进步，信息重现性得到提高，CRAMPS 因此可以被普遍采用。每个通道的相位和幅度都需要精确控制。探头从脉冲状态快速恢复可以缩短采样窗口，缩短检测周期。CRAMPS 探针往往比传统的 CP/MAS 探针具有更低的 Q 值。

1.7　二维实验

常规的核磁共振波谱（一维波谱）是由强度和频率构成的。在二维波谱中，强度作为两个频率的函数，通常称为 F_1 和 F_2。这种波谱的表示方法很多，但最常见的一种是绘制等高线图，其中峰的强度为以适当间隔画出的等高线。每个峰由 F_1 和 F_2 两个频率构成。二维核磁共振波谱对应 F_2 的峰坐标对应于常规一维谱。

图 1-4 中显示了一个假想分子的二维波谱示意图。分子含有两个耦合在一起的质子 A 和 X。一维谱沿着 F_2 轴绘制，由以 A 和 X 的化学位移为中心的一对

双重峰组成，分别为 δ_A 和 δ_X。在 COSY 谱中，二维谱中各峰的 F_1 坐标与正常一维谱中的坐标一致。很明显，波谱在对角线 $F_1 = F_2$ 上存在对称性（虚线表示）。在一维谱中，标量耦合在谱中产生多耦联。在二维谱中，多重谱线的概念有所扩展。多重谱线由一组单独的峰构成，构成正方形或长方形轮廓。在图 1-4 所示的示意图中可以看到几个这样的峰阵列。这些二维多重谱线有两种不同的类型：以相同的 F_1 和 F_2 频率坐标为中心的斜峰多重谱线和以不同的 F_1 和 F_2 坐标为中心的交叉多重谱线。因此，在

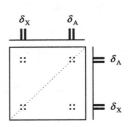

图 1-4 二维核磁共振
波谱示意图

示意图的 COSY 谱中，有两个以点为中心的斜峰多重谱线 $F_1 = F_2 = \delta_A$ 和 $F_1 = F_2 = \delta_X$；一个以 $F_1 = \delta_A$、$F_2 = \delta_X$ 为中心的交叉峰多重谱线；以 $F_1 = \delta_X$、$F_2 = \delta_A$ 为中心的第二个交叉峰多重谱线。交叉峰多重谱线 $F_1 = \delta_A$，$F_2 = \delta_X$ 出现在 COSY 谱图，表明 δ_A 和 δ_X 位移的两个质子之间存在耦合。从一个单一的 COSY 波谱中可以分析出整个分子中的耦合网络。

1.7.1 章动 NMR

四极核参数通常可以通过测定粉末状样品的静态或 MAS 谱获得。但是，四极核谱线常常被化学位移、扩展的残余偶极或四极相互作用所干扰，造成一维谱图中不同物质峰的重叠。由于章动 NMR 在射频场中的四极相互作用与所施加的场呈线性变化，对化学位移的影响大大降低。同时，在高静磁场下工作的灵敏度也有所提高。

章动波谱可以获得四极参数，在四极频率达到一定的极限时可在专门的探头中使用 500kHz 射频场，而在大多数系统中则只能使用在大约 100kHz 的射频场中。这个约束限制了对自旋 $I = 3/2$ 原子核（如 ^{23}Na）的研究。

图 1-5 是对钠长石的 ^{27}Al 3Q-MAS NMR 二维谱图。在多于一个共振的情况下，通过 MAS 来提高 F_2 维度的分辨率，往往由于旋转诱导的自旋锁定磁化产生强色散分量，在零频率产生大信号，使章动频谱严重失真。因此，自旋速度应保持较低（2～4kHz）频率，以便章动信号至多在 1/4 转子周期内衰减。然而，在 MAS 的影响下四极核可能产生章动行为[8]。

1.7.2 非共振章动

开发非共振章动可用来增加章动 NMR 获得的四极耦合的上限。在非共振章动中，自旋的章动行为被记录在有效场中（射频场和共振偏移的矢量和），而非

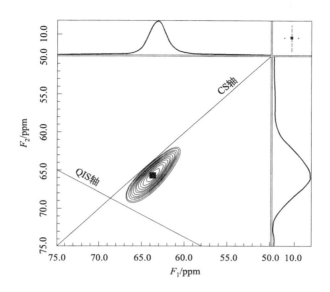

图 1-5 钠长石 ^{27}Al 3Q-MAS NMR 二维谱图

射频场中。这使得共振偏移可以自由选择。为了提高灵敏度和降低零频率信号，可以用频率阶梯式绝热半通道或软 $90°$ 脉冲使磁化进入 xy 平面；然后将射频相位偏移 $90°$，并将频率切换到所需的共振偏移。此实验中所需要的射频场的相位相干频率转换（开关时间大约 200ns）在大多数现代波谱仪的能力范围内。

谐振章动波谱是幅度调制，并且可以在 F_1 维度上准确地确定相位。而非谐振章动波谱是相位调制，并且不能够定相。因此，需要在傅里叶变换之后进行幅值计算。此外，由于磁场在 t_1 有效场周围发生演化，调制的正弦和余弦分量不同，正负 F_1 信号的幅值也不相等。

1.7.3 边带波谱的序列分辨规则

开发了通过脉冲序列来调制边带相位的技术，即使样品峰在正常的一维波谱中强烈重叠，此方法也可将二维中心带和边带分开。在这些序列中，边带通常可以通过跳频或同步采集进行求和。然后组合各个切片，在各向同性维度上有效地产生无限的自旋速度波谱。这种方法对于在高自旋速度下不能缩小的波谱系统分析有一定作用。在自旋 1/2 核的情况下，分离边带的方法包括魔角转向或 MAT[9,10]，以及相位调整的自旋边带或 PASS[11]。在这些序列中，转子频率被一系列脉冲分开。脉冲的时序是变化的，并且不同的边带根据它们的顺序选取不同的相位。MAT 形成包含无限自旋速度波谱信息的 t_1 调制。在旋转时间中，

PASS 有 6 个周期，产生按边带顺序缩放的磁化相位。PASS 与 MAT 相比更具有优势，因为它可以最大限度地减少完整扫描边界所需的 t_1 次数。用移位回波修正 PASS[12] 可产生各向同性-各向异性相关实验，进而摆脱自旋边带的各向同性波谱[13]。

1.7.4　动态角度自旋

在动态角度自旋（DAS）中，使用步进电机和滑轮系统依次更改自旋器轴，以产生更复杂的自旋器轴时间变化，并消除二阶四极效应。角度切换必须尽可能快和可重复。定子由步进电机由脉冲编程器的脉冲触发，在 36ms 内从 37.38°移动到 79.19°。

实验步骤是先设定常规的魔角。然后，根据已知的步数调整魔角到所需值。电机分辨率约为 0.16°。应该注意的是，90°脉冲将取决于四极影响的角度和线圈在磁场中的方向。射频线圈可以固定在转子上，从而在切换角度时改变其方向。DAS 技术的局限性在于，由于旋转轴的重新定向需要时间，所以不能用于具有短 T_1 的化合物。此外，该实验需要具有足够高可靠性的专用探针，以便能够在成对的角度之间精确地重复过渡。

1.7.5　液态二维 NMR 的开发

液态二维 NMR 通常用于分析分子结构内原子的连接性，可用于异核、同核以及其他宽范围的序列。一般而言，这些 2D 技术的基础是产生横向磁化，并且可以在一定耦合（一个或多个）作用下进行演化。演化期结束时的磁化阶段取决于耦合时间，如果频谱在不同的演化时间内累积，则 FT 给出 F_1 维度的连通性信息。磁化需要持续足够长的时间，较弱的相互作用将导致磁化的重新定位。横向磁化也可以由 CP 产生，而不是直接从 90°脉冲产生。如图 1-6 所示，$RbNO_3$ 的 2D MQMAS 谱图，各向同性投影显示增加的分辨率，单个切片提供各向异性相互作用。

二维产生的磁化作用通过化学位移标记并存储，可在采样之前进行交换。在发生交换并且核移动到结构不同位置时，核磁标记有不同的偏移值（即频率）并且在二维图中表现为交叉峰值。对于自旋扩散也是如此，可通过与^{1}H 耦合用于研究聚合物中的结构域尺寸。

1.7.6　偶极耦合系统中的多重量子（MQ）实验

尽管单量子相干性是唯一可以直接观察到的磁化，但是对于 N 个强偶极耦

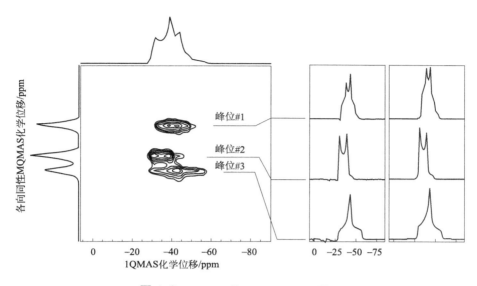

图 1-6 RbNO₃ 的 2D MQMAS 谱图

合自旋的集合，可能会引起多重量子相干。为此开发了多重脉冲序列。多重量子实验本质上是二维的，准备时间通过八脉冲周期产生多重量子相干性。如果激励只在团簇中的自旋数量上，通常设置为零。混合周期是相同的周期数，但时间相反，使纵向磁化重新创建，强度的变化反映了多量子相干性的产生。通过在短暂延迟后施加 90°脉冲来采样，以允许瞬变衰减。

中程有序结构材料很难准确表征。在硅酸盐和磷酸盐玻璃中，一维 MAS NMR 可提供不同的 SiO_4 和 PO_4 四面体的准确图像。然而，MAS NMR 并不能揭示这些单元是如何连接在一起的，也不能显示结构的成对特性。在二维 MQ 分析中，如果存在结构的连通性，将会出现交叉峰值。MQ 甚至在 MAS 下有效地重新引入偶极耦合。F_1 维度中的峰出现在耦合的两个峰的合频处。这种类型的实验可以很容易地扩展到具有更大固有线宽的玻璃态硅酸盐和磷酸盐中。

1.7.7 非整数自旋四极核的多重量子核磁共振实验

通过一个单一的高功率的射频脉冲激发 MQ 转换，随后 MQ 在 t_1 时间内进行演化。在演化完成之后，施加第二脉冲，将 MQ 相干性转换为在 t_2 期间观察到的 $p = -1$ 相干性。然后在第二个脉冲之后立即采集信号，并且在时间 $t_2 = |QA|t_1$ 处形成回波。MQ 的一致性信息通过调制产生的回波进行传递，或者通过幅度或相位来传递，调制取决于所采用的路径。在幅度调制中，路径使得形成的信号总是处于特定模式，通常为吸收。然后，随着 t_1 变化，线形保持不变，

023

仅在强度上改变（调幅）。或者，所选择的路径导致不同分量之间磁化强度随着 t_1 变化，并且改变吸收和分散之间的线性（相位调制）。

两个脉冲都是非选择性的，将会不同程度地激发所有的连贯性。经过二维傅里叶变换后，共振将出现在沿 QA（四极各向异性）的轴上。各向同性波谱可以通过将整个二维谱投射到垂直于 QA 轴原点的线上来获得。在 MQ 实验中，整体效率取决于 MQ 相干性的初始激励，并将其转换为可观察的磁化强度。文献中报道的大多数 MQ NMR 是使用硬脉冲获得的，受探针的选择影响。通过使用更高的射频场可以实现更好的灵敏度，因此使用更小的线圈，可获得更快的 MAS 速率。减少样品的用量可提高核磁的灵敏度，直径为 2.5～4mm 的探针对于 MQ MAS 是理想的。

1.7.8 卫星转换（ST）魔角自旋

尽管大多非整数四极核的自旋核磁共振集中在中心转换，但在 MAS 下观测卫星转换具有更明显的优势。如果四极相互作用小而非零，那么中心过渡的二阶四极结构可被其他扩展机制所掩盖。卫星转换自旋检测可在静态实验中进行，但是需要快速、准确的（0.005°）MAS。此种方式可将谱图区分成一系列的尖锐边带。MAS 方法不受初始停留时间问题的影响，并具有较高的灵敏度，并可使用传统的固态脉冲波谱仪。在无定形样品分析中，要求在魔角和准确的探头调整中进行快速、稳定的自旋。自旋速度的任何变化或角度的错误设置都会降低边带的分辨率。在数据累积时，通过射频照射进行校正是必要的。探头可以通过半理论修正或者通过测量多个频率处的波谱并与校正因子结合来获得。由于使用了单脉冲，所以经常存在基线畸变，但是如果高速旋转将边带分离，可以观测到中间基线，满足使用软件进行拟合的条件。

1.7.9 二维 XY 相关方法

当存在许多共振时，异核 XY 相关实验对于确定不同核之间的连接性非常有用。为了分析二维异核相关谱（2D HETCOR），必须在异核之间进行转移磁化，可以通过 CP 或 TEDOR 实现。二维 HETCOR（仅涉及自旋 1/2 个核）与涉及四极核的情况主要区别是磁化的转移。四极核的一维波谱中的重叠线可以在二维相关谱中解析。然而，二阶四极宽带会阻碍相关峰的分配。因此，可将诸如 DOR、DAS 或 MQMAS 的方法结合到 2D HETCOR 实验中。

1.7.10 张量信息-分离场实验的相关性

有价值的结构信息可通过测定其在 NMR 波谱中的相互作用方向和大小上获

得。通过模拟一维 NMR 谱可直接确定这种相互作用张量。然而，将这些相互作用张量与分子结构进行关联较为困难。由于偶极张量是轴对称的，并且通常与核内向量共线，因此测定各向异性化学位移（CSA）张量的相对取向，可提供张量与分子结构的关联信息。

在 $I > 1/2$ 的半整数核的波谱中，CSA 通常比二级四极相互作用重要得多。静态或 MAS 谱显示典型的四极核图案，从中可以确定四极耦合常数和不对称参数。然后利用这些四极参数来确定电场梯度张量的主要分量，其与四极核的局部环境有关。

常规的化学位移维度产生二阶四极线型和偶极维度，允许计算偶极相互作用。二维数据包含更多的信息，因为强度分布主要取决于两个传感器的相对方向。由于偶极相互作用是轴对称的，因此只需要方位角和极角就可以描述相对方向，并且强度分布随着这个方向发生显著变化。当存在各向异性相互作用时，可以在实验期间改变角度，例如 DAS 来缩放或重新耦合这些相互作用。

1.8　多重共振

有多种多重共振方法可供选择，如交叉极化（CP），旋转回波双共振（RE-DOR）和传输回波双共振（TEDOR），其应用可以区分涉及自旋 1/2 核和含有四极核的系统。四极核的存在可能会阻碍这些实验的直接应用，但通过双共振的粒子转移（TRAPDOR）实验可用于四极核分析。

1.8.1　交叉极化

交叉极化在固态 NMR 的发展中发挥了非常重要的作用，与单脉冲操作相比，可以在聚合物和其他有机固体中进行^{13}C 谱分析，从而提高灵敏度。并不是所有的样品都能在单脉冲操作中获得信号，但可借助其他高丰度化合物优化 CP 的操作。

CP ^{1}H 被广泛应用于金属和低 γ 自旋-1/2 核的分析。金属的化学位移范围很大，因此每种化合物的偏移量可能会有很大的差异。这样的核也倾向于具有较大的 CSA，将信号分成许多边带，并显著降低中心带的强度。低 γ 核存在灵敏度低的问题，为了满足低 γ 核的 Hartman-Hahn 条件，必须在探针的 X 侧施加相当大的功率以确保合理的^{1}H 90°脉冲。

基本 CP 序列有许多变种。常见的变体包括在匹配和去耦之间切换功率。在匹配期间^{1}H 利用较低功率，而去耦过程则增强功率。倾斜 CP 用于扩大匹配条件并减少快速 MAS 的影响。如果 ^{1}H 的 T_1 足够长，并且 T_2 足够短，接触后的残余横向质子磁化可以翻转回 z 方向。因此缩短了回收时间。CP 曲线本身可以通过使用可变的接触时间来获得，并且可以用来确定 $T_{1\rho}$ 和 T_{IS}。尽管 CP 实验主要在 ^{1}H → X 之间，但也存在其他的核组合。特别是 ^{19}F 可以作为磁化源[14]。^{19}F 的化学位移范围要比 ^{1}H 大得多，因此 ^{19}F 的设置更加困难，因此必须重新校准解耦器的偏移量。

由于自旋锁定的磁化困难，四极核的 CP 往往只产生微弱的信号。在 MAS 下，可快速破坏自旋锁定磁化。然而，由于这些核中的一些（例如 ^{23}Na，^{27}Al）可产生较强信号，因此可通过 CP 进行区分。

CP 实验可以扩展到双倍 CP，例如 ^{1}H → X → Y。初始 CP 用于提高实验的灵敏度，第二阶段用于研究 X 和 Y 核的连通性。对于 ^{13}C 和 ^{15}N 来说，这种方法对于探测生物分子固体的连通性已经广泛使用。

1.8.2 SEDOR、REDOR 和 TEDOR

自旋回波双共振（SEDOR）、REDOR 和 TEDOR 实验都是利用异核偶极耦合的多重共振实验。可以导出关于自旋 I 和 S 的接近度的定性信息，甚至关于 I-S 距离的定量信息。它们在特定领域如硅铝酸盐中的应用已被广泛报道[15]。

SEDOR 实验[16-18] 使用静态样品，其中回波脉冲序列被施加到一个核上。回声重新聚焦异核偶极耦合和 CSA。在回波期间，180°脉冲被施加到另一个核（自旋 S）。偶极重新聚焦过程颠倒了偶极符号，因此回声强度减弱。信号强度丢失量（SEDOR 分数）取决于 I-S 偶极耦合的大小、回波时间以及扰动 S 自旋 180°脉冲的位置。通过测量作为回波时间或脉冲位置的 SEDOR 曲线，可以确定 IS 距离。但这种方法很容易受 T_2 的限制。

MAS 容易平均异核偶极耦合，因此采用 REDOR 序列[19-22]，在 MAS 实验中重新引入这种耦合，使其成为 MAS 的替代。样品自旋大大提高了灵敏度和分辨率，并允许测量更长时间的回声。有多种脉冲方案来实施 REDOR。与静态 SEDOR 实验相反，REDOR 实验中，需要回波重新聚焦 CSA 和偶极相位差。REDOR 实验使用 MAS 引起旋转回波，重新聚焦 CSA 和偶极相互作用。偶极耦合可以通过测量作为转子周期数量（回波时间）的函数强度损失或者作为自旋 S 上的 180°相移的位置的函数来获得。与 SEDOR 相同，REDOR 从完整的回波中减去衰减信号得到 REDOR 分数。偶极距（D）的大小由在序列中存在 180°脉冲时的有（S）、无（S_O）信号来表征。

在四极核分析中，在均匀激发状态下，只能有效探测到中心跃迁，并且跃迁仅被 180°脉冲影响。如果弛豫时间相对较长（与 REDOR 实验相比），则只有中心转换中的 I 核产生 S 信号的相移。

TEDOR 实验[17,23] 能够在异核自旋之间传递磁化，并且由两个连续的 REDOR 实验组成，首先在自旋 I 上，然后在自旋 S 上。使用自旋密度矩阵形式，可以很容易地看出，第一个 REDOR 序列产生 $2I_yS_z$ 相干性，通过施加两个 90°脉冲而转换成 $2I_zS_y$ 相干性。随后的自旋 S 上的 REDOR 序列将这种相干性转移到可观测的 S_x 相干性上。因此，与 SEDOR 类似，实验并非测量在自旋 I 上丢失的信号量，而是测量在自旋 S 上获得的信号。I 和 S 之间的偶极耦合常数可以通过测量信号强度（从第一个或第二个 REDOR 周期开始）或移相脉冲位置获得。

1.9　确定弛豫时间和参数

因为核磁共振实验本质上是针对一种类型的原子核进行的，所以通常易于区分不同物质组成的原子运动。而由于核所处的局部环境不同，因此每个原子核都有自己的弛豫参数，需要分别进行设定。

1.9.1　T_1 的测量

有几种确定 T_1 的方法，最可靠的可能是饱和-恢复法，其中两个 90°脉冲被施加一个 T_1 阶的时间 τ，信号高度与 $M_z(\tau)$ 成正比：

$$M_z(\tau) = M_o(1 - e^{\frac{-\tau}{\tau_1}}) \tag{1-4}$$

重复测量 $M_z(\tau)$ 作为 τ 的函数，可以确定 T_1。M_o 是完全弛豫的平衡磁化强度，通常取大于 $5T_1$ 的时间作为测量信号。对于该方法，实验重复间隔可以小于 T_1，如果没有横向（例如自旋锁定）磁化干扰，则第一脉冲可设置磁化强度为零。确保零 M_z 的一个方法是施加几个 90°的"梳状"饱和脉冲（分离时间比 T_1 短，但比 T_2 长，以防止自旋锁定），随后在最后一次"梳状"之后的时间 τ 测量脉冲。此种方法对于长 T_1 的固体尤其有效。实验的动态范围可以通过反转-恢复方法加倍，其中对于一个 180°反转脉冲跟随另一个 90°的检测脉冲。信号由式(1-5) 给出：

$$M_z(\tau) = M_o(1 - 2e^{\frac{-\tau}{\tau_1}}) \tag{1-5}$$

用不同的 τ 值重复实验，实验的重复时间必须允许完全恢复 M_z（即约 $5T_1$），因此获得完整数据集的时间大大增加。此问题抵消了可在反演更大动态范围中获得更高精度的优势，同时这种方法对设置 180°脉冲的精度也特别敏感。如果系统很简单并且可以用一个 T_1 来描述，则此方法较为适用。在复杂系统中经常会观察到多个指数，因此饱和-恢复法可能最适宜。在相对简单的小分子体系中，如果存在不止一种类型的磁性核素，也可以利用非指数弛豫。对指数的近似处理通常可在恢复的初始阶段实现，此过程并不存在互相关效应。因此，这种简化在分子运动的实验中有重要意义。

1.9.2 其他自旋晶格弛豫时间（$T_{1\rho}$, T_{1D}）

$T_{1\rho}$ 的测量需要平衡磁化自旋锁定，通常是通过一个 90°的脉冲来实现，然后立即沿着 y 轴 $H_{rf} \gg H_{loc}$ 持续一个长的脉冲周期。磁化沿着旋转 B_1 场（旋转 Y 轴）有效锁定，并通过检查在自旋锁定脉冲结束时剩余的磁化来观察其衰减。剩余磁化产生一个 FID，可以作为一个函数测量：

$$M_y(\tau) = M_o \mathrm{e}^{\frac{-t_o}{T_{1\rho}}} \tag{1-6}$$

如不符合 $B_1 \gg B_{loc}$，则量化不再沿这个 B_1 方向描述。然而，可通过一个实验将 B_1 场在自旋序列锁定之后减小到零，也就是旋转框架（ADRF）内的绝热消磁。只要在弛豫发生之前恢复 B_1，样品就可以通过恢复 B_1 重新磁化。"退磁"状态下的弛豫发生在偶极场中，并且可以使用自旋-温度方法计算。这个弛豫时间 T_{1D} 可以被认为是当 $\omega_1 \to 0$ 时的 $T_{1\rho}$ 的最终值。用于 T_{1D} 测量的另一种方法是采用由 $90_x°\tau 45_y°\tau 45_y°$ 脉冲组成的 Jeener-Broekart 脉冲序列[24]，但信号强度只有 ADRF 的 50% 左右。

1.9.3 横向弛豫时间（T_2）

固体中的原子在温度升高过程表现很强的迁移性，所以在局部场中只表现出原子的平均值，这容易导致狭带域化的现象。当晶格局域场发生显著的调制（如分子重定向或原子扩散）时，窄化就开始了，通常在 $10^4 \mathrm{s}^{-1}$ 发生。低于这个运动速度，T_2 的晶格值是恒定的；但是随着运动的增加和 T_2 的延长，弛豫可以用谱密度函数 $J(\omega)$ 来描述。在收窄的区域 T_2 可由式(1-7)表示：

$$\frac{1}{T_2} = B_m^2 \tau_c \tag{1-7}$$

假定可以忽略磁体不均匀性的影响，固体中的 T_2 可由 FID 直接测定。利用固态回波可以有效地产生零时间分辨率。因为 T_2 在固体中很少是指数型的，所以应该记录 FID 的形状。T_2 通常定义为 FID 降到初始值 $1/\mathrm{e}$ 的时间。随着运动收窄的开始，衰减通常呈指数型，并且 Y_2 更容易定义。自旋回波序列

（90°τ180°τ 回波）用于去除磁体不均匀衰减。如果还存在平动扩散，则回声在长 τ 处会受到附加衰减。因为在 $t=2n\tau$ 处的回波高度由式（1-8）给出，因此可以通过 Carr-Purcell 回波序列 $[90°\tau180°(\tau\,回波\,\tau180°)_n]$ 来获得足够短的 τ。

$$M_y(2n\tau)=M_0 e^{\frac{-2n\tau}{T_2}}\tag{1-8}$$

1.9.4　分子运动

晶格振动的频率通常比较高，产生的场波动较小，因此不能有效地弛豫，除非原子核有较大的四极相互作用。通过对线宽（或 T_2）的影响，重定向运动与平动扩散很容易区分。由于一个或多个分子轴的重定向只能部分平均核偶极子-偶极子的相互作用，因此只部分发生线收窄，晶格值通常变化 3~4 倍。平动通常引起极端的收窄，并且只要动作足够快，则线宽（或 T_2）可以改变几个数量级。

弛豫时间在研究聚合物节律运动和扩散运动中的应用已很多，但仍然是一个被广泛关注的研究课题，特别是利用弛豫时间和频率的关系来测试预测模型。由于偶极相互作用通常是分子间和分子内的相互作用，所以在与四极核（例如 ^2H）相同的分子中，自旋-1/2 核（例如 ^1H）可以允许在微观水平上研究重新定向和平动的弛豫。

1.9.5　扩散测量

鉴于测量弛豫对分子运动的微观方面敏感，因为 τ_c 通常是确定的量，所以可以通过 NMR 的场梯度方法在宏观尺度上测量平移扩散[25]。当原子核置于均匀的磁场中时，失去了相位一致性，需要通过自旋回波来恢复。如果扩散作用在聚焦过程中将原子核转运到不同的位置（B_0 值），则恢复将是不完全的。脉冲梯度在 90°~180°脉冲和 180°脉冲回波周期之间开启，允许使用更大的梯度，从而能够研究较慢的扩散速率。

1.10　特殊条件下的核磁共振

在实验分析过程中会经历各种改变条件的变化。一般在实验过程中，往往需要依温度和压力等条件变化来获得活化能和材料性质的原位信息，因此原位核磁共振方法越来越引起重视。

1.10.1　可变温 NMR

变温度核磁共振，工作温度从 −120~400K，可通过冷却/加热气体流经样品或射频线圈组件加热样品池，可以实现测试过程的温度变化。此种设计的优势是可使待测样品的填充因子大，有利于提高信噪比，同时可在波谱仪脉冲工作时有效利用射频脉冲功率。另外一种更高效、更稳定的变温探头组件，将射频线圈绕在加热器之外，通过注入制冷剂或导热液获得原位反应温度。使用液氮、液氦等可实现低至-80K 的稳定温度。使用传热介质需要屏蔽辐射，并要注意与射频线圈的连接的热量泄漏等。由于对样品的加热属于间接传热，因此对探针的要求较高。

低温会增加信号强度（由于波尔兹曼因子），并降低热噪声，而高温却相反。采用高温探针需要特别注意维持调谐 NMR 样品线圈合理的 Q 值，以及保护磁体免受热辐射，使其能够提供稳定均匀的磁场。

超高温探头通常通过加热炉加热，探头在约 500℃ 以上灵敏度变低，但已报道过 MAS 探针成功地使用到约 700℃。煤、氧化物、离子导体、相变、熔盐、金属和半金属等都有高温 NMR 分析的成功经验。探头装配在磁体内受结构、热传递和射频阻尼等要求限制。通常加热炉的加热方式采用电阻加热。必须注意，加热器线圈不能引入太多的噪声和产生额外的磁场。

通过光辐射照射能够替代电阻和气流加热，实现探针温度达到 1300K。另外通过激光聚焦加热可达到更高温度，可用于难熔化氧化铝等陶瓷材料所需要的 ＞2000℃ 的极高温度。随着专用设备的出现，可分析的样品变得越来越复杂，如需在流动的反应物、气体中长时间保持一定温度的原位催化反应的 MAS 探针，温度校准可直接在 NMR 上进行。

1.10.2 可变压 NMR 实验

在分析材料的孔结构过程中，需要将样品置于变压条件下进行核磁共振检测。Benedek 和 Purcell[26] 对核磁共振在压力条件下的分析进行了开创性工作，开辟了通过 NMR 获得材料结构、动力学和动力学信息的先河。近年来在高分辨 NMR 谱学领域里的新进展，拓展了高压下的核磁共振技术及其应用。压力和温度一样，也是影响热力学和动力学参数的重要因素。压力的变化会使分子内的电子分布改变，从而引起分子结构的改变。分子结构的变化又能反映在屏蔽、自旋-自旋耦合、弛豫时间等 NMR 参数的变化上。有两种可以获得高压的方法：第一种是机械方法，利用油压泵产生高压，系统包括油压泵、压力传递介质。隔离样品与介质的液体，压力计以及所需要的高压管道和阀门，相匹配的高压池和探头。此种系统能产生 300～500MPa 的压力，甚至高达 1000MPa。第二种是化学方法，利用装入样品池中的热膨胀溶剂来产生压力，用 Hg 把溶剂与样品溶液隔开。溶剂的热膨胀系数要大，且其化学位移对压力有依赖关系。样品池在低温时封死。利用溶剂与内标质子位移之差来表征样品池中的压力，此种方法可获得高达 300MPa 的压力。

参 考 文 献

[1]　Lowe I. J. Free Induction Decay in Rotating Solids [J]：Physical Review Letters，1959，2（7）：285-287.

[2]　Chmurny G. N.，Hoult D. I. The Ancient and Honourable Art of Shimming [J]：Concepts in Magnetic Resonance，1990，2（3）：131-149.

[3]　Traficante D. D. Phase-sensitive Detection. Part II：Quadrature Phase Detection [J]：Concepts in Magnetic Resonance，1990，2（4）：181-195.

[4]　Hoult D. I.，Richards R. E. Critical Factors in the Design of Sensitive High Resolution Nuclear Magnetic Resonance Spectrometers [J]：Proceedings of the Royal Society A Mathematical，1975，344（1638）：311-340.

[5]　Fukushima E.，Roeder S. B. W. Experimental pulse NMR：a nuts and bolts approach [M]：1981，Addison-Wesley Publ. Comp.，Inc.

[6]　Dixon W. T.，Spinning-sideband-free and spinning-sideband-only NMR spectra in spinning samples [J]：Journal of Chemical Physics，1982，77（4）：1800-1809.

[7]　Mackenzie K. J. D.，Smith M. E.，Angerer P. et al. Structural Aspects of Mullite-Type $NaAl_9O_{14}$ Studied by ^{27}Al and ^{23}Na Solid-State MAS and DOR NMR Techniques [J]：Physical Chemistry Chemical Physics，2001，3：2137-2142.

[8]　Nielsen N. C.，Bildsøe H.，Jakobsen H. J. Multiple-quantum MAS nutation NMR spectroscopy of quadrupolar nuclei [J]：Journal of Magnetic Resonance. 1992，97（1）：149-161.

[9]　Gan Z. H. High-resolution chemical shift and chemical shift anisotropy correlation in solids using slow magic angle spinning [J]：Journal of the American Chemical Society. 1992，114（21）：8307.

[10]　Jian Z. H.，Orendt A. M.，Alderman D. W. et al.，Measurement of ^{13}C chemical shift tensor principal values with a magic-angle turning experiment [J]：Solid State Nuclear Magnetic Resonance，1994，3（4）：181-197.

[11]　Antzutkin O. N.，Shekar S. C.，Levitt M. H. Two-Dimensional Sideband Separation in Magic-Angle-Spinning NMR [J]：Journal of Magnetic Resonance，1995，115（1）：7-19.

[12]　Grandinetti P. J.，Baltisberger J. H.，Llor A. et al. Pure-Absorption-Mode Lineshapes and Sensitivity in Two-Dimensional Dynamic-Angle Spinning NMR [J]：Journal of Magnetic Resonance，103（1）：72-81.

[13]　Fayon F.，Bessada C.，Douy A. et al. Chemical bonding of lead in glasses through isotropic vs anisotropic correlation：PASS shifted echo [J]. Journal of Magnetic Resonance，137（1）：116-121.

[14]　Sebald A.，Merwin L. H.，Schaller T. et al. Cross polarization from ^{19}F to ^{29}Si and ^{119}Sn [J]：Journal of Magnetic Resonance，1992，96（1）：159-164.

[15]　Ba Y.，Ratcliffe C. I.，Ripmeester J. A. Double Resonance NMR Echo Spectroscopy of Aluminosili-

cates [J]. Advanced Materials, 2000, 12 (8): 603-606.

[16] Emshwiller M, Hahn E L, Kaplan D. Pulsed Nuclear Resonance Spectroscopy [J]. Physical Review. 1960, 118 (2): 414-424.

[17] Eck E R H V, Veeman W S. The determination of the average ^{27}Al-^{31}P distance in aluminophosphate molecular sieves with SEDOR NMR [J]. Solid State Nuclear Magnetic Resonance. 1992, 1 (1): 1-4.

[18] Yeboah S A, Wang S H, Griffiths P R. Effect of Pressure on Diffuse Reflectance Infrared Spectra of Compressed Powders [J]. Applied Spectroscopy. 1984, 38 (2): 259-264.

[19] Terry, Gullion. Introduction to rotational-echo, double-resonance NMR [J]. Concepts in Magnetic Resonance. 1998, 10 (5): 277-289.

[20] Eck E. R. H. V., Veeman W. S., Spin density description of rotational-echo double-resonance, transferred-echo double-resonance and two-dimensional transferred-echo double-resonance solid state nuclear magnetic resonance [J]. Solid State Nuclear Magnetic Resonance, 1993, 2 (6): 307-315.

[21] Gullion T. Extended chemical-shift modulation [J]. Journal of Magnetic Resonance. 1989, 85 (3): 614-619.

[22] Hinton J F, Guthrie P L, Pulay P, et al. Ab initio quantum mechanical calculation of the nitrogen chemical-shift tensor of the imine moiety of benzylideneaniline and analogs of all-trans-retinylidenebutylimine [J]. Journal of Magnetic Resonance. 1992, 96 (1): 154-158.

[23] Hinton J F, Guthrie P L, Pulay P, et al. Ab initio quantum mechanical calculation of the nitrogen chemical-shift tensor of the imine moiety of benzylideneaniline and analogs of all-trans-retinylidenebutylimine [J]. Journal of Magnetic Resonance. 1992, 96 (1): 154-158.

[24] J. Jeener, P. Broekaert, et al. Nuclear Magnetic Resonance in Solids: Thermodynamic Effects of a Pair of rf Pulses [J]. Physical Review. 1967, 157 (2): 232-240

[25] Callaghan P. T. Principles of Nuclear Magnetic Resonance Microscopy [M]. Oxford University Press, Oxford, 1993, 492: 25.

[26] Purcell E. M., Résonance nucléaire et mouvement des molécules dans les fluides [J]: Journal De Physique, 1954 15 (12): 785-790.

第2章
煤大分子结构的固态核磁共振分析

2.1 概述

早在 1955 年，^{1}H-NMR 就开始应用到煤的研究中。在固态核磁问世之前，是以溶剂抽提煤中的有机质，用液态核磁共振测定芳香结构和脂肪烃结构特征，然后推算出煤的芳香度。这样不但费时，结果还有比较大的误差。在早期，固态^{13}C NMR 只能分析获得煤的芳香度，几乎不能分辨精细结构信息。由于^{13}C 核天然丰度低，只有 1.1%，因此它的探测灵敏度很低。固体中有很强的^{1}H-^{13}C 偶极相互作用，会引起很宽的和无特征的谱图。另外，对非晶体物质，大量的不同取向的分子会引起谱线的增宽和产生不对称线型，引起化学位移各向异性；并且^{13}C 谱在测试过程中需要较长的自旋晶格弛豫时间（大约为几分钟），获得平均的信号有一定难度。因此造成未去偶的核磁共振谱在一般情况下非常杂乱，难以解析。因此采用去耦方法可以增强^{13}C 对精细结构的解析。去耦方法有质子宽带去耦、偏共振去耦、选择性质子去耦、门控去耦、反转门控去耦等。另外，在一定的采样时间情况下，交叉极化能够将^{1}H（99.9%）这类丰核的磁化强度通过极化转移传递到稀核，因此稀核（^{13}C 和^{15}N）信号将会得到进一步的增强。

1976 年，David 等[1] 人首先用大功率去耦、交叉极化的方法获得了煤的^{13}C NMR 谱，并估算了煤的芳香度。自 Bartuska 等[2]（1977）首次发表煤的高分辨固体^{13}C 核磁共振谱以来，固态核磁在煤的研究中得到广泛应用，随着研究的深入，新的方法和技术手段不断涌现。Bartuska 的实验中使用了交叉极化和魔角旋转技术（MAS）技术。MAS 能够缩窄固态 NMR 谱的线宽而提高信号分辨率和灵敏度。使用 MAS 技术可以使波谱充分变窄，使芳香族 C 和脂肪族 C 的共振峰完全分开。

偶极相移技术（Dipolar Dephasing，DD），也可称为中断去耦，可区分质子化碳和非质子化碳，提供芳碳率、芳氢率及脂碳率等的结构信息。但偶极相移技术操作较为复杂，需要多次实验，耗时甚多，一般需要 30h 以上。偶极相移的基本原理在于带质子碳与不带质子碳的横向弛豫时间差别很大，当暂停质子去耦时，可以使带质子的碳有足够的弛豫，而不带质子的碳信号仍能在恢复质子去耦前得到保留。对于 NMR 图谱来说，在芳碳区，失去的信号代表了带质子芳碳的贡献；在脂碳区，甲基、亚甲基与次甲基虽都带质子，但它们仍可保留部分共振信号，是由于甲基的旋转性和长链脂族基团的链节运动增加了这些碳原子的横向弛豫时间。偶极相移技术通过将碳原子分为与质子强烈耦合的和与质子弱耦合的碳原子，从而可提供更准确的煤结构信息。

Alla 和 Lippmaa[3]（1976）首次用偶极去相技术区分偶极作用强度不同的碳原子，并用此方法抑制大部分强耦合碳（CH，CH_2），而获得弱耦合碳（旋转 CH_3 及非质子化碳）结构信息。Wilson 等[4,5]（1984）通过 ^{13}C 的交叉极化和魔角旋转 NMR 技术研究了碳在煤和煤岩组分中的分布规律，使用偶极相移技术解决了带质子碳与桥接芳碳的化学位移互相重叠问题。

Wilson 和 Solum 等[5,6] 运用 ^{13}C CP/MAS NMR 技术和 DD 技术测定了不同类型碳的不同时间参数，消除了不同碳原子和质子偶极相互作用，从而得到煤中碳结构参数以及芳香度。发现当 $t_1 \leq 50\mu s$ 时，亚甲基和次甲基的 ^{13}C-^{1}H 耦合基本消失，而甲基碳及质子化芳碳则衰减很慢。据此，可以将脂碳中甲基碳与次甲基、亚甲基碳分开。秦匡宗等[7]（1992）使用 ^{13}C 的交叉极化和魔角旋转 NMR 技术研究了干酪根，并采用 $40\mu s$ 的偶极相移时间，从 NMR 图谱上得到了更多的结构信息。

偶极去相实验耗时长，信号严重重叠，削弱了强度测定的准确性。因此，又发展了一种仅记录两个偶极去相时间的方法（即 $\zeta = 0$ 和 $60\mu s$）。第一个谱为包括所有信号的常规谱，第二个谱仅包括季碳原子和 CH_3 基团。强偶极耦合的 CH_2 和 CH 碳原子的磁化矢量在去耦区间衰减，信号被完全消除。通过计算差谱，可得 CH_2/CH 亚谱。CP/MAS，DD 等实验方法更有利于煤结构的研究[8,9]。

一般在低场强条件下的实验，往往仅能观测到宽的芳碳和脂碳的共振。Ohtsuka 等[10]（1984）使用 75MHz 高共振频率对 Yallourn 煤进行分析，比 Yoshida 等[11]（1982）使用 15MHz 时分辨率有了明显改善，当化学位移为 90～200ppm 时的改进比较显著。在这个范围内的五种信号被分辨开来。可以在 90～140ppm 时看到两个峰，高度重合的峰被分为未被取代的芳烃、取代基 OH、OR 或 OAr，而低磁场核磁的峰为烷基或桥头芳香碳（Ar-H 或 Ar＊-C）。高磁场核磁的分辨率更高，因此，选用高磁场仪器进行煤的研究，可提高谱图的分辨率。

在较高的频率下，可得到灵敏度较好的 ^{13}C NMR，当样品的旋转速度小于化学位移非均匀增宽时，会产生旋转边带。由于实际磁化矢量是在实验室坐标系中是个旋转的矢量，因此信号是在周期性的衰减的。而如果样品是在旋转着的，那么在磁化矢量旋转衰减的信号外，还有一个样品本身旋转产生的周期性的信号附加，在谱图中就会以旋转边带的形式出现。这个信号容易辨认。旋转周期就是信号和旋转边带之间的距离赫兹数，所以，如果旋转速度为 15r/s，那么在距离信号 15Hz 处和其倍数处就会出现旋转边带。但很高的样品转速在实际测试过程中很难实现。

高场强固态核磁共振谱可以进行编辑，因魔角旋转速度不够高而产生旋转边带，虽然可采用一定的方法来消除旋转边带，但这又会使谱产生畸变；另一方面，高速旋转也会使谱畸变。一个好的选择是在增强样品信号强度的基础上，在相对较低场谱仪上进行这些实验。

Dixon[12]（1982）在慢转速条件下利用多脉冲作用下的自旋回波来消除旋转边带（TOSS），从而获得只有中心峰的所谓各向同性化学位移谱。脉冲序列可调节边带的相位，但不可避免地要损失强度。Supaluknair 等[13]（1989）在高磁场下应用 CP/MAS 和 TOSS 技术对 29 个澳大利亚煤样进行了研究，结果与 FT-IR 分析以及常规的 CP/MAS 谱所得到的数值有很好的一致性，用实验证明了TOSS 技术的适用性。

对于旋转边带的问题，一个在克服灵敏度难题方面显示出巨大潜力的技术是Wind[14]（1983）及其合作者发展的动态核极化（DNP）技术。DNP 利用电子-核的双共振原理，用微波激发自由电子跃迁，使相关核的自旋能级分布发生极化，可以显著增强核磁共振方法的灵敏度，并提供微观电子结构的信息。DNP应用于煤研究的主要优点是增加了信号强度，在低磁场下 DNP 不产生旋转边带。由于 DNP 的结果与位于芳环簇附近的自由电子量有关，因此可得到煤中顺磁中心性质的信息，并且操作时间也相对较短。

偶极相移技术可以获得带质子芳碳和脂碳结构的信息，而强功率去耦和偶极相移技术相结合则可以确定煤样的碳骨架结构。从 CP/MAS 和 DD 实验的数据中，通过对芳香结构的桥头碳进行分析，可以对芳香稠环的大小进行估算，可得出包括芳香度、桥头碳在内的描述碳骨架结构的 12 种结构参数；而边带抑制技术消除了样品快速旋转时产生的旋转边带。为了窄化谱线、增加灵敏度，得到高分辨率的固体 ^{13}C NMR 图谱时通常综合使用 CP、MAS 和 TOSS 等几种技术。至此，NMR 技术的发展使煤结构研究更加清晰与完善。

由于煤结构的复杂性和固体核磁技术的特性，使煤的 ^{13}C NMR 谱的分辨能力受到限制。一般在常规谱的 0～220ppm 范围内仅呈现两个峰群，而不是在某一特定的化学位移值处出现一个尖锐的峰。为了获得更多的有关煤结构组成的信息，已广泛采用计算机进行谱的拟合与峰的去卷积。Trewhella 等[15]（1986）发展了一种根据参比模型化合物已知官能团的核磁波谱峰进行煤的波谱拟合的方法，成功地应用于绿河油页岩的干酪根结构的测定，并给出了用于煤和干酪根 ^{13}C NMR 谱拟合的各种含碳官能。设置的参数是不同碳官能团每个小峰的化学位移区间和峰型参数（高斯与洛伦兹之比）。

Raleigh 等[16]（1990）发现如果 π 脉冲宽设置不准确，再加上频率偏置效应的影响，TOSS 谱中将出现残余旋转边带，而且中心峰强度也会发生畸变。并且在一维交换实验和二维旋转边带分解实验中，π 脉冲宽不准，加上频率偏置效应将会严重影响实验结果，有时甚至会导致错误结论，而这两类实验都用了 TOSS 序列。为了消除 π 脉冲不准确性的影响，建立了组合脉冲 TOSS 实验，效果相当显著。但它需要比一般实验更强的射频场，在强场高转速实验中，组合脉冲TOSS 序列无法设置。另一方面，Spiess[17]（1991）的研究小组建立了相位循环的方法，简便易行，与组合脉冲相结合可用于低转速 TOSS 实验。

交叉极化实验中由于接触时间的不足、射频场的不均匀性、NOE 效应的存在都使得固体核磁定量不准确，不能准确地对碳质材料进行定量分析。液态核磁中运用门控去耦技术消除了 NOE 效应，可以很好地进行碳结构定量。而固体核磁技术发展不够成熟，定量方法大多是通过对仪器硬件的提升以及脉冲序列的巧妙设计，以达到定量效果。然而，对于快速、有效方便的定量方法研究报道还很少。由于不同碳原子 NOE 效应的不同，固体核磁在去耦时谱线会有不同程度的增强，谱线的强度并不能定量的反映碳原子比例，从而不能准确进行碳质材料的定量研究。对于同类含碳材料纵向比较，半定量即可得到不同物质的碳化学组成及结构的变化。但是对于大分子结构解析，要准确得到碳结构参数，所以不能忽略 NOE 效应造成的误差。

Snape 等[18] 讨论了 CP/MAS ^{13}C NMR 测量煤的芳香度的准确性，以及高场强测量和波谱编辑带来的额外问题。一般认为，CP/MAS ^{13}C NMR 测量煤的芳香性时，由于煤的自旋动力学很不理想，会产生较大的误差，这通常导致烟煤中只有约 50% 的碳被检测到。可以很好区分芳香碳，但对于误差的大小 [2%～

15％（摩尔分数）〕以及高磁场（≥50MHz）测量是否与低磁场（＜25MHz）一样准确存在意见分歧，因为无论是边带抑制还是极高速 MAS 都必须消除边带。尽管这需要花费时间，结合低场、长弛豫延迟的单脉冲激发组合和使用合适的试剂淬灭顺磁中心是获得未知样品合理可靠结果的最令人满意的方法。

Maciel 等[19] 综述了 ^{1}H 和 ^{13}C NMR 研究煤炭的进展；认为超大型 MAS 系统提供了足够大的信噪比，可以快速进行无交叉极化（CP）的 ^{13}C MAS 实验和时域 ^{13}C CP/MAS 研究。无 CP 方法可以克服 ^{13}C CP/MAS 技术在定量上的不确定性；与可变接触时间实验相比，更直接地确定 $T_{1\rho}$ 值能得到煤中的 ^{13}C 自旋计数结果。基于多脉冲偶极线窄化和 MAS 的 ^{1}H 组合旋转/多脉冲波谱技术为 ^{13}C MAS 技术提供了一个有用的补充，通常产生分辨率较低的 ^{1}H-C$_{sp2}$ 和 ^{1}H-C$_{sp3}$ 峰，而反卷积至少提供了数量的半定量评估。采用偶极去相方法，与氘代吡啶吸收组合或单独使用，可显著提高分辨率，并为研究单个煤组分的迁移率提供了策略。

陈丽诗等[20]（2017）为消除 ^{13}C CP/MAS/TOSS NMR 测试中的碳核 NOE 效应，得到相对准确的碳结构参数，考察不同模型化合物不同类型碳的 NOE 效应，确定不同模型化合物碳结构参数误差，将不同模型化合物脂肪碳和芳香碳含量的实测值与理论值进行回归分析，得到回归方程，再运用已知结构的模型化合物验证回归方程的准确性。并将此回归方程运用到煤中进行固体核磁碳结构参数的修正，得到相对准确的碳结构参数。此方法运用到 XLT、NMSL 和 SM 煤中碳结构参数的修正，根据碳结构参数估算了不同煤的 H/C 原子比，与元素分析数据对比分析发现，在修正前不同煤的 H/C 原子比与其元素分析误差为 45％～53％，回归方程修正后误差只有约 13％，修正后的 XLT、NMSL 和 SM 煤的 H/C 原子比分别为 0.856、0.862、0.772，与元素分析结果具有一致性，对不同煤的不同类型碳结构参数修正可靠，能够得到相对准确的碳结构参数。

Botto[21] 采用改进版的环消（RIDE）脉冲序列，包括高功率质子解耦，结合使用 RIDE 和 O_2 作为弛豫剂以及对 Ernst-Anderson 角的适当考虑，在合理的测量时间内产生了没有基线伪影的高质量煤的 ^{13}C NMR 波谱。在某些情况下，采用这种方法比使用 90°激励脉冲的标准程序减少了 1/17 的总捕集时间。用这种方法测得的碳芳香度值与用 90°脉冲和长循环延迟时间的 SPE 测得的值相似。两种方法测得的值一般都比交叉极化法测得的值高。通过添加具有相变旋转侧边带（PASS）的回波波谱，对 3 种烟煤建立了基本上没有旋转边带的固态 500MHz ^{13}C 波谱。回波波谱由 Dixon 脉冲序列的修改版本产生。从三种煤的 PASS 波谱定量分析芳烃碳含量（f_a）与通过其他方法获得的结果相比是更好的。f_a 值在

0.69～0.73 之间。去除不需要的旋转带，可以区分煤中存在的特定结构单元的吸收。波谱显示在 13～15ppm 有一个高场肩峰，在 20～24ppm 和～30ppm 有中等强度的吸收，这是几种脂肪族结构在不同空间环境下的特征。除了主芳烃带在约 120ppm 时，取代芳烃碳的吸收也在约 140 和约 155ppm 时出现。几个羰基官能团（160～19ppm）和氧、氮取代脂肪族（50～90ppm）发出的信号较弱。

Wind 等[22] 对 60 个不同变质程度、不同产地的煤样进行了动态核极化（DNP）^{1}H-^{13}C NMR 分析。通过 ^{1}H-^{13}C 交叉极化，不使用魔角旋转，确定了以下参数：自由基的数量、线宽、^{1}H 塞曼弛豫率、旋转帧中 ^{1}H 弛豫率、^{1}H DNP 增强、^{13}C DNP 增强、^{13}C 塞曼弛豫率和 ^{13}C 芳香性。研究了这些参数与煤级之间的关系。此外，利用 DNP 进行了特殊的实验，得到了煤中未配对电子的位置和迁移率信息。最后使用 ^{13}C NMR DNP 定量分析煤的各种特性，发现 MAS 降低了 ^{13}C 芳香性的测量值。三种煤不使用 MAS 的检测结果表明，只有约 50% 的芳香性 ^{13}C 可用 CP 技术检测到。

Dereppe 和 Moreaux[23] 用 ^{13}C NMR 定量分析煤和处理过的煤，认为在某些情况下，磁性杂质会强烈影响波谱，导致非定量测量，甚至无法观测波谱。如果要获得定量信息，必须非常小心地将煤和处理过的煤中的磁性杂质水平降到最低。探测磁心最终位置的最简单方法是记录质子波谱。当纯偶极-偶极相互作用的线宽大于刚性结构中所期望的线宽时，表明质子-非成对电子自旋相互作用和铁磁磁化率增宽。通常用于研究煤的固态 ^{13}C NMR 技术和方法见表 2-1。

表 2-1　用于煤研究的固态 ^{13}C NMR 技术和方法

名称	作用	备注
大功率去耦	消除 ^{1}H-^{13}C 偶极相互作用约几千赫兹	需要比在液态 ^{13}C NMR 中更多的功率去耦
魔角旋转	消除化学位移各向异性，芳香碳峰的宽峰＞100ppm 的宽峰	样品在与磁场成 54°44 的角度以＞2kHz 的速度旋转
交叉极化	为得到正常的 FID 方式，避免长的弛豫延迟	在 Hartmann-Hahn 条件下，磁化强度从 ^{1}H 转移到 ^{13}C，灵敏度提高 4 倍，为确定芳香区和脂肪区的最大强度，常使用可变 CP 时间
动态核极化	提高灵敏度	磁化强度从未成对电子转移到 ^{13}C，通过 ^{1}H 自旋，灵敏度约提高 100 倍
谱编辑技术，TOSS 和 PASS 脉冲序列	消除在高场情况下谱中的自旋边带	脉冲序列可调节边带的相位，但不可避免地要损失强度
可变 CP 时间	区分质子化碳	在短接触时间观察

续表

名称	作用	备注
偶极去相	区分芳碳中叔碳和季碳,脂肪碳中运动的 CH_2 和烷基 CH_2 与更坚固的 CH_2、CH 基团	在 CP 后约 $50\mu s$,去掉偶极去耦
边带分析	分辨桥头、非桥头和叔芳碳原子	在高场谱中使用边带的相对强度
相位循环+组合脉冲 TOSS	消除 π 脉冲不准确性的影响,消除 TOSS 谱中出现的残余旋转边带	需要比一般实验更强的射频场,用于低转速 TOSS 实验
谱编辑脉冲序列+TOSS	分辨非质子化碳与甲基碳,获得 CH、CH_2、CH_3 和季碳子谱	由 SCPTOSS(短接触时间交叉极化谱),SCP-PITOSS(短接触时间交叉极化反转谱),LCPDTOSS(长接触时间交叉极化及去极化)及部分弛豫的 LCP-DTOSS 谱适当组合而得到
结构参数修正	消除碳核 NOE 效应,得到相对准确的碳结构参数	通过已知化合物模型得到回归方程,再运用已知结构的模型化合物验证回归方程的准确性

2.2 固态核磁共振对典型煤大分子结构的解析

2.2.1 煤芳香结构解析及芳香度测定

核磁共振技术是研究煤的物理方法之一,可实现煤的非破坏性研究,是研究固体煤和液化产物的有力手段。建立结构波谱定量关系的关键是分子结构的参数化。曹晨忠[24] 从自由旋转链模型推导出烷基极化效应的通用方程式—极化效应指数,并验证了其合理性。乔洁等[25] 研究了烷基极化效应对羰基 ^{13}C NMR 谱的影响。分子中 R 的极化效应增加使羰基碳的 ^{13}C 化学位移值升高,其关系可表示为

$$\delta = a + b \sum PEI(R)$$

式中,a、b 为系数,$PEI(R)$ 为 R 极化效应指数。李美萍[26] 等通过对 62 个羰基化合物中羰基 ^{13}C NMR 谱化学位移与其部分结构参数关系研究,发现羰基 ^{13}C NMR 谱化学位移与烷基极化效应指数、部分电荷(q_x)的关系可用相关计算公式 $W = a + b \sum PEI + c \sum q_x$ 表示,可较好地表达羰基 ^{13}C NMR 谱化学位移值随结构变化的规律,从而对解析 ^{13}C NMR 谱及预测羰基 ^{13}C NMR 谱的化学位移值提供理论依据。

Wilkie[27] 在 1978 年对固体状态下得到的各类煤进行 ^{13}C NMR 谱的分析，显示出两个共振，一种属于芳香族碳，另一种属于脂族碳。共振范围非常宽，高场共振中心位于四甲基硅烷以下约 7ppm，低场共振中心位于四甲基硅烷以下约 140ppm。基于之前对石墨和金刚石的固态 ^{13}C NMR 研究可知，sp^3 碳具有典型的高场共振，而 sp^2 碳具有低场共振。发现无烟煤具有比沥青、次烟煤和褐煤更多的芳香（sp^2）碳。

魏帅等[28] 人采用变接触时间和偶极去相方法相结合的 ^{13}C NMR 技术以及 HRTEM 检测对晋城无烟煤微晶条纹芳核结构进行了统计分类。结果表明：此类煤结构中桥碳比为 0.46，平均结构单元分子量为 398，煤中的芳核结构缩合程度较高，芳香层片以苯并蒽，苯并芘以及尺寸更大的芳香环为主。煤中氮含量较少，以有机氮和无机氮的形式存在。煤样中硫主要以有机硫的形式存在，无机硫含量较少。煤中氧含量很少，且主要分布于脂肪烃结构中。煤样脂肪结构中侧链短，且分支度小。利用上述信息，初步构建了晋城无烟煤平均结构单元分子模型，计算了晋城无烟煤分子骨架中芳香结构侧链数目和桥碳与周碳比等参数，其平均结构单元分子式为 $C_{30}H_{22}O_{0.5}N_{0.5}$，与采用分峰拟合和积分的方法作对比，得出建立数学模型比拟合和积分的方法更贴近实际结构。

阎纪伟[29] 采用 4mm H-X-Y 三共振探头，外径 4mm ZrO_2 转子，使用交叉极化和 TOSS 抑制边带技术分析了煤中芳香结构的变化。核磁共振谱图中，谱图具有相对一致的变化规律，芳香碳占绝对优势，主要集中在 110～140ppm 之间，分布相对宽泛。谱图有重叠现象，表示含有多种类型的芳香碳，且芳香碳含量随煤阶的升高而增大。20～40ppm 之间有小峰分布，主要是由芳甲基碳、脂碳和亚甲基碳构成。不同类型的煤显示出一定的差异。对脂肪结构的研究表明煤中亚甲基含量高于甲基含量，羟基的含量很少，主要是以羟基-羟基氢键形式存在。张玉波[30] 选用十种低变质程度的煤样，对 ^{13}C NMR 测试得到的结果进行分峰拟合分析，计算得到表征煤大分子结构的分子结构参数。以碳元素的含量、峰面积值作为煤级的表征参数，系统分析了煤中各种官能团的含量、分子结构参数随煤级参数变化的演化趋势。在此基础上对中低煤化程度的煤化作用机理进行了研究。主要结论有：煤结构参数的演化和碳元素的含量有很好的相关性。尤其是芳碳率、质子化碳、芳氢率、桥头碳、氧接芳碳、侧支芳碳和脂碳率及芳甲基、脂甲基等，随碳元素含量的变化更为明显。总体趋势上，前五个参数随碳元素含量的增加而增加，与其有着很好的正相关性；后几个参数随碳元素含量的增加而减少。从一定程度上也反映了以碳元素含量作为煤阶判断参数的合理性。

王永刚等[31] 将 ^{13}C CP/MAS NMR 与化学分析方法结合，定量解析了煤中非活性醚键的含量，且煤中醚键的赋存状态主要是非活性醚键，从褐煤到低变质程度烟煤的煤变质过程中，羧基和羰基等活性含氧官能团容易发生反应，褐煤中羧基和羰基部分转变为醚键，从而使得低阶烟煤中醚键含量增加；更高变质程度的煤，如潞安煤，含氧官能团大量消失，醚键的含量也相应减少。

麻志浩等[32]基于固体核磁共振测试方法，对五类不同煤化程度的 10 种煤样进行分析测试。对谱图分峰后所得的结构参数进行研究，揭示了不同煤化程度煤中各官能团的存在形式及内在联系，阐明了各官能团结构演化规律。结果表明，脂肪碳和芳香碳含量整体呈互补关系，随煤化程度的加深，脂碳率下降，芳碳率上升。氧接芳碳和侧支芳碳含量减少，氧接脂碳含量增加；受煤化程度、构造应力和破坏类型等多方面因素的影响，其他结构参数变化趋势并不明显。

Zhou 等[33]利用文献报道中煤的碳含量（C%）和芳香度（f_a）数据，从 134 个模型中选取 25 个模型进行了有效性分析，其中 18 个模型的 C% 在 $f_a \pm 10\%$ 范围内具有较好相关性。将 18 个模型中 9 个共价键的浓度与构建的基于煤的元素分析和 ^{13}C NMR 数据的计算方法进行了比较，发现大部分都少估了 $C_{ar}—C_{ar}$ 和 $C_{ar}—H$ 键的数量，而高估了脂肪族碳相关键的数量（如 $C_{ar}—C_{al}$、$C_{al}—C_{al}$ 和 $C_{al}—H$ 键）。模型中 C—O 键的含量接近计算的浓度，但模型不能合理地反映 $C_{ar}—O$ 和 $C_{al}—O$ 键的含量。从煤中计算的 O—H 键与模型相关性很差。根据各键含量与 C% 的相关性，建立了碳含量为 59%～91% 的煤中键分布的矩阵计算方法。

Tekely 等[34]对附着的氢原子横向弛豫后进行 ^{13}C CP/MAS NMR 检测，得到了一种间接测定固体材料中质子弛豫时间 T_2 的脉冲序列。将该方法用于两个煤样中芳香族和脂肪族质子的刚性大分子和流动分子的鉴别。在刚性组分中，芳香族和脂肪族质子的 T_2 值非常相似，而在移动组分中相差 2 倍。对于高阶煤样，在不含脂肪氢的流动组分中发现芳香族氢含量更多。

Huai 等[35]通过对 14 个山西煤样的 NMR 研究，论证了欧美大陆和冈瓦纳大陆相同煤级的煤具有相似的分子结构和芳碳率。它们的芳香性随煤炭的等级而变化，与其沉积和成岩作用的细节无关。通过比较 CP/MAS 和 NQS TOSS 波谱，可以合理准确地测定煤中以甲基形式存在的碳原子的百分数，但当时无法区分亚甲基和甲基。与脂肪族取代基连接的芳香族碳原子的比例仍然不确定。然而，山西煤中存在的芳香结构在大多数等级范围内看起来非常相似，与红外波谱所揭示的芳香取代模式的相似性一致。

比较 ^{1}H CRAMPS 和 ^{13}C CP/MAS NMR 以及傅里叶红外波谱等测定氢以及碳的芳香度，NMR 定量分析结果要比化学分析和热分析效果更好。NMR 测定的煤的氢芳香度始终高于红外波谱的相应值，NMR 测定的碳芳香度值与红外波谱值基本一致。

Kawashima[36] 采用梯度振幅交叉极化（RAMP-CP）固态[13]C NMR 技术对煤样进行了分析。通常的 CP 脉冲序列由[1]H 90°脉冲、CP 脉冲和高功率[1]H 去耦下的数据采集组成。在 RAMP-CP 脉冲序列中，[13]C 自旋幅度在 CP 期间线性变化，而[1]H 自旋幅度恒定，如图 2-1 所示。使用固态[13]C NMR 估算上弗里波特煤的 RAMP-CP/MAS 测量参数 $\Delta\omega_{1C}$（[13]C 的旋转场强的变化）和总接触时间。结果表明，与通常的 CP/MAS 方法相比，通过使用 RAMP-CP/MAS 方法可以提高煤的信号强度。在[1]H 场强为 62.5kHz 的条件下，采用 RAMP-CP/MAS 方法，煤的信号强度与 CP/MAS 方法相比增加 $\Delta\omega_{1C}=0.625\sim3.125$kHz，此时总接触时间为 2mm。

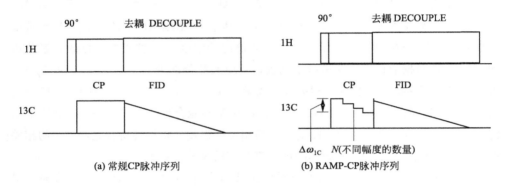

图 2-1　两种脉冲序列比较

Harmer 等[37] 在低场（20MHz）核磁共振仪上测定了煤的性质（如水分和氢含量的详细信息）。进行了包括自旋晶格（T_1）和自旋-自旋（T_2）弛豫的测定。利用核磁共振[1]H 信号的自旋和自旋弛豫特性区分有机（短 T_2^*）和水信号（长 T_2^*）。整个测试时间大约为 30min，基于全局非线性最小二乘拟合对弛豫进行了适当的数值分析。得到了煤中几种不同类型质子的详细信息。通过分析，将煤中的水和矿物结构中的水分为两类，将不同类型的有机成分分成了三个类别。核磁共振信息与煤的变质程度或氧化程度有一定关联。此工作中采用的方法在三个关键方面有所创新：

① 采用了一种独特的脉冲序列以产生一个二维弛豫时间面，其中观察到的强度是自旋-晶格和自旋-自旋弛豫时间的函数，如图 2-2 所示；

② 采用的测试脉冲序列可以测量 T_2，而不仅仅是 T_2^*；

③ 使用合理的弛豫模型对整个表面进行全局拟合。可以看出，将煤的特征

数据分解成 5 个分量是合适的。每个 ^1H 分量的特征是丰度（幅值）以及 T_1 和 T_2 弛豫时间的函数。

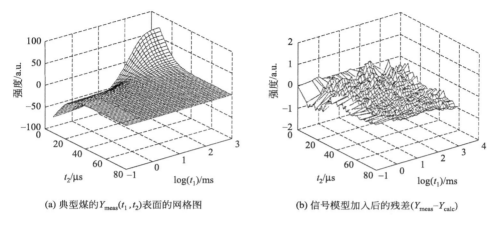

(a) 典型煤的 $Y_{meas}(t_1, t_2)$ 表面的网格图　　(b) 信号模型加入后的残差 $(Y_{meas} - Y_{calc})$

图 2-2　基于全局非线性最小二乘拟合对弛豫的数值分析

为了解释每个导出分量可能的物理意义，对自旋-晶格弛豫进行了讨论。质子的 T_1 值受未配对电子和质子偶极-偶极相互作用的影响。未配对电子的主要来源是矿物中的过渡金属离子、稳定的有机自由基和（顺磁）分子氧。由于样品测试过程没有除去空气，因此引入了分子氧的干扰。

煤有机质中 ^1H 的 T_1 弛豫时间随煤阶（或碳含量）的变化而变化。在图 2-3 中，$T_1^{a/b}$ 和 T_1^c 与碳含量的关系图显示散点分布特征，并存在最大值。在碳含量低于 90%（质量分数）范围内，T_1 时间随芳香性和硬度增加而增大（^1H-^1H 偶极相互作用延长了 T_1 时间）。在碳含量较高时（>90%），聚合芳烃中自由基的比例升高（或是吸附的水增高），导致弛豫时间下降。由于 T_1^c 比 $T_1^{a/b}$ 短得多，因此可以推断该组分含有相对高比例的有效弛豫中心。

将自旋-自旋弛豫时间 T_2 与煤结构相关联是有益的尝试，但由于测试时间较长，实用性有限。Ladner 等[38] 通过比较煤和纯有机固体的核磁共振谱来阐明结构信息。最近的研究，将煤中 ^1H-^1H 的相互作用与 T_2 时间相关联，并与典型的实验值进行了比较。虽然 T_2 的测定结果可能与煤结构有关系，但更重要的问题是如何将参数用于确定煤质指标。因此通过图 2-3(b)，考察煤 T_2^b 弛豫时间与碳含量（%，dmmf）的关系。结果显示两者相关性极好且显著。因为这些煤的性质多样，结构复杂，在如此小的弛豫时间内对煤结构和性质进行物理/化学分析需要格外谨慎。通过研究发现，对弛豫时间参数的测定是一个新的、非常有

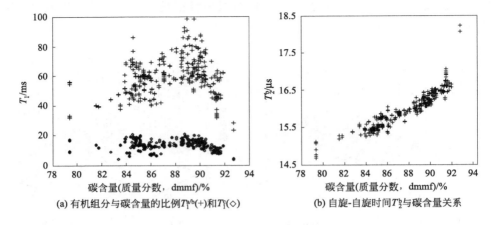

图 2-3 $T_1^{a/b}$ 和 T_1^c 与碳含量的关系

效的煤级评价指标。

Jones 等[39] 利用顺磁电子的极化转移来增强[13]C 核磁共振谱的强度，提出了一种测定煤芳香度的新方法。用 DNP-CP 固态[13]C NMR 对冈瓦纳烟煤的 5 个样品进行分析，该方法将极化从样品中的电子转移到质子中，显著提高了质子-碳交叉极化后的[13]C NMR 信号。其波谱与传统的交叉偏振波谱相比，实验时间缩短了 1～2 个数量级（从 10～12h 到 15～30min）。发现惰质组的芳香性远大于镜质组，显微组分的变化是决定煤芳香性的主要因素，而不是煤级的变化。

Hu 等[40] 利用三种先进的固体核磁共振技术，即用不同的去相位时间进行偶极去相、[13]C CP/MAS 谱编辑以及 PHORMAT 的各向同性-各向异性相关实验，研究了具有复杂分子结构的煤，如图 2-4 所示。结果表明，采用常规的双极性去相实验，在不同的去相时间下，可以高精度地测定异丙基芳香族碳与非异丙基芳香族碳的比例。采用[13]C CP/MAS 波谱编辑技术，可以得到脂肪族 CH、CH_2、CH_3 和非质子化碳的组分。利用二维 PHORMAT 实验，获得了煤芳香区的结构信息。用模型化合物中化学位移张量值的理论预测解释了实验化学位移张量。

Bandara 等[41] 采用[13]C 固态核磁共振波谱和电子自旋共振（ESR）波谱对澳大利亚贝斯盆地次烟煤样品进行了研究。发现用单脉冲（Bloch 衰减）方法测定的煤中芳香碳的比例高于用 CP 方法得到的值。由于一些无机质产生的顺磁性导致自旋弛豫信号的丢失，引起芳香度测量差异。另一方面，有机自由电子含量与自旋晶格弛豫时间密切相关，并且通过 Bloch 衰变和 CP 方法测量的芳香度之间的差异，随着电子计数和等级的增加而降低。由于有机自由电子 CH/$T_{1\rho H}$ 动力学的定量影响大于自旋-自旋弛豫，所以在低阶煤的 Bloch 衰变实验中观察到

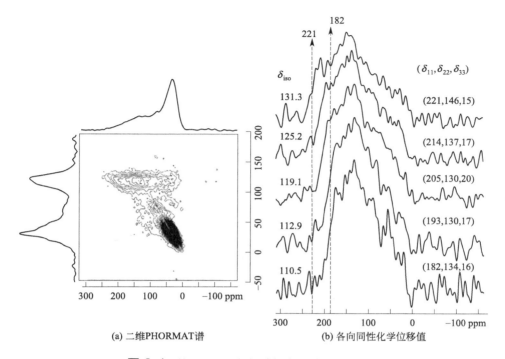

(a) 二维PHORMAT谱　　　　　　　(b) 各向同性化学位移值

图 2-4　纯质子化碳的切片粉末图样的等高线图

一些芳香族碳，用 CP 不能观察到。

Franz 等[42] 采用单脉冲激发[13]C NMR 分别在低场强和高场强（分别为 25MHz 和 75MHz）下对阿尔贡煤样进行了分析，用高速魔角旋转（13kHz）抑制旋转边带。由于交叉极化[13]C NMR 对煤的定量测量存在固有问题，获得煤的芳香性和其他碳骨架参数需要更长时间的单脉冲激发（SPE）或 Bloch 衰减。SPE 在低场和高场测得的芳香度值基本一致，始终高于 CP 测得的芳香度值。最大的差异出现在两种低阶煤中。一般情况下，煤中 75％ 以上的碳可以被单脉冲激发探测到。

Suggate 等[43] 用[13]C NMR 研究了从一系列新西兰泥炭到烟煤，将波谱信号转换为数值参数，得到了煤类型和煤变质程度与 NMR 参数相关的差异，获得了核磁共振的四个参数 f_a、S_{ox}、f_{CO_2H} 和 f_{COH}。实验中采用类型依赖的煤阶指数 $R_{ank}(Sr)$ 作为主要指标，还考虑了 T_{max} 和反射率。代表了一个有限的类型范围中等高氢煤，证明了核磁共振参数随煤阶升高的变化。当不同的含氧官能团增多时，泥炭变化为褐煤。随着煤阶的增加，f_{CO_2H} 和 f_{COH} 均逐渐下降，但 f_a 和 S_{ox} 均未表现出这种变化。尤其是 $f_a/R_{ank}(Sr)$ 和 $S_{ox}/R_{ank}(Sr)$ 曲线的变化

（快速下降）与煤热解挥发分（油）和成焦过程密切相关，如图 2-5 所示。

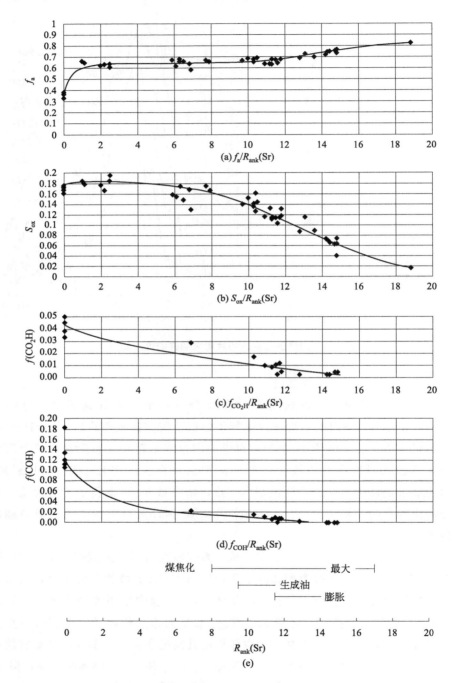

图 2-5　煤阶指数 R_{ank}（Sr）与 NMR 参数的关系

Wilson 和 Vassallo[44,45] 用交叉极化法与单脉冲法测定了澳大利亚烟煤的芳香度。在煤的 CP/MAS 实验中，弛豫数据表明可以得到类似萘聚合物的结构。煤的偶极去相实验表明，煤化过程中镜质体分子的平均尺寸并不是通过芳基取代质子而增加的。碳自旋晶格弛豫时间实验［$T_1(C)$］的交叉极化表明，利用 $T_1(C)$ 脉冲序列可以在煤中区分质子化碳。煤吸附吡啶的实验表明，无构象刚性的煤分子比全煤芳香度更高。在标准煤上进行的弛豫实验可以确定具体结构的位置。此外，还发现了 C- 和 O-烷基化形成的甲基的弛豫行为的差异。

利用交叉极化 ^{13}C NMR 研究与煤结构有关的简单有机单体过程中发现，在诸如萘、蒽和三苯等刚性小分子中，质子的自旋晶格弛豫时间［$T_1(H)$］很长，达到或超过 100s。在用于获取煤的波谱实验中无法检测到这些分子。然而，如果在这些分子中引入氢化芳香环，使 $T_1(H)$ 降低到适合于获取定量数据的值（包括刚性小分子，碳化石燃料衍生化合物的自旋弛豫时间范围为 $14\mu s \sim$ 172ms），可以用于煤中质子化芳烃的识别和定量分析。

研究发现，在不同的磁场环境中，碳原子的横向弛豫时间相差很大，如果在数据采集（偶极去相）之前，在脉冲程序中插入一个不解耦的 $40\mu s$ 延迟，就可以得到只含有非质子化碳和甲基取代基的波谱。通过简单的交叉极化实验获得定量数据，并考虑到非质子化碳在偶极去相位过程中信号强度的损失，从而可以确定样品中质子化的芳族碳的比例。采用 ^{13}C CP/MAS、^{1}H 联合旋转和多脉冲核磁共振波谱（CRAMPS）研究了 sp^2 和 sp^3 杂化碳上的质子在壳质组和惰质组等微观结构中的分布。CRAMPS 只能成功地解析显微组织中的酸、芳香/烯烃、碳水化合物和脂肪族质子。惰质体具有不同的质子芳香性（$0.38 \rightarrow 0.58$）和碳芳香性（$0.40 \rightarrow 0.84$）；而壳质体中与 sp^2 杂化碳结合的质子比例较低（0.06）。在测试的 9 个样品中，出现一个可被明确地识别为苯乙烯的天然聚合物，另外 7 种化合物被 CRAMPS 鉴定为羧酸。采用二维 ^{1}H-^{13}C 异核固态波谱法成功地对所选煤中两种类型的脂肪族氢进行了分析，通过两个 WIM-24 交叉极化循环，可以在结构简单的霍纳斯敦（Hornerstown）树脂体中观测到较长的耦合距离[46]。

Tekely 等[47] 采用极化反转方法，通过高分辨率固态 ^{13}C CP/MAS NMR 研究煤的性质。通过与合成聚合物的比较，评估了煤样品中单个官能团的相对分子迁移率。提出了该方法在表征煤转化过程中结构变化的一些可能应用。任何导致氢浓度或分布变化的过程，如煤液化过程中的热解或催化加氢，都可通过极化反转实验中磁化强度随时间变化表现出来。在煤塑性研究中，这种方法还可以获得分子迁移率随温度变化关系。介绍了一种选择性饱和实验，并将其应用于选择性

消除 ^{13}C 高分辨率固态 NMR 信号的自旋侧边带和宽带的尖锐线。通过适当调整实验条件，可以使煤中芳香碳信号选择性饱和，并在高工作频率下消除芳香侧带与脂肪族波谱区域不必要的重叠。所述方法对 T_2 弛豫时间较短的煤的高频 NMR 定性和定量研究效果较好。

Jurkiewicz 等[48] 采用电化学分析、^{1}H NMR、^{13}C CP NMR 以及动态核极化（DNP）方法对 20 种煤进行了研究。研究了自由基浓度 N_e、^{1}H 的塞曼弛豫速率 W_Z^H、^{1}H 旋转系统弛豫速率 W_ρ^H、^{1}H DNP 增强因子 P_H 以及 CP 测定的碳芳香度 $(f_a)_{CP}$。通过分析获得的上述参数之间存在相关：N_e 与挥发性物质百分数、W_Z^H 与氧含量，W_ρ^H 与 N_e、P_H 与碳含量和 $(f_a)_{CP}$ 与挥发性物质百分数。煤暴露在空气中氧化会导致 N_e、W_Z^H 和 P_H 发生不可逆的变化。将含羰基准化合物 [3.2.1] 双环-4-吡咯烷酮-n-甲基辛烷-8-1 三甲酸酯用作定量分析煤 ^{13}C CP/MAS NMR（包括自旋计数）的峰强度参照物[49]。通过可变接触时间和可变自旋锁定实验的组合，确定了煤的主要 ^{13}C 峰的交叉极化时间常数 T_{CH} 和旋转质子自旋晶格弛豫时间 $T_{1\rho H}$。煤的 ^{13}C 主峰有 2～3 个旋转框架 ^{1}H 弛豫衰减分量和 2～3 个 T_{CH} 分量。由这些参数数据可获得煤中碳原子数量。为了提高核磁谱的分辨率，设计了通过氘化吡啶饱和煤进行 ^{1}H CRAMPS 的核磁共振研究[50]。吡啶的存在显著提高了 CRAMPS 谱的分辨率。在原煤的偶极去相 CRAMPS 实验中，强度衰减用高斯线和洛伦兹线两部分描述。在吡啶饱和煤的强度衰减实验中，由高斯、中衰减洛伦兹分量和慢衰减洛伦兹分量组成。不同的共振频率来自的不同衰减类型。然而，只有甲基含有一个缓慢衰变的洛伦兹分量，表明其具有很高的旋转迁移率。基于这些数据，并不能直接得出煤中高流动性片段与分子组分之间的关系。采用过氘吡啶萃取法[51]，结合质子 CRAMPS 技术（魔角旋转与多脉冲结合方式）研究了原煤的分子动力学、抽提后的残渣和抽提物的分子动力学。氘化吡啶饱和提高了波谱分辨率，从而识别出两个脂肪族共振（0.9ppm 和约 1.7ppm）和三个芳香族共振（约 6.9ppm、约 8.1ppm 和约 9ppm）。CRAMPS 偶极去相位实验表明，共振峰的衰减由两个或三个分量组成，可以用高斯和/或洛伦兹曲线的组合来描述。这些组分的初始振幅及其各自的衰减时间常数随萃取量的变化而变化。获得了煤的大分子结构与偶极去相实验行为之间的关系。

Supaluknari 等[52] 将 CP/MAS 与 TOSS 相结合并应用偶极相移技术（DD）对 29 种澳大利亚煤进行了研究，进行了煤的交叉极化动力学和样品的偶极相位分析。利用高场 NMR 谱仪和所使用的技术，鉴定出各种碳的类型并确定了这些碳的官能团分布，估计了芳香环的取代程度和平均芳香族团簇大小。研究发现，煤中芳烃的取代与质子化芳烃的增加有关，还观察到芳香团簇大小随煤级的增加而增加。从煤的脂肪族结构来看，亚甲基是煤中脂肪族含量增加和煤中氢碳比变化的主要原因。对含氧碳的分布进行了分析发现，总含氧碳组分与煤的 O/C 值有关。

Odeh 等[53] 采用扫描电子显微镜（SEM）、傅里叶变换红外波谱（FTIR）、碳核磁共振（^{13}C NMR）、X 射线衍射（XRD）等技术相结合，对 6 个不同变质程度的煤样（南半球 5 个，北半球 1 个）进行了形貌和煤的分子结构参数（包括煤的芳香性 f_a）的测定。褐煤的芳香度在 0.86～1.03 之间，亚烟煤的芳香度在 0.86～1.03 之间，烟煤的芳香度在 0.87～1.03 之间，次无烟煤的芳香度在 0.88～1.03 之间，无烟煤的芳香度在 0.94～1.03 之间。与 FTIR 测得的结果一致（褐煤在 0.66～0.79 之间，亚烟煤在 0.58～0.90 之间，烟煤在 0.84～1.00 之间，半无烟煤在 0.94～1.00 之间，无烟煤在 0.97～1.00 之间）。

Okolo 等[54] 采用广角 X 射线衍射-碳分数分析（WAXRD-CFA）、衰减全反射傅里叶变换红外波谱（ATR-FTIR）、固态^{13}CNMR 和高分辨率透射电镜（HRTEM）对南非 4 种烟煤的化学结构特性进行了研究。固态^{13}C NMR 测定样品的芳香度范围为 0.74～0.87，与 WAXRD-CFA 分析结果（0.73～0.86）比较相符。WAXRD-CFA、ATR-FTIR 和^{13}C NMR 数据表明，低阶煤含有较多的脂肪族组分，而较高阶煤含有较高比例的聚合芳环和饱和长链烃。由 WAXRD-CFA 测定的晶格参数表明，低阶煤在结构上不如高阶煤有序。此外，HRTEM 对芳香层片分析表明，样品的碳晶格由不同长度的芳香层片组成，长度为 L（$0.3\text{nm} \leqslant L \leqslant 9.5\text{nm}$），其分子量分布范围为 75～1925。挥发分产率最高的煤具有较高比例的低分子量芳香层片，而较高等级的煤具有最高分子量的芳香层片。^{13}C NMR 样品的平均分子量在 504～544 之间，并与 HRTEM 芳香层片分析数据吻合较好，不同分析方法测定结果有很好的一致性。

Althaus 等[55] 利用快速魔角旋转（fast MAS）核磁共振测定了复杂碳质材料中芳香团簇的平均尺寸。为了准确量化非质子化芳香碳，使用质谱同步自旋回波（spin-echo）编辑了^{13}C 光谱，缓解了传统偶极退相实验中的^{1}H-^{13}C 偶极相互作用的旋转再结合问题。使用快速 MAS 可以替代 CRAMPS，不需进行边带抑制，并可提高波谱强度的定量可靠性。根据桥头碳（χ_b）的比例估算出芳香团簇的平均大小。为了量化 χ_b，各种碳的总摩尔分数必须用^{13}C NMR 直接测量，包括非质子和质子化芳香族碳（f_a^N 和 f_a^H）、苯氧基/酚碳（f_a^P，$\delta_C = 165\sim 150\text{ppm}$）、烷基取代芳香族碳（$f_a^S$，$\delta_C = 150\sim 135\text{ppm}$）和芳香族碳（$f_a'$，$\delta_C = 165\sim 90\text{ppm}$）。各组分是相对于总碳浓度定义比例，而 F_a^N 和 F_a^H 仅指芳香族碳（即 $F_a^N + F_a^H = 1$）。除 F_a^N 外，所有这些参数可在高场与快速 MAS 结合测定中得到（表 2-2 和表 2-3）。利用非质子化和质子化芳香碳（$T_{2a}'^N$ 和 $T_{2a}'^H$）之间横向弛豫时间的差异来实现谱的编辑。在快速 MAS 下，弛豫主要由残余的 ^{1}H-^{13}C 偶极相互作用控制，这些偶极相互作用在同核的 ^{1}H-^{1}H 偶极耦合存在时并不是完全平均的。芳香碳的 δ_C 值为 165～90ppm，转子同步延迟 τ_{dephase} 的范围为 0～18ms。结果可以用双指数函数拟合（图 2-6）。

表 2-2　自旋-回波退相实验获得的煤弛豫和结构参数

样品	$T_{2a}'^N$/ms[①]	$T_{2a}'^H$/ms[①]	$F_a^{N②}$	$F_a^{H②}$	r^2
WYO 煤	12.5	1.9	0.67	0.33	＞0.99
ILL 煤	11.8	1.4	0.64	0.36	＞0.99
POC 煤	11.3	1.2	0.65	0.35	＞0.99

①弛豫参数的拟合数据点由图 2-6 带入方程 1 计算；②F_a^N 和 F_a^H 通过方程 2 计算。

表 2-3　计算得到的煤结构参数

样品	f_a'	f_a^H	f_a^N	f_a^P	f_a^S	f_a^B	χ_b	C#
WYO 煤	0.62	0.21	0.41	0.07	0.16	0.18	0.29	14
ILL 煤	0.71	0.25	0.46	0.06	0.18	0.21	0.30	15
POC 煤	0.84	0.30	0.54	0.03	0.17	0.34	0.40	20

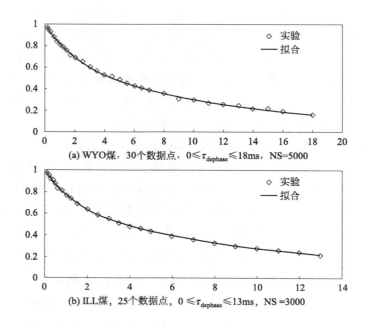

(a) WYO 煤，30个数据点，$0 \leqslant \tau_{\text{dephase}} \leqslant 18\text{ms}$，NS=5000

(b) ILL 煤，25个数据点，$0 \leqslant \tau_{\text{dephase}} \leqslant 13\text{ms}$，NS=3000

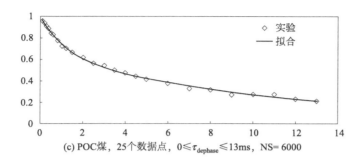

(c) POC煤，25个数据点，$0 \leqslant \tau_{dephase} \leqslant 13ms$，NS= 6000

图 2-6 芳香族碳的归一化自旋-回波强度

$$M(\tau_{dephase}) = M_a^H e^{-\frac{\tau_{dephase}}{T'^H_{2a}}} + M_a^N e^{-\frac{\tau_{dephase}}{T'^N_{2a}}}$$ （M_a^H 和 M_a^H 分别是质子化和非质子化的芳香磁化强度）

$$F_a^N = M_a^N / (M_a^H + M_a^N)$$
$$F_a^H = 1 - F_a^N$$
$$f_a^N = F_a^N \cdot f'_a$$
$$f_a^H = F_a^H \cdot f'_a$$
$$f_a^B = f_a^N - f_a^P - f_a^S$$
$$\chi_\alpha = f_a^B / f'_a$$

f_a^N 的定量，通过获得 $13 \sim 18ms$ 范围的 $25 \sim 30$ 芳香磁化强度 $\tau_{dephase}$ 值。

Yang 等[56] 用 ^{13}C NMR 对 8 种不同变质程度的煤研究了对苯羧酸产率的影响。苯羧酸的产量随煤级的增加而显著变化。随着煤阶的增加，芳香碳分数（f_a）和芳香族桥头碳在芳香族碳中的摩尔分数（χ_b）都逐渐增加，芳香环的烷基取代度（δ）和平均亚甲基链长（C_n）均降低。随着煤阶的升高，煤中存在越来越多的邻苯二甲酸、偏苯三酸、偏苯三酸和青蒿酸的母体结构。煤的含碳量$>87\%$时，煤的结构具有突变性质，即在煤的结构中存在越来越多芳环的环状链。

2.2.2 煤中^{15}N结构的固态核磁共振分析

由于各种原因，煤中氮的化学性质长期以来一直广受关注。煤中的氮参与了煤燃烧过程中 NO_x 的释放，并且含氮多环芳香族化合物环境毒性较大。另外，含氮官能团对燃料稳定性、催化剂和煤基液体产品的性质有重要影响。更重要的是，含氮化合物在连接煤结构的大分子亚基中起重要作用。虽然人们认为煤中的氮主要以吡啶和吡咯类似物的形式存在，但其在官能团中的分布还不清楚。

　　Solum 等[57] 报道了阿尔贡煤的 ^{15}N NMR 数据。对核磁共振实验结果与 XPS 和 XANES 技术所得结果之间的差异进行了分析。从交叉极化动力学的角度讨论了不同类型氮的可检测性，以及不同类型含氮官能团的化学位移各向异性的影响。未经处理的煤的 ^{15}N NMR 谱图只显示了五元环（如 5-p 型）中存在质子化氮。在煤阶较高的煤中表现出多样性，这是由于煤阶越高，环尺寸越大所致。核磁共振波谱中没有发现 6-n 类型氮原子，主要是由于此类型的氮原子的旋转速度和不利的交叉极化动力学引起的。高于噪声的峰只在－150～－300ppm 范围内观测到。在－150～－200ppm 之间的化学位移区域被指定为 6-p 型氮，而－200～－300ppm 区域被指定为各种类型的 5-p 氮。在－60ppm 和－90ppm 或超过－300ppm 没有发现明显的峰，也就是说没有 6-n 和胺类化合物存在。峰位随着煤变质程度的增高向低场强区偏移。在大约－270ppm 的中心出现第二个峰，该峰的上移与较大杂环体系中随煤阶增高的氮的上移一致。随着环的增大，吡咯中的 5-p 氮的化学位移在－230～－235ppm 之间，吲哚中的 5-p 氮在－246～－254ppm 之间，咔唑中的 5-p 氮在－260～－264ppm 之间。

　　酸处理后－175ppm 化学位移区域的强度增强，这种变化可能源于质子化 6-p 型氮的出现，因为吡啶 6-n 氮被转化为吡啶鎓类物质。但此类物质通过标准固态核磁共振技术很难检测到。实验结果与 XPS 数据基本一致，显示存在大约25％的吡啶类氮。图 2-7 显示了 3 种煤的 ^{15}N 谱。

　　Knicker 等[58] 采用固态 ^{15}N NMR 对泥炭和煤中氮的形态进行了分析。测定了富含 ^{15}N 的植物混合物的波谱参数，如弛豫时间和交叉极化动力学，以确定最佳核磁共振条件，用于煤样品的 ^{15}N 测定，如图 2-8 所示。在泥炭期之前，大部分氮以酰胺氮的形式存在，酰胺氮来源于生物前体（可能是蛋白质）。随着煤化程度的提高，吡咯氮成为煤大分子网络的主要形式。煤中吡咯-N 的形成可能是由于生物吡咯的选择性保存或酰胺链在成熟过程中的重排。吡啶-N 并不是煤中主要的含氮组分。核磁共振峰的归属如表 2-4 所示。波谱显示了吡咯和吲哚衍生物的主要信号，没有检测出吡啶衍生物的信号，这与人们普遍认为类吡啶结构构成了煤中氮的主要形式相矛盾。在－120～－270ppm 的化学位移（峰值为－240ppm）可能属于吡咯化合物。宽谱图表示煤网络结构中吡咯环的取代和可变交联。一般来说，非取代吡咯的共振出现在大约－235ppm 附近。在－240ppm 的低场侧（－120～－210ppm）的宽肩峰可能来自吡咯氮，其中孤对电子被取代或被咪唑离域。未取代的吲哚或咔唑氮比吡咯中的氮具有更高的电子密度，因此具有更高的磁场屏蔽性能。在－240～－280ppm 范围出现的肩峰－240ppm，属于咔唑和吲哚氮。吲哚氮通常出现在－230ppm 和－260ppm 的化学位移范围内。

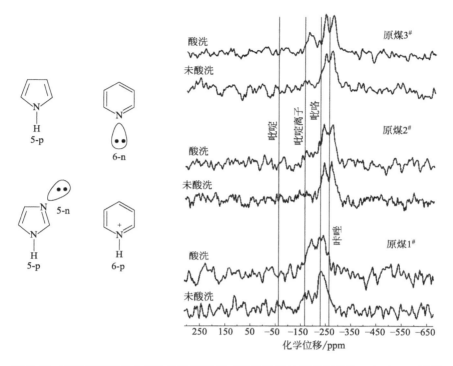

图 2-7　不同类型氮的定义和三种原煤经对甲苯磺酸处理后煤的^{15}N CP/MAS 波谱

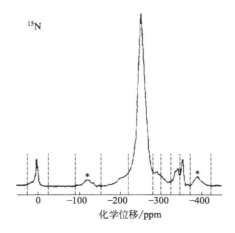

图 2-8　煤的^{15}N 固态 NMR 谱（*号代表旋转边带）

一般认为，煤中的氮不仅存在于吡咯结构中，也存在于吡啶结构中。在固态 ^{15}N NMR 谱中，未取代的吡啶氮的应该在$-40\sim90$ppm 的化学位移范围内。纯吡啶在—62ppm 时出现共振峰，吡啶水溶液在—84ppm 出现吸收。吡啶氮的质子化或 N-烷基化导致磁屏蔽的急剧增加，最高可达 100ppm。这些吡啶化合物的共振可能在—100～—200ppm 之间产生微弱信号。如果把这个信号分配给煤化合物中的吡啶离子，意味着在强酸性位置发生完整的质子转移。在煤中，这种强酸性基团以羧酸官能团的形式存在于缩合芳香环体系中。对吡啶在不同氧化程度的煤上的吸附进行了固态 ^{15}N 核磁共振研究，为吡啶氮被强酸性羧基官能团质子化提供了证据。在—150ppm 处观察观测到的共振线说明了吡啶氮的形成，其强度随煤样羧基含量的变化而增大。

表 2-4　^{15}N 固态 NMR 谱峰的归属 （参考硝基甲烷为 0ppm）

化学位移范围/ppm	峰归属
25～—25	硝酸盐,亚硝酸盐,硝基
—25～—90	亚胺,吩嗪,吡啶,席夫碱
—90～—145	嘌呤,腈基
—145～—220	叶绿素-N,四氮杂茚/嘧啶,咪唑,吡咯类
—220～—285	酰胺/缩氨酸,氨基糖的 n-乙酰衍生物,色氨基酸,脯氨酸,内酰胺,未被取代的吡咯,吲哚和咔唑
—285～—325	胍中 NH,NH$_2$和 NR$_2$ 基团(N$_\delta$-精氨酸和 N$_\alpha$-瓜氨酸,N$_\varepsilon$-精氨酸,N$_\omega$-瓜氨酸,尿素,核酸,苯胺衍生物)
—325～—350	氨基酸和糖中的游离氨基
—350～—375	NH$_4^+$

Almendros 等[59] 利用 ^{15}N 固态 NMR 分析了氧化过程煤中氮的演化。实验在 Bruker DMX 400 上进行，获得了固态 CP/MAS^{15}N NMR 谱，测试频率为 40.56MHz，接触时间为 1ms，90° 脉冲宽度为 5.8ms，脉冲延迟为 150ms，线宽为 100Hz 和 150Hz。化学位移通过硝基甲烷（0ppm）标定，并使用甘氨酸（—347.6ppm）进行调整。原始和氧化后的样品 CP/MAS^{15}N-NMR 谱如图 2-9所示。以—220～—285ppm 范围的信号最显著，最大信号峰约为—259ppm。在这个区域，主要是酰胺类、肽类、吲哚类、内酰胺类和咔唑类的共振。在—346ppm 的峰为游离氨的信号。基于化学和热降解过程，含 N 的杂环芳烃如吲哚、吡咯或吡啶一般源于土壤腐殖质组分的结构单元。这些化合物在—145ppm和—250ppm 的较低的范围内出现共振信号（吡啶类化合物在—25～—145ppm之间，吡咯类结构在—145～—240ppm 之间）。吲哚的化学位移区（约—245ppm）与酰胺区略有重叠，如果这些化合物是泥炭中有机氮的主要成分，则信号将向低场偏移。从 ^{15}N-NMR 谱来看，热处理导致杂环 N 的化学位移区相

对强度不断增加。加热 60s 已经引起了 N 结构组成的变化，表现为杂环 N 区域的相对增加，和酰胺 N 的减少，并且随着氧化时间的延长，趋势一致。约 40% 的谱归因酰胺 N 结构，表明这些化合物具有更高的耐热性，至少相比烷基和羧基结构更稳定。酰胺结构稳定比较高的原因是发生了交联反应（糖氨基酸反应），主要发生在泥炭形成过程。还应该考虑一些结构的阻力，如烷基的阻碍作用。热处理过程中杂环芳烃 N 的相对富集，与酰胺 N 的减少同时发生。这一事实可能被解释为选择性地保留了未处理泥炭中已经少量存在的杂芳香结构，而较不稳定的肽结构则优先被热降解。

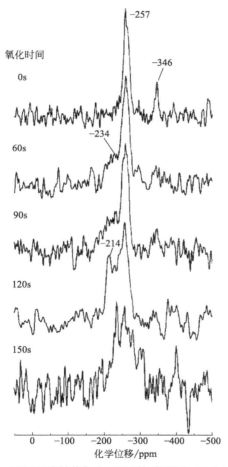

图 2-9　泥炭在 350℃下连续热氧化不同时间的固态 CP/MAS ^{15}N-NMR 谱
［化学位移参照硝基甲烷（0ppm）］

高分辨率固体核磁共振是分析煤中氮结构的有效工具。为了研究煤及煤相关分子的氮结构，Okushita 等[60] 对不同类型的含氮化合物和煤进行了定量的^{15}N 魔角（MAS）核磁共振波谱分析，如图 2-10 所示。利用^{1}H-^{15}N 双交叉极化技术，在超快 MAS 条件下，考察了煤中^{15}N 核周围的化学环境。二维 NMR 结果表明，模型煤的^{1}H-^{15}N 键合区域不仅存在吡咯氮基团，还存在酰胺型氮官能团，且具有亚沥青化程度。一维^{15}N Hahn-echo MAS NMR 谱和^{1}H-^{15}N CP/MAS NMR 定量分析在 Bruker AVANCE NEO 800 核磁共振仪（18.8T）上进行，测试采用 ϕ3.2mm H-X 探头。超快 MAS^{1}H-^{15}N 双交叉极化实验采用 ϕ0.7mm H-X 探头。通过二维^{1}H-^{15}N 核磁共振，对^{15}N 核磁共振谱的化学位移进行了详细匹配，并对含共价键的氮官能团进行鉴定。^{1}H 和^{15}N 的化学位移反映了各自原子核周围局部化学环境的差异，即所观察到的^{1}H 和^{15}N 化学位移都可作为识别^{1}H-^{15}N 共价键氮官能团结构的探针。对于合成的煤标准化合物，利用 CP 的异核相互作用，选择性检测^{1}H-^{15}N 结构是有效的。

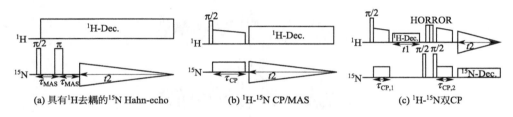

图 2-10　固态核磁共振脉冲序列

如图 2-11 所示，根据图（a）和（b）中的二维谱图中是否观测到峰，辨别是否存在直接键合的^{1}H-^{15}N 结构（图中的正方形和三角形），因为直接键合的结构较少，所以在 $\tau_{CP,2}=0.1$ms 时，可能无法检测到。图 2-11(a) 的结果表明，^{15}N 的化学位移主要有两组，从$-275\sim-260$ppm（三角形），从$-255\sim-225$ppm（正方形）。两个区域的峰值数分别为 6 和 8 个。^{15}N 化学位移范围为$-260\sim230$ppm，对应吲哚氮；-262ppm 的峰对应于咔唑氮溶解在二甲基亚砜中。根据单 5 元环氮的^{15}N 化学位移计算，吡咯氮与含质子的孤对电子（5p）的各向同性化学位移在$-221\sim-203$ppm 范围内。较大型环中的 5p 氮的化学位移在高场区域，咔唑在$-264\sim-260$ppm，吲哚在$-246\sim-254$ppm，而吡咯则在$-235\sim-230$ppm，在-257ppm 的峰为酰胺氮。检测到的^{1}H-^{15}N 双交叉极化在$-275\sim-260$ppm（三角形）和$-255\sim-225$ppm 范围的峰可归为咔唑和吲哚/吡咯 5p 氮。在图 2-11(a) 中，化学位移根据氮官能团进行分组。主要的氨基化合物占据了$-350\sim-300$ppm 的区域，并在^{1}H 化学位移轴上分成两组。从^{1}H 轴和^{15}N 轴的角度对这三组进行了分类，如图 2-12(a) 中蓝色填充点所示。^{15}N

化学位移轴上−350～−300范围内的质子化氨基主要是苯胺基团。图2-12(b)中的实验数据（^1H：8.2ppm，^{15}N：−270ppm）和（^1H：9.2ppm，^{15}N：−269ppm）既满足谱图条件，又满足化学位移区条件，因此，将这两个峰匹配为伯酰胺基团。研究划分的^1H-^{15}N化学位移为讨论相关碳氢样品提供了依据，如表2-5所示。

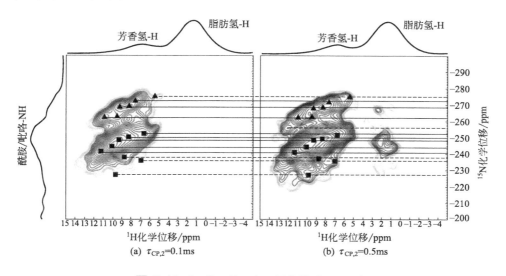

图 2-11　^1H-^{15}N 的双交叉极化谱（见彩图）

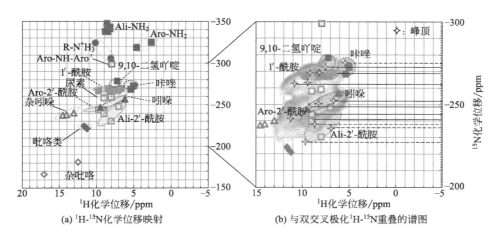

图 2-12　分别从^1H和^{15}N对三组分进行分类（见彩图）

表 2-5　^{1}H-^{15}N 键结构的化学位移分配

含 N 官能团		化学位移/ppm	
		^{15}N	^{1}H
1′-胺	R-NH$_2$(R:芳香族)	−332	2.3
		−324	2.8
咔唑		−275	5.5
9,10-二甲基甲酰胺/2′-苯胺		−272.5	7.6
1′-酰胺		−270,−269	8.2,9.2
吲哚		−252.5	6.7
		−250	8.3
		−249	9.3
2′-酰胺	R-CO-NH-R′(R′:芳香族)	−244	10.1
		−241	11.3
	R-CO-NH-R′(R′:脂肪族)	−238	8.7
		−236	7.0
		−227.5	9.8

2.2.3　固态核磁共振对煤结构模型的解析

固态核磁共振波谱是研究煤结构的关键技术之一，具有不需要破坏样品的优点。利用核磁共振可解析煤中各官能团信息，将得到的结构信息进行整合，可获得煤的整体分子结构模型。

Majumdar 等[61] 通过固态^{13}C NMR 对两种分别来自石油和煤的沥青质进行了分析，获得了沥青质分子结构特征，如图 2-13 所示。发现分子由一系列聚合芳香烃组成，范围从较小的多环芳烃（PAHs；＜5 个缩合环）到更大的（＞9 个缩合环）。较小的多环芳烃在煤衍生的沥青质中可能更丰富。煤源沥青质中含有一小部分群岛型结构，其中一个小的多环芳烃通过芳基键与较大的多环芳烃核相连。两种沥青质之间的一个重要区别在于它们的烷基比例，石油沥青质的烷基侧链明显更长，也更容易移动，平均约为 7 个碳长，而煤沥青质中平均链长为 3～4 个碳。石油沥青质也具有较大比例的脂环族化合物。长度越长，石油沥青烷基侧链在相邻沥青质骨料芳香环之间插入的倾向越大，这在煤制沥青质中没有观察到。这项工作证明了交叉极化和直接极化^{13}C 固态核磁共振波谱在沥青质研究中的应用，同时也为解析沥青质单核模型提供了证据。

Murphy 等[62] 用^{1}H-^{13}C NMR 分析了模型化合物和无烟煤的分子结构。发

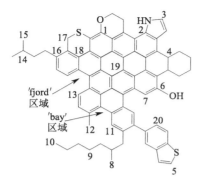

碳编号	碳结构类型	碳编号	碳结构类型
1	$C_{sub-O-C}$	11	Bay型$C_{H,ar}$
2	C_{sub-N}	12	CH_3-芳香基
3	C_{H-ar}-α, C_{sub-N}	13	fjord型$C_{H,ar}$
4	环状-CH	14	无环脂肪- CH
5	C_{Har}-S-R	15	异丁基-CH_3
6	$C_{sub-O-H}$	16	C_{sub}-R
7	C_{H-ar}-α, C_{sub-O}	17	-CH_2-SR/环状-CH_2
8	-CH_3分支	18	C_{db}
9	非$\alpha C_{H,ar}$,或甲基端碳	19	C_{tb}
10	甲基端碳	20	吊坠型芳环$C_{H,ar}$

$C_{H,ar}$=芳环-CH; C_{sub}=取代/羟基-芳碳 C; C_{db}=双桥头芳烃C;
C_{tb}=三重桥头芳烃C

图 2-13　煤沥青质分子模型

现羧基和季碳原子（约 $200\mu s$）、二级和三级（约 $20\mu s$）和一级碳原子（约 $80\mu s$）的有效横向弛豫常数明显不同。利用这些有效的弛豫数据，再加上在标准的 CP-MAS 实验中应用适当时间的连续去耦，使无烟煤中芳香族三环和四环碳原子得到了区分。在实验误差的精度范围内，合理地估算出无烟煤"平均分子"的聚合多核环的平均数量。缩合苯环骨架的简单模型见图 2-14。

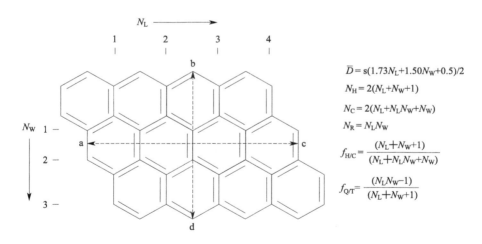

图 2-14　缩合苯环骨架的简单模型

N_L 和 N_W 表示系统骨架的长度和宽度；总氢含量为 N_H，

总碳含量为 N_C；四元与三元碳比和氢与碳比分别为 $f_{Q/T}$ 和 $f_{H/C}$

Genetti 等[63]通过 ^{13}C NMR 测量化学结构参数，开发出一种非线性相关性模型，可预测煤的化学结构参数。相关的化学结构参数包括：

① 侧链平均分子量（M_δ）；

② 每个芳香簇的平均分子量（M_{c1}）；

③ 桥键与总支链的比率（p_0）；

④ 每个集群的总支链（$\sigma + 1$）。

利用 30 个煤样品的 ^{13}C NMR 数据进行了相关性分析，利用相关关系估计了 ^{13}C NMR 测量得到的化学结构参数，并将其应用于预测煤的挥发分，并与实测总挥发分和焦油产率进行了比较，预测的产量与大多数煤的测量产量相当。

Niekerk 等[64] 以分析数据为基础，构建了两种二叠纪老化南非煤的分子表征。利用高分辨透射电子显微镜（HRTEM）测定了芳香条纹的大小和分布，从而为每个煤模型提供了基本的芳香骨架。根据 ^{13}C NMR 和文献资料，将硫、氮、氧、脂肪族侧链和交联剂加入到芳香族骨架中，如图 2-15 所示。单个分子组装成三维结构，与实验数据（NMR、质谱和元素分析数据）一致。模型结构多样，分子量从 78～1900 不等。富镜质煤模型由 18572 个原子和 191 个分子组成，富矿质煤模型由 14242 个原子和 158 个分子组成。富矿质煤模型的芳香族成分较多，且芳香族碳聚凝比例较大。富镜质组煤模型脂肪族较多，侧链和交联较长。虽然从各种分析数据来看，这些煤的平均分子结构非常相似，但实验数据的细微差异导致模型的结构存在显著差异。

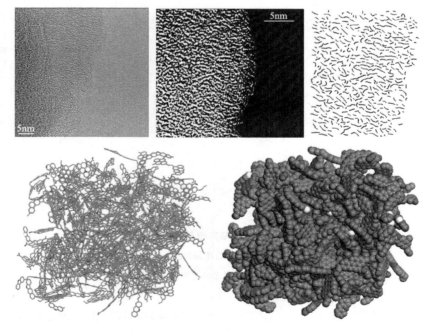

图 2-15　综合 NMR 获得的分子结构参数构建的富惰质组煤的分子模型（见彩图）

Ju Yiwen 等[65]探讨了不同环境及应力作用下煤的结构变形演化特征，运用 NMR（CP/MAS＋TOSS）方法，获得了不同类型煤的[13]C NMR 高分辨谱，得出芳香碳结构中桥接芳碳所占的比例最高，脂肪结构中芳环上连接的—CH_3 所占比例最高。进行谱的拟合和峰的解叠分析后，求出各种碳官能团的相对含量，并结合 R_{max}^{o}、XRD 和元素分析成果，进一步研究了不同类型煤结构及成分变化的应力效应。R_{max}^{o} 不仅是反映煤级的重要指标，而且也是反映煤结构应力效应的有效指标。煤大分子基本结构单元堆砌度 L_c 以及 L_a/L_c 参数的变化可以区分温度和应力对变质和变形环境的影响，总体上反映了构造变形强弱的变化，可以当作煤结构的应力效应指标。在不同变质变形环境下，由于构造应力作用形成的不同类型构造煤，其结构及成分变化总的特征是，除韧性变形较弱的揉皱煤外，从脆性变形至韧性变形，随着构造变形的增强，芳碳与脂碳峰半高宽之比（Hf_a/Hf_{al}）增高，芳碳率 f_a 不断增加，脂碳率 f_{al} 逐渐降低。各结构成分的变化具有阶跃性和波折性的特点，这正是构造应力对不同类型构大分子结构的不同所引起的。韧性变形较弱的揉皱煤的内部结构的变化主要反映在物理结构上。中、高煤级变质变形环境形成的煤与低阶煤变质变形环境形成的煤相比，Hf_a/Hf_{al}，f_a 和 f_{al} 以及各结构成分的变化幅度更大些。因而 Hf_a/Hf_{al}，f_a 和 f_{al} 等结构成分参数的变化也从某种程度上反映了煤阶增高和煤结构成分的应力效应。

Cui 等[66]采用[13]C NMR、衰减全反射红外波谱（ATR-FTIR）和定量化学分析等方法构建了无烟煤分子结构。利用[13]C NMR 分析了无烟煤的碳骨架结构的 12 个特征参数，计算了无烟煤的芳香性、氢芳香性和平均芳香核大小。利用这些数据构建了芳香族碳的 17 个基本结构单元。在此基础上，建立了无烟煤分子结构模型 $C_{202}H_{104}O_{21}N_2S_2$。在分子结构模型中，苯和萘结构占芳香族化合物质量的 70％，脂肪族结构以侧链和环的形式存在。羰基（C＝O）占氧原子总数的 85％，其他的以羧基和羟基的形式存在。吡啶和吡咯结构中存在氮原子，噻吩结构中存在硫原子。理论分析与[13]C NMR 谱解释符合较好，验证了分子结构模型以及分析方法的可靠性和合理性。

Wang 等[67]采用 X 射线衍射、高分辨透射电镜（HRTEM）、X 射线光电子能谱（XPS）和固态[13]C 核磁共振谱对内蒙古褐煤的化学结构特性进行了研究，结果表明：在内蒙古褐煤中酮羰基碳及羧基碳的比例分别为 0.066 和 0.078，其芳香度为 0.64。XRD 测定了褐煤的芳香度为 0.70，并与[13]C NMR 得到的 0.64 基本一致。HRTEM 芳香层片图像分析表明，内蒙古褐煤中含有 31.0％（＜0.59nm）、37.5％（0.59～0.99nm）和 31.5％（1.00～2.49nm）芳香层片。氧官能团由 38.06%—OH、16.96% C—O、26.93% C=O 和 18.05% —COOR 组成。同样，由 NMR 得到酮（200～240ppm）、羧基（175～200ppm）、甲氧基（45～60ppm）和 O 取代烷基（60～100ppm）的相对含量分别为 0.066%、0.078%、0.13% 和 8.47%。以 HRTEM（芳香组分）和 XPS（氧官能团）为基础，建立了褐煤的分子模型，分子式是 $C_{166}H_{130}O_{49}$。分子中的氧主要以酚/醇羟基氧、醚氧、羰基氧和酯氧的形式存在。此外，通过对褐煤分子模型的模拟，可用于研究褐煤的浮选机理，有利于提高褐煤的浮选效率。

Marcano 等[68] 为了获得连续结构，基于自动构建方法生成了伊利诺伊州 6 号煤的大规模分子模型，如图 2-16 所示。该模型包含 728 个分子中的 50789 个原子。基于多个高分辨率透射电子显微镜（HRTEM）晶格条纹显微照片，分析了芳环尺寸分布，并构建了分子的空间模型。使用 Materials Studio 开发的 Perl 脚本构建煤分子，消除偏差，提高生成结构的准确性和规模。根据 LDIMS 数据，构建了一个分子量分布范围从 100～2850 连的结构模型。用基团贡献法测定了理论吡啶提取率，与实验值吻合较好。

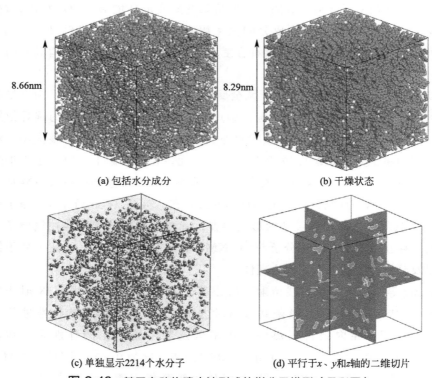

(a) 包括水分成分　　　　　　　　　　　(b) 干燥状态

(c) 单独显示2214个水分子　　　　(d) 平行于 x、y 和 z 轴的二维切片

图 2-16　基于自动构建方法形成的煤分子模型（见彩图）

（形成聚集体的水分子所占的体积用红色表示；原子用球表示）

Xiang 等[69] 通过对兖州煤¹³C CP/MAS 核磁共振数据的分析，建立了该煤的大分子结构模型。该模型以苯为主要芳香族化合物，脂肪族结构主要以脂肪族侧链、环烷烃和氢化芳香族环的形式存在。甲基的比例与亚甲基和甲基的总比例相近。17 个 O 原子以羧基、羰基和羟基的形式存在，3 个 N 原子以吡啶和吡咯的形式存在，5 个 S 原子以硫代苯的形式存在。利用分子力学和分子动力学分析技术对该模型进行了能量最小化模拟。模拟结果表明，大分子结构的稳定是由于范德华力、扭转、角度、键合和反转的能量（按重要性降序排列）作用影响，芳香层之间的分子内 π-π 相互作用使它们平行排列。半经验量子化学模拟表明，与羰基 C 原子相邻的 C-C 键表现出较高的活性，与 S 原子和末端 C 原子相邻的 C 原子带负电荷较多，因此容易发生氧化反应，而芳香的 C 原子具有更少的电荷和非常高的稳定性。

Yang 等[70] 对霍林河褐煤的有机质结构进行了研究，建立了霍林河褐煤有机质结构的新模型（图 2-17）。首先通过¹³C NMR 峰拟合计算了褐煤的各种碳结构参数，建立了褐煤芳香团簇模型，结合元素分析结、红外波谱、XPS 以及羧基和酚羟基的含量，建立了褐煤有机质的结构模型。该模型分子式为 $C_{3942}H_{3666}O_{883}N_{50}S_{11}$，分子量为 66150，利用此模型解释了褐煤氧化过程中生成苯羧酸的原因。

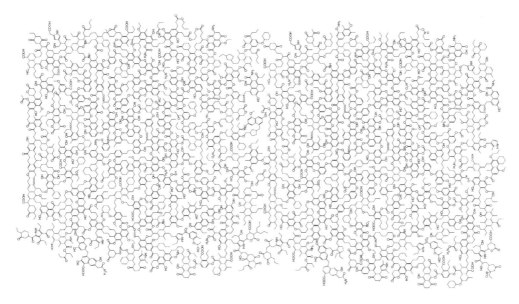

图 2-17　霍林河褐煤的有机质结构模型

2.3 固态核磁共振对成煤过程结构变化的解析

煤在形成过程中存在地域和成煤物质的差别，煤中初始成分对煤的性质产生较大影响。Hammond 等[71] 采用 ^{13}C CP/MAS NMR 对加拿大魁北克省三个地区的泥炭样品进行了表征，核磁共振分析表明，这些泥炭含有大量未被改变的植物成分，包括纤维素、半纤维素、木质素、蜡和树脂。通过核磁共振波谱可以得到泥炭组分的大量信息，利用积分数据可以得到泥炭中某些化学成分的半定量估计值。偶极相移实验和差分波谱可以非常有效地增强泥炭各组分波谱的区分度，如分离重叠的共振区或检测两个泥炭样品之间的微小差异。利用 ^{13}C CP/MAS NMR 对泥炭和低变质煤的进一步研究，可以提供煤的起源和煤化过程的信息。这项研究也为腐殖质化的作用提供了更多的证据。在 ^{13}C NMR 谱中，脂肪族区域明显是分解产物的一部分。因此，腐殖酸可能并不完全是由木质素降解形成的，多糖降解似乎是另外一种来源。通过温和萃取分离泥炭中的沥青和腐殖酸组分，有助于阐明多糖和木质素在腐殖酸形成中的作用。

Moroeng 等[72] 对南非威特班克煤田原煤及其衍生物进行了 ^{13}C CP/MAS 固态核磁共振分析。北半球的煤通常以镜质组为主，南非的煤以其高惰质组含量而闻名，早期的研究人员将此归因于空气氧化，而没有认识到惰质组可以通过其他过程形成，如植物的炭化。显微镜下，烧焦的物质具有与惰质组显微结构非常相似的解剖结构，木质素和细胞壁大部分保存下来，在某些情况下可能被机械破碎或压缩。基于 NMR 结构参数，惰质组样品中芳香族团簇的平均大小岩石学上由丝质体、不同反射率的半丝质体和碎屑惰质体控制。在相同煤的富镜质体样品中，团簇尺寸较大，对应多环芳烃。富含惰质体样品中的聚合碳环是低温（400℃以下）木质素热解的主要产物。由于炭化会消耗纤维素和水分，受火灾影响的植物物质具有比形成镜质组物质更低的压实潜力，从而维持了聚合芳香族不受影响。木质素衍生的芳香环合并形成多环簇，这些多环簇可存在于同一煤的基质镜质体和均质镜质体中。

Mastalerz 等[73] 应用电子探针、微红外波谱、固态 ^{13}C CP/MAS NMR 和反射光显微技术分析煤（镜质体反射率从 0.17％～0.56％）的化学性质的变化，以确定结构镜质体、无结构镜质体及其前驱体的化学性质的差异。在所研究的煤中，无结构镜质体的 R^o 值略高于结构镜质体。核磁共振（NMR）和红外波谱

（FTIR）表明，$R°$ 在 0.2％以下和 0.2％以上的煤之间存在明显的化学变化。在 $R°<0.2％$ 的有机物中，纤维素和木质素的相对比例，以及单个纤维素的相对丰度方面存在明显差异。$R°>0.2％$ 以上的煤不具有可测的纤维素量，样品之间的差异由木质素组分的芳香性差异来表示。红外波谱分析表明，在 $R°<0.2％$ 的煤中，结构镜质体中的纤维素含量高于无结构镜质体。$R°>0.2％$ 的煤中不存在纤维素，并且木质素组分在无结构镜质体中比在结构镜质体中的芳香度更高。结构镜质体和无结构镜质体的差异是由于原生植物材料的化学性质不同造成的。

姜波等[74] 采用交叉极化（CP）、魔角旋转（MAS）与边带抑制（TOSS）和偶极相移技术（DD）等 ^{13}C NMR 技术，揭示了变形煤结构演化的微观机理及其与镜质组反射光性变异的内在联系。在不同应变环境中，应力作用的差别在一定程度上控制了碳结构的演化，而镜质组反射率的差别正是煤结构差异的外在反映。因此，煤镜质组反射率光构成真实地记录了煤变形历史中应力作用及应变环境特征，是煤田构造研究中极为重要的应变标志之一。

Lyons 等[75] 采用元素分析、^{13}C NMR、FTIR 和煤岩分析等方法，对石炭纪三种蕨类植物表皮（角质层）和无皮压缩物进行了分析。无皮压缩物与伴生煤（高挥发性 A/B 级烟煤）的 ^{13}C NMR 谱基本相似，均由较大的芳香碳峰、较小的脂肪族碳峰和芳香峰上的一个肩峰组成，代表酚碳。相比之下，来自相同叶子的表皮的 ^{13}C NMR 谱峰主要是脂肪族碳峰，而芳香族碳峰要小得多。这种表皮和无皮压缩物的芳香性差异也说明表皮的 H/C 比较高。表皮的微观红外波谱显示氧化官能团（羧基和酮基）与现代表皮（角质层）相似，但其最显著的特征是在脂肪族拉伸区有很强的带。无皮压缩物（主要是镜质组）在 $700\sim900cm^{-1}$ 区域，含氧官能团消失或显著减少，脂肪族拉伸带减少，芳香族平面外变形的吸光度通常增加。三个物种的表皮在 $580\sim590nm$ 处的荧光波谱与 λ_{max} 非常相似，可能反映了类似的煤化程度，这与无皮压缩物的类似镜质体反射率（R_r）、H/C 和 O/C 一致。

Kalaitzidis 等[76] 利用固态 ^{13}C CP/MAS NMR 对希腊东北部褐煤及泥炭样品进行了研究。从泥炭到褐煤的变质导致了 C 含量平均增加了 10.7％，H 和 O 平均减少了 6.5％和 18.5％。根据质量平衡计算，泥炭与褐煤的变质导致约 17％的有机质损失，可能以小分子形式（如 CO_2、CH_4、NO_x）存在。^{13}C CP/MAS NMR 表明褐煤等级较低，具有强烈的以脂肪族碳为主的有机基团峰，以及芳香碳和多糖峰。泥炭和褐煤的定量分析表明，煤的变质导致了甲氧基、羟基化合物和羧基的降解，而脂肪族碳受影响较小。有机地球化学变化在很大程度上取决于初始的泥炭化条件。煤化早期主要过程是纤维素的降解，而木质素的降解较弱。在泥炭样品中优先保存的木质素结构与褐煤样品相比，具有相似甚至更高的芳香性；这意味着泥炭中的芳香性与煤完全不同。泥炭芳香性是指木质素残体，而煤中的芳香性是指缩合的芳香结构。由于木质素前体的显著降解，从泥炭到褐煤的"芳香性"降低。

Kelemen 等[77] 结合 XPS 和固态[13]C NMR 表征泥炭、热解泥炭、褐煤和其他煤中的有机氧种类和碳的化学/结构特征。^{13}C NMR 和 XPS 结果表明，芳香族碳的含量顺序为高变质煤＞褐煤＞泥炭。一般情况下，H/C 值随芳香族碳含量的增加而降低。对于热解泥炭，H/C 水平高于褐煤和其他芳香族碳含量相当的煤，这可能是由于这些物质的碳结构骨架存在显著差异。总体上，O/C 随芳香族碳含量的增加而降低。按预期大小排序，泥炭＞褐煤＞较高等级煤。热解泥炭的大部分 H/C 值均高于煤的 O/C 值。由泥炭热解得到一系列 O/C 值（0.23～0.13）其芳香族碳的百分比低于褐煤和其他煤。简单热解似乎不能完全演示煤在自然形成过程中发生的化学转变。对于泥炭、热解泥炭、褐煤和其他煤，基于与不同氧物种相关的[13]C NMR 衍生参数，XPS 结果显示有机氧的总量落在估计值上限和下限之间。对于褐煤和其他煤，60%芳烃碳附近的羰基和羧基数量急剧下降。碳氧单键组分含量随着芳香碳含量的增加而减少。在芳烃碳附近发现酚类和苯氧基氧含量最高。NMR 结果表明，在芳香族碳含量相同的条件下，热解泥炭、褐煤和其他煤中酚类、酚氧类碳（f_a-P）和脂肪族碳氧单键碳（f_{al}-O）的含量非常相似。这些结果表明，泥炭中存在热脱羧/脱羧和去甲氧基化途径，并表明在自然煤化过程中也存在类似的途径。

Hatcher[78] 采用固态[13]C NMR 和 DD NMR 技术对裸子植物进行了分解和煤化处理。核磁共振研究为一系列组织学相关的样品分析提供了线索。煤化反应导致木质素衍生芳族结构失功能化。反应依次涉及以下几个方面：

① 甲氧基碳从愈甲酰基结构单元消失，被羟基取代，缩合增加；

② 随着木质素向高挥发性烟煤的转变，羟基或芳基醚减少；

③ 烷基减少，被氢取代。

双极性去相数据表明，在所检测的样品（木质素到褐煤）的煤化早期，芳香环上的质子化程度降低，表明在煤化早期主要发生缩合作用。从褐煤到无烟煤，随着样品级数的增加，芳香环上的质子化程度增加。通过核磁共振偶极性去相研究发现，木质素酚类化合物的芳香环与醚裂解和去甲基化反应相一致，具有更多的碳取代和交联。这种交联可能是为了防止通过醚裂解从木质素大分子中分离出来的木质素酚通过溶解从煤中分离出来。在相同埋藏深度的褐煤中，煤样的煤化程度存在显著差异。这些差异表明，埋藏的深度和时间可能并不完全是煤化程度变化的原因。泥炭降解速率的不同可能导致了煤化程度的明显差异；有些木材在泥炭期的变化速度可能比其他木材更快。

Liu 等[79] 采用固态 ^{13}C NMR 和闪蒸热解-气相色谱/质谱联用技术，对我国西北盆地煤中分离的侏罗纪镜质组的化学结构进行了研究。研究表明，一些侏罗纪均质镜质体热解产物中含有丰富的脂肪族产物，在 ^{13}C NMR 谱图中含有大量的亚甲基碳。然而，侏罗纪基质镜质体的热解产物富含酚类和烷基苯。热解产物中脂肪族所占比例较低，二叠纪镜质体 ^{13}C NMR 谱中脂肪族碳峰主要由易挥发碳组成。热解和 ^{13}C NMR 数据均表明，镜质体不仅具有产气性，而且具有产油性。吐哈盆地准噶尔地区部分侏罗系镜质体的长链脂肪族结构比例较高，可能是由于脂质体的贡献。在侏罗系胶体岩结构中，木栓质体最可能是长链脂肪族化合物的前驱体。

Erdenetsogt 等[80] 采用固相 ^{13}C CP/MAS NMR 研究了从褐煤至次烟煤（生物化学作用到变质作用阶段）的煤大分子化学结构变化。两个煤化阶段过渡期间的主要变化是二羟基和/或甲氧基苯酚的减少。此外，羰基和含氧脂肪族碳的数量也有所减少。所有这些转变主要发生在物化阶段的初期。富矿煤的化学结构表明，在变质阶段，仍有少量的氢和氧作为缩合芳环的 H—和 OH—取代基，而其他官能团被完全破坏。在从褐煤到次烟煤的煤化过程中和由褐煤到次烟煤过程中，由于含氧官能团特别是二氢苯酚、甲氧基和羰基的官能团的消失，氧与碳、氢的比值发生了显著变化。通过碳同位素分析和 NMR 研究表明，δ（^{13}C）值与含氧碳（O—脂肪族、羧基/羰基、O—芳香族碳）与质子化和碳取代的脂肪族和芳香族碳的比值存在相关性，不同类型煤的碳同位素组成不同，其降解或分解都会影响煤的 δ（^{13}C）值。褐煤 δ（^{13}C）值受两种机制控制：

① 由于同位素富集的 C—O 的减少导致 ^{13}C 的减小；

② 由于脂肪族和芳香族碳中同位素 CH_4 的消失造成 ^{13}C 的增加。在褐煤中，煤的 ^{13}C 含量较高，是因为煤中由于化学结构的变化而释放出同位素富集的 CO_2 和 CO 量小于同位素 CH_4 的减少量。

C—O 键/C—C 键比值与 δ（^{13}C）值的关系见图 2-18。

Solum 等[81] 采用 ^{13}C CP/MAS NMR 对 8 种阿尔贡优质煤（从褐煤到低挥发性烟煤）和 3 种氧化煤进行了研究。煤中芳香族碳原子的比例随煤级的增加而增加，从褐煤的 54%左右增加到低挥发性烟煤的 86%。利用偶极移相技术和典型的化学位移范围进一步分化芳香族碳原子表明，连接多环芳烃的季碳原子增加最多。随着煤级的增加，煤中脂肪族碳原子的比例从 39%下降到低挥发性烟煤中的 14%。这种减少主要发生在亚甲基和次甲基群中，而甲基和脂肪族季碳原

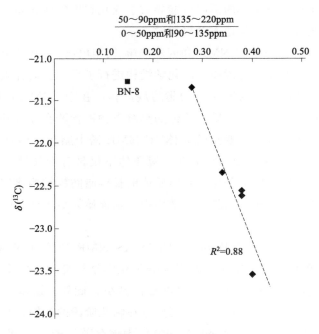

图 2-18　C—O 键/C—C 键比值与 δ（^{13}C）值的关系

子的比例保持相当稳定。从与氧结合的碳原子分布可以看出，羰基碳原子基本上只存在于褐煤和次烟煤中。随着煤化程度的提高，芳香族和脂肪族的含氧官能团（羟基和醚基）急剧减少。由芳香族季碳原子桥接多环芳烃的比例可以估算出芳香族单元内平均碳原子数，即平均芳香族团簇大小。采用这种方法可知褐煤的平均芳香单元由 9 个原子组成，略小于 10 个碳原子的萘。在烟煤中，芳香族单元平均含有 14～20 个碳原子，相当于 3～5 个稠环。

Song 等[82] 利用 ^{13}C NMR、FTIR、R_{aman} 和 DFT（密度函数理论）计算方法，对不同构造变形煤的差异大分子演化和结构缺陷进行了深入研究。芳烃的增加为动力变质作用诱导的芳烃簇的进一步演化提供了依据。f_{al}^{*}（非质子化碳）和 f_{al}^{H}（—CH 或—CH$_2$）的变化表明脆性可以促进脂肪族碳的多样化，而韧性变形可以显著减少脂族碳的含量。

Wei 等[83] 利用 ^{13}C-CP/MAS NMR 对我国典型地区不同等级的高有机硫（HOS）煤的结构演化特征进行了研究，结果表明与煤等级相关的结构参数包括 CH$_3$ 碳（f_{al}^{*}），四元碳，CH/CH$_2$ 碳＋季碳（f_{al}^{H}），脂肪族碳（f_{al}^{C}），质子化芳香族碳（f_{a}^{H}），质子化芳香碳＋芳香桥头碳（f_{a}^{H+B}），芳香性（f_{a}^{CP}），和芳香碳（f_{ar}^{C}）。煤的结构在前两次煤化过程中发生了巨大的变化。烟煤初期大量芳香族结构缩聚，脂肪族结构迅速形成，并伴有显著的脱羧作用。与普通煤相比，高硫煤的结构演化特征主要表现在三个方面：一是芳香族 CH_3 碳、烷基化芳香族碳（$f_a{}^S$）、芳香族桥头碳（$f_a{}^B$）和酚醚（$f_a{}^P$）与等级关系不大，丰富的有机硫对煤的正常演化过程有影响。二是部分超高有机硫煤的平均芳香族团簇尺寸不太大，交叉键或桥键的广泛发展使芳香族间的联系更加紧密。此外，含硫官能团可能是这些联系的重要组成部分。三是 ^{13}C NMR 测定的 SHOS 煤中相当一部分"含氧官能团"实际上是含硫官能团，导致含氧结构随煤级增加而异常。

Wang 等[84] 采用傅里叶变换红外波谱（FTIR）和 ^{13}C NMR 曲线拟合分析方法，对华南地区分离的镜质组和壳质组两种组分及一种伴生煤样进行了研究，获得了样品中几种官能团的浓度信息。利用 micro-FTIR 对这两种组分进行了原位研究。壳质组最明显的结构特征是富含脂肪族结构。此外，脂肪族结构较长且分支较少，氧主要与脂肪族碳结合。此外，脂肪族峰对比芳香峰的强度表明，壳质组是一种干酪根，具有良好的生烃潜力。煤结构中芳香结构和脂肪结构分别富集在镜质组和壳质组。选择富含壳质组和半丝炭体的煤，研究其液化行为和化学结构，寻找液化产物收率与化学结构参数之间的关系，采用极限分析、近似分析、岩相分析和 ^{13}C NMR 对样品进行了表征。富含壳质组的样品含氢量高，挥发性物质含量高，氢碳比高。通过对煤的固态 ^{13}C NMR 波谱数据的分析，发现煤的油收率与亚甲基碳含量、液化转化率与芳香度之间存在一定的相关性，表明煤的固态 ^{13}C NMR 数据可以预测煤的液化产物收率。

Botto 等[85] 为了评价固态 ^{13}C 核磁共振波谱分析煤的定量可靠性，对一系列不同煤级的煤和显微组分进行了详细研究。通过对 CP/MAS 谱中信号的拟合，确定了描述交叉极化动力学和碳芳香性（f_a）的弛豫时间，得到了描述碳磁化随实验接触时间演化的表达式。随着接触时间的变化，煤显微组分呈现出独特的碳极化曲线，芳香碳比脂肪族碳有更长的接触时间。通过对弛豫时间 T_{CH} 和 $T_{1\rho_H}$ 的检测，证实了上述结果。由接触时间数据拟合确定的碳芳香度比用产生最大信号的接触时间记录的单一波谱得到的相应值更可靠。以内部标准为强度基准进行的碳自旋计数实验表明，煤和显微组分中可观察到的碳的百分数有很大的变化。对于显微组分，总信号强度的降低与自由基自旋浓度成正比。CP 实验对煤中芳香烃有较大的选择性。采用交叉极化与否，对多数煤样来说芳碳率的测定值十分接近，仅丝质组例外。

Maroto-Valer 等[86] 用单脉冲激发（SPE）固态 ^{13}C NMR 技术研究了中等挥发性澳大利亚烟煤中镜质组和惰质体显微组织的结构，并通过定量可靠的方法确定了显微组分的大部分结构组成。交叉极化测定的芳香度往往低于 SPE 测定的芳香度。镜质体组分的芳香性明显低于惰质组组分，但两种组分的芳香性、非质子化芳香碳的比例和每簇环数均随密度增加而增加。镜质组和惰质体组分分别含有 3～6 个和 9～15 个以上的芳香环。随着密度的增加，甲基在脂肪族碳中所占的比例越来越大。这些结构变化趋势与随机反射率中的变化一致。对另外 15 个烟煤样品（包括镜质岩和半丝炭体显微组分）进行了碳芳香性分析，发现样品的芳香度（值在 0.73～0.91 之间）和原子 H/C 比值之间存在着几乎相同的线性关系，它既独立于惰质组含量，也独立于地质局域性。

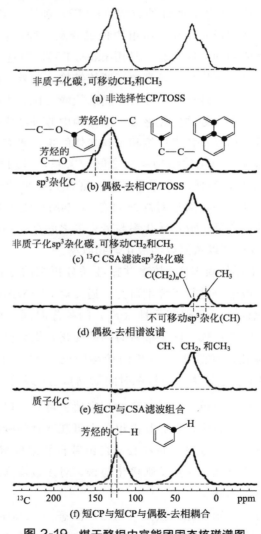

图 2-19 煤干酪根中官能团固态核磁谱图

Cao 等[87] 采用 DP/MAS、CP/TOSS、偶极去相、CH_n 选择和重新耦合的 C—H 远程偶极去相技术对高挥发性烟煤中的四种煤岩类型（镜煤、亮煤、暗煤和丝炭）进行了表征，如图 2-19 所示。利用高压 CO_2 吸附对煤岩类型进行了分析，以确定高压下 CO_2 饱和以及后续抽放可能导致的煤结构变化。原始镜煤、镜亮煤、亮煤和丝炭存在的主要碳官能团为芳香碳（65.9%～86.1%）、非极性烷基（9.0%～28.9%）、芳香 C—O 碳（4.1%～9.5%）。芳香性按照亮煤、镜亮煤、镜煤、丝炭依次增加。丝炭的芳香成分最高（86.1%），烷基碳含量极低（11.0%），与其他三种煤岩类型明显不同。丝炭的芳香团簇大小明显大于镜亮煤。经高压 CO_2 处理后，镜煤和丝炭芳香性降低，烷基碳含量增加，而镜亮煤和亮煤芳香性增加，烷基碳含量减少。与原始煤岩类型相比，在吸附 CO_2 后的样品中，镜亮煤的芳香稠环较大，而丝炭的芳香环较小。这些观察结果表明，高压下 CO_2 与煤发生化学相互作用，煤岩类型对 CO_2 吸附具有选择性。另外的研究，对两个火成岩岩脉侵入体附近高挥发性烟煤化学结构的变化进行了详细的表征。随着与岩脉接触距离的减小和热成熟度的提高（镜质体反射率从 0.62% 提高到 5.03%），C—(CH_2)—C 基团的脱除速度快于 CCH_3 基团，表明脂肪族的主要裂解不发生在芳环上。质子化芳香族碳相对丰度的逐渐减少，可能是由于芳基通过交联取代芳香族氢所致。另一项新发现是，煤干酪根直接与热岩接触时，烯烃和 COO 基团保留了相当多的脂肪族成分，因为剧烈和快速的加热使干酪根部分流化，这些脂肪族成分被包裹不能迅速扩散[88]。

笔者[89] 通过 ^{1}H-^{13}C CP-HETCOR 系统地研究了我国一种典型次烟煤的显微组分分子结构，特别是典型官能团在不同显微组分中的分布。利用 2D ^{1}H-^{13}C 相关技术，可以清晰快速地得到官能团中未知结构的 ^{1}H 和 ^{13}C 分配，如图 2-20 所示。图中显示了 ^{1}H-^{13}C 耦合对原煤和显微组分的 ^{1}H-^{13}C 关联峰。质子在特定 ^{13}C 化学位移区（即将 P_i、P_{ii}、P_{iii}）从波谱中进行区分，以识别不同官能团之间的连通性或邻近性，详细的波谱分配如表 2-6 所示。原煤主要由芳香基团（h）或烯烃基团（g）组成；而脂肪族烃的峰值较弱，说明原煤中—CH_2—和—$(CH_2)_n$—基团含量低。此外，O-CH（e）、烷基（k）和氧烷基（l）均缺失。值得注意的是，含高比例镜质体的 D2 组分与原煤具有不同的官能团特征。其中，代表脂肪族烃类的信号比原煤强烈得多，说明镜质体中含有丰富的脂肪族。此外，还在富含镜质组和脂质组的 D2 组分中检测到含氮杂环芳香族碳（i）和酚羟基和/或含氧杂环基团（j）。D3 组分的波谱与原煤相似（除了羧基的 f 位点）。惰质组含量高的 D4 组分主要由芳香族或烯族组成，而脂肪族官能团信号过低，甚至消失。综上所述，^{1}H-^{13}C 2D CP-HETCOR 谱表明，富含镜质组和惰质组的组分在脂肪族中含量明显丰富，而富含惰质组的组分在不饱和官能团中含量丰富。从结构上看，不同组分中官能团分布的明显差异，极有可能导致不同的特征。

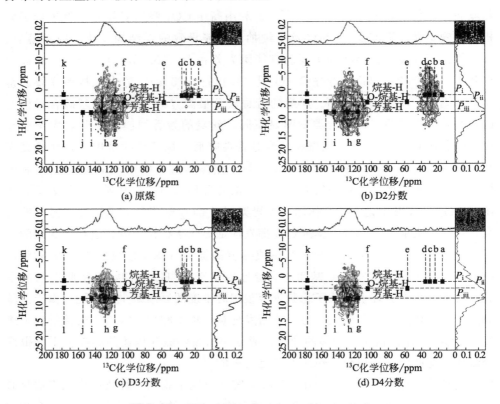

图 2-20　煤的二维 ^{1}H-^{13}C CP-HETCOR 波谱

表 2-6　煤的二维 ^{1}H-^{13}C CP-HETCOR 谱峰位归属

^{1}H		^{13}C		官能团结构
信号	δ/ppm	信号	δ/ppm	
P_i	1.8	a	15.5	甲基碳
		b	25.5	-CH$_2$-基邻近 CH$_3$ 端碳
		c	30.0	-CH$_2$-基
		d	37.5	移动(-(CH$_2$)$_n$-)基团
P_{ii}	3.6	e	59.6	直接连附 H 的 OCH 碳
		f	105.0	端基质子化 O-CH-O
P_{iii}	6.4	g	116.0	烯烃碳直接与 H 相连
		h	129.0	共轭芳香碳与芳香氢相连
		i	146.0	含氮杂原子与芳香碳直接相连
		j	156.0	酚羟基和/或含氧杂原子基团
P_i	1.8	k	178.0	烷基质子
P_{ii}	3.6	l	178.0	氧-烷基质子

2.4 固态核磁共振解析溶剂萃取煤的结构变化

溶剂萃取利用溶剂的溶解作用，可以将煤大分子进行解离。萃取过程只破坏弱键合结构，对萃取组分的解析，可以获取片段信息，用来推断煤整体结构。

Haenel 等[90] 通过溶剂化电子$^{13}CH_3I$还原甲基化可以得到能很大程度上保持原煤结构的可溶性衍生物，从而可以用^{13}C NMR 对烟煤进行研究。波谱分析表明，甲基主要与叔、季碳原子相连。这种带有同位素标记基团的化学衍生化方法也适用于聚合物的研究。Li Zhanku 等[91] 用固态^{13}C NMR 对煤中乙醇萃取物进行了分析。^{13}C NMR 分析表明，萃取物由脂肪族（52.3%）和芳香族（42.2%）碳组成。亚甲基是脂肪族碳中含量最多的碳。每个芳香族簇平均包含2个环，每个芳香族簇上取代基的数量为3或4个。氧原子主要存在于C＝O基团中，主要的氮形态是吡咯氮。

Erbatur 等[92] 采用^{13}C CP/MAS NMR 技术，对7种原煤及吡啶萃取后得到的组分进行了研究。结果表明，对于高阶煤，短烷基和直烷基优先转移到萃取物中，而长链烷基、支链烷基或脂环结构则集中在萃取物中，脂肪族醚或酯基也被检测到集中在残留物中。对于所有的煤，计算机模拟生成的溶剂提取物-残余物波谱与原始煤的波谱有明显的差异，这表明在萃取过程中可能会有一些结构丢失或发生一些结构转化。从煤中吡啶萃取物的数据中确定煤的详细有机结构信息时应谨慎。煤的变质程度与吡啶萃取物的芳香性之间没有系统的相关性。吡啶抽提物与原煤之间存在明显的结构差异，且这些差异随着煤的等级的降低呈递增趋势，在低阶煤中表现得最为明显。总的来说，萃取残渣的^{13}C NMR 与相应的原煤非常相似。

Hou 等[93] 采用核磁共振和核磁共振成像（NMRI，成像分辨率低未详细分析）相结合的方法，测定了吡啶对伊利诺伊州6号煤的溶胀和溶胀消除随时间的变化。发现煤中吡啶的扩散是通过松弛扩散进行溶胀，并通过菲克扩散进行溶胀消除。当相对吡啶浓度达到0.65～0.45时，煤的物理状态由玻璃态变为橡胶态。随着煤溶胀和消退，在吡啶的自旋-晶格弛豫或自旋-自旋弛豫趋势中观察到的拐点很好地记录了转变过程。NMRI数据表明，煤的膨胀是各向异性的，垂直于煤层层面的膨胀性比平行于煤层层面的膨胀性大13%；然而，溶胀的消除过程几乎是各向同性的。

图 2-21 显示了吡啶中质子的自旋-晶格弛豫（$1/T_1$）与吡啶相对浓度（C/C_e）之间的关系。随相对吡啶浓度的增加 $1/T_1$ 减小，说明偶极-偶极相互作用对弛豫速率的贡献随溶胀程度的增加而减小。溶胀过程不仅增加了吡啶的含量，而且改变了煤的结构。由于煤的大分子网络发生了变化，从刚性晶格转变为更松弛的晶格，使得吸附在煤中的吡啶逐渐具有更大的流动性。图 2-21 中的一个特征是 $1/T_1$ 趋势的拐点，相对浓度为 0.65。自旋-晶格弛豫速率在初始溶胀阶段迅速下降，但当溶胀程度接近 35％（相对浓度为 0.65）时趋于平稳。在较高的相对吡啶浓度下，自旋-晶格弛豫速率缓慢下降。自旋-自旋弛豫（T_2），反映了吡啶分子中自旋之间的相互作用。图中自旋-自旋弛豫速率（$1/T_2$）与相对吡啶浓度的关系也显示了在相对吡啶浓度为 0.65 时的变化，但这种变化不如自旋-晶格弛豫速率的变化明显。弛豫速率与核自旋所经历的局域相互作用的分布和波动有关。这些相互作用也提供了分子迁移率和分子环境变化的指标。在相对吡啶浓度为 0.65 时，自旋-晶格弛豫率和自旋-自旋弛豫率的变化趋势表现为两个不同的区域。这可反映在这个浓度下平均吡啶迁移率和环境的变化。由于溶胀过程是在恒定的大气压和环境温度下进行的，对吡啶扩散最直接和可能的影响是环境中的物理变化，即，煤的物理结构的变化。一些研究注意到吡啶溶胀过程中玻璃到橡胶的转变。弛豫时间的变化与这种物理相变是一致的。在膨胀初期，煤处于玻璃态，自由体积小。当吡啶穿透刚性交联煤网络时，它会立即与网络发生相互作用，并受到分子与网络间较强的偶极-偶极相互作用。强偶极-偶极相互作用使弛豫速率迅速降低。当吡啶相对浓度为 0.65 时，煤从玻璃态转变为橡胶态时，橡胶态煤的自由体积增大。橡胶状煤网更加松散，使得吡啶与煤网之间的相

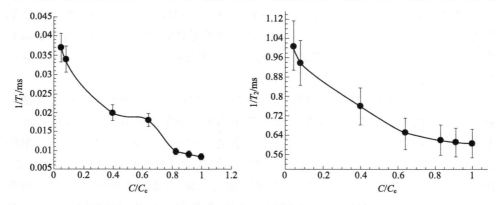

图 2-21　伊利诺伊州 6 号煤溶胀过程中自旋-晶格弛豫（$1/T_1$）随吡啶相对浓度变化和自旋-自旋弛豫（$1/T_2$）随吡啶浓度的变化

互作用减弱。

Takanohashi 等[94] 以上自由港（upper freeport）煤为原料，采用二硫化碳/N-甲基-2-吡咯烷酮（CS_2/NMP）混合溶剂萃取。将萃取物进一步与丙酮和吡啶进行了分馏，得到了产物的[1]H NMR；对不溶性残渣进行了固态[13]C NMR 分析。利用化学位移计算和结构数据，构建了原煤的分子结构模型，如图 2-22 所示。该结构具有从最轻到最重的连续分子量分布，能够解释室温条件下具有较高萃取率（60%～85%）（干燥无灰基质量分数）的原因。采用分子动力学方法，在边界条件约束下确定了模型结构的最低能量构象。该结构能量最小化构象估算的物理密度为 1.28g/cm^3，与实验测定值 1.30g/cm^3 吻合较好。芳香族平面间的平均距离为 0.41nm。

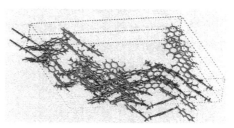

(a) 阴影区域显示水分子的可及区域　　　(b) 两个细胞将模型封闭在能量最小状态

图 2-22　煤的分子模型

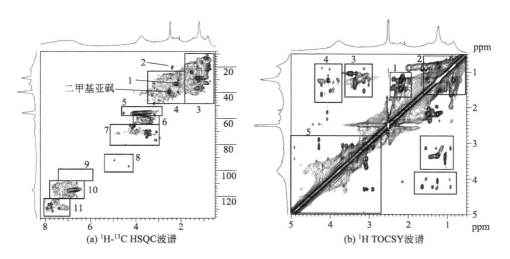

(a) ^{1}H-^{13}C HSQC波谱　　　　　(b) ^{1}H TOCSY波谱

图 2-23　二甲基亚砜溶解物的核磁共振谱

Peuravuori 等[95] 采用固态[13]C NMR 和液态[1]H TOCSY NMR 研究了褐煤腐殖酸（HA）组分的结构，如图 2-23 所示。结果表明，某些脂肪族化合物在褐煤 HA 物质复杂的结构网络中具有特殊的作用，需要具有强电子供体能力的非质子溶剂从分子网络中释放紧密结合的某些脂肪族化合物，以获得完全溶解的 HA 溶液。不同羧酸以游离酸的形式大量存在。^{1}H-^{13}C HSQC 波谱各峰的归属：

① 脂肪链上的羰基上的质子 β；

② CH_3 基团直接结合在芳香环上；

③ 脂肪族残基（主要是各种结构中的 CH_3 和 CH_2 单元）；

④ 支链脂肪族链中可能含有 CH 结构以及芳香族环和羰基附近的单元；

⑤ 芳甲氧基；

⑥ 可能来自木质素侧链和烃类化合物的 CH_2 基团；

⑦ 烃类化合物或木质素侧链中的 CH；

⑧ 糖中的异位质子；

⑨ 丁香酚基质子；

⑩ 邻甲氧苯基；

⑪ 对羟基苯甲酰结构。

利用特殊的[1]H NMR 脉冲技术进行的结构分析，解释了脂肪族分子的复杂性、氢芳香族碳的存在、残余木质素衍生物、脂肪族和芳香族羧酸的丰度以及脂肪族化合物在芳香族构单元之间形成分子间桥的能力。[1]H TOCSY 波谱各峰的归属：

① 质子 β 与羰基和脂肪链中的质子之间的偶联；

② 脂肪链中的质子偶合；

③ 脂肪族醚和醇类的偶合；

④ 脂肪族酯类的偶联剂；

⑤ 含有烃类化合物偶联和木质素侧链偶联的区域。

Legrand 等[96] 用[13]C NMR 对三种波兰煤及其溶出产物进行了表征，用偶极去相（DD）法和类似的方法对质子化和非质子化碳的比例进行了分析。通过测定了质子 $T_{1\rho H}$ 分析了流动相特征，讨论了芳香度因子与 H/C 原子比的关系。自旋-晶格弛豫时间的测定表明，萃取物比残余物中含有更多的流动相。与萃取物相比，残余物的芳香因子增加，且煤的品位越高增加越多。萃取过程产生了氧化作用。

Qiu 等[97] 采用丙酮（轻萃取）和四氢呋喃（重萃取）两步溶剂萃取法，从煤基体的游离组分中提取了热萃取物。利用不同类型的分析技术对萃取物进行了鉴定，并对其结构转化行为进行了研究。结果表明，萃取物分子量分布在 576 以内。萃取液中含有芳香族（含烷基苯）和脂肪族（长链不支链烷烃）组分。随着萃取温度从 400℃ 升高到 450℃，这两种物质的数量增加，然后随着温度从 450℃ 进一步升高到 500℃，这两种物质的数量减少。热塑性阶段中流动相的整体结构转变可分为两个阶段：流动相的形成和稳定化；流动相与炭的交联和再附着。在 400～450℃ 的温度范围内，轻质和重质流动相的水平由于煤基质裂解形成的自由基与氢的结合而增加，导致脂肪链长度的缩短，增加了在提取物中的烃类化合物。在较高的温度下，大分子的交联和重新附着导致了流动相的降低。解释了热塑性阶段流动相的瞬态行为，有助于更好地理解煤在炼焦过程中的软化和凝固行为。

热塑性阶段流动相的结构转变机理见图 2-24。

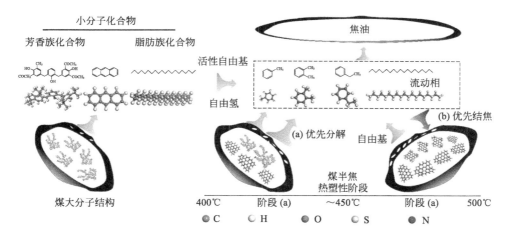

图 2-24　热塑性阶段流动相的结构转变机理

2.5　对热转化过程煤结构解析

煤在受热转化过程中分子结构发生显著变化，影响煤热解产物特性。对热解过程中分子结构的研究，可以作为热解工艺优化的依据。

Schenk 等[98] 用 ^{13}C CP/MAS 对在氩气中加热、温度变化为 200～670℃ 的德国褐煤中未成熟镜质体（H/C 比为 1.14，O/C 比为 0.41）和澳大利亚塔斯马尼特矿床中的藻煤素精矿（H/C 比为 1.60，O/C 比为 0.10）进行了研究。镜质体最大热解失重量为初始有机质的 60%，壳质体最大热解失重量为初始有机质的 85%，随着升温速率的增加，热解反应开始向更高的温度转移。镜质体的核磁共振波谱均表明，纤维素组分在加热后迅速分解；而木质素相关结构，如芳香醚键，则保持着显著的稳定性。

Solum 等[99] 采用 ^{13}C NMR 对伊利诺伊州 6 号煤（5 个样品）、联苯（3 个样品）和芘（2 个样品）进行了研究。热解产生的煤烟对于研究由模型化合物产生的煤烟和焦油组成的气溶胶的演变有指导作用。在 1410～1530K 之间，芳香结构区域发生谱线展宽，在较低温度下可观察到，并且在较高温度下非常明显。芳环系统中通过芳族桥头碳原子连接的芳环系统中的碳原子数为 80～90 个碳簇。联苯样品表现出不同的热解和烟灰产生路径。在初始开环和氢转移阶段，会发生大量的开环反应，随后发生结构重排。联苯热解烟灰的生长不但与团簇大小有关，而且还与团簇交联有关。芘气溶胶烟灰的演化遵循另一条途径，开环反应很少。在 1410K 时没有发生明显的环生长，但发现了交联反应，表明形成了二聚体/三聚体结构。在 1410～1460K 之间芘气溶胶中环生长的机理不明确，但仍然探测到大量的环生长。

不同温度下联苯气溶胶生成的烟灰见图 2-25。

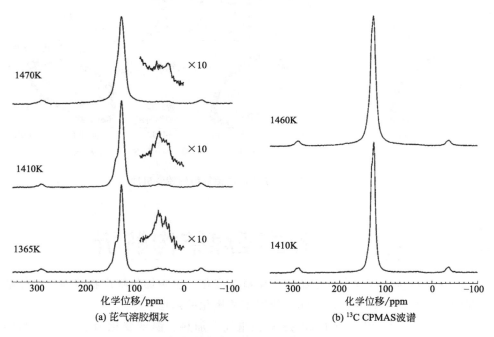

图 2-25　不同温度下联苯气溶胶生成的烟灰

Pruski[100] 利用快速魔角自旋和同核多脉冲 ^{1}H 解耦技术，进行了二维 ^{1}H-^{13}C 固态 NMR 实验。在超过 40kHz 的 MAS 速率下，偏振传输可以获得更高的分辨率，比较了直接和间接检测异核的方法在分辨率和灵敏度方面的差异。在此条件下，提出了一种优化 ^{1}H 同核去耦序列的简单方法，这些技术在褐煤等固体物质上得到了验证。

Lin 等[101] 利用傅里叶变换红外波谱 (FT-IR)、高分辨固态核磁共振 (SS-NMR) 和拉曼波谱技术研究了热解对褐煤结构转变的影响。通过 ^{13}C 偶极解耦魔角自旋 (DDMAS)、^{1}H MAS、^{1}H-^{1}H 同核双量子魔角自旋 (DQ MAS) 和 ^{1}H-^{13}C 交叉极化异核相关谱 (CP-HETCOR) 分析了褐煤热解过程半焦官能团的 H 和 C 在空间的相互作用，阐明了褐煤中两个不同的转变区间随热解温度的变化规律。由于煤的初始分解 (<300℃)，官能团或微观结构均有轻微变化，可能是由于吸附的气体物质减少和弱键 (如亚甲基和醚桥) 的部分断裂所致。此外，在 400～700℃ 条件下，侧链的逐渐脱氢和断裂导致脂肪族基团的剧烈断裂；但也发现了大量的含氧官能团，如杂环、酚羟基、水合物等。热解是一种晶态完善过程，拉曼波谱法测定的煤焦中非晶态碳的含量随着热解温度的升高而逐渐降低；然而，碳的晶粒尺寸没有任何明显的变化。^{1}H 的化学位移是氢键相互作用强度的一个非常敏感的指标。高分辨率使大量的结构信息可以在二维 DQ 偶极相互作用实验中获得。分析研究了质子之间的空间近似性。重点将氢键和芳香质子转移到低磁场区，远离脂肪族共振区，因此，获得了更好地分辨率。DQ 相互作用由各官能团的亚甲基质子、羟基质子和芳香质子组成。采用多脉冲解耦技术，快速旋转样品转速 $v_R = 70$kHz，明显降低了样品的线宽，对芳香族和脂肪族质子的 ^{1}H 化学位移信息得到了更深入的解析。

固体煤颗粒中的质子可以很好地分离。图 2-26 为 ^{1}H-^{1}H DQ 谱，以及对 ^{1}H 单量子 (SQ) 频率和 ^{1}H-^{1}H DQ 的投影。在对角线上的 a 点 (δ_{SQ} 约为 1.8ppm，δ_{DQ} 约为 3.6ppm) 和 b 点 (δ_{SQ} 约为 6.4ppm，δ_{DQ} 约为 12.8ppm) 观察到两个单独的 DQ 峰。非对角交叉峰表示来自不同环境的质子之间的接近度，在高分辨率 2D DQ 波谱中也很容易区别。在 c (δ_{SQ} 约为 1.8ppm，δ_{DQ} 约为 8.2ppm) 和 d (δ_{SQ} 约为 6.4ppm，δ_{DQ} 约为 8.2ppm) 处观察到一个对称的 DQ 峰对耦合。DQ 峰中 a 表示相邻脂族质子之间的相互作用；而 DQ 峰中 b 则表示了芳香质子的接近性。同样，c (代表芳香环上的质子) 和 d (代表烷基链上的质子) 处对称的 DQ 耦合峰对，表明芳香质子指向相邻的脂肪族质子。考虑到与无序部分对应的共振，核磁共振谱中的交叉峰归属于含脂肪侧链的芳香烃。沿着 δ_{SQ} 约为 4.0ppm 的氧结合的质子不能识别，主要是由于没有游离的 HO-C-OH 或 H-O-H 型结构。在 $\delta_{SQ} = 12.5～13.5$ppm 的 COOH 峰值强度在噪声水平以下消失，可能是由于自由羧基含量较低。也就是说，信号的丢失可能不能直

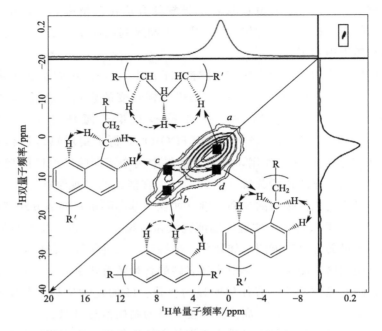

图 2-26　使用 70kHz 的 MAS 获得的褐煤 ^{1}H-^{1}H DQ 谱

接归因于附近没有 COOH 质子对。

　　结合 ^{1}H-^{1}H 二维 DQMAS 实验，将 ^{1}H-^{13}C 直接异核相关技术应用于煤中有机化合物的结构测定是最简单的方法之一。选取褐煤样品的 ^{1}H-^{13}C 2D CP-HETCOR 实验，可以解析不同官能团之间的相关性，特别是可以获得不同组分之间是否紧密相关。图 2-27 为褐煤 ^{1}H-^{13}C 2D CP-HETCOR 谱的基本特征峰。质子分布在特定 ^{13}C 化学位移区（即从波谱中分离出 P_i、P_{ii} 和 P_{iii}），以帮助识别不同官能团之间的连通性或邻近性。峰 P_i 沿 ^{1}H 化学位移维的波谱切片归因于脂肪族部分的质子。a 在 δ 约 15.5ppm ^{13}C 化学位移的信号是由于甲基碳与 ^{1}H 化学位移峰值 P_i 相互作用，而 P_i 是与甲基碳直接相连的质子。$\delta=25.5$ppm 时的信号 b 与 ^{1}H 的化学位移峰值 P_i 相关，属于 CH$_3$ 末端附近的 -CH$_2$- 基团。根据峰值强度和线形，δ 约为 30.0ppm 处的信号 c 被确认为 —CH$_2$— 基团。类似地，信号 d 在 $\delta=37.5$ppm 的化学位移与 P_i ^{1}H 的化学位移相交，归因于移动的 $[-(CH_2)_n-]$ 基团。这表明了脂肪族部分烃类的烷基质子之间的相互联系。一个孤立的信号 e 在 δ 约为 59.6ppm 的化学位移是 OCH 碳。OCH 碳主要与它们直接相连的质子相连。信号表现出轻微的畸变，可能是由于大分子和/或游离质子化异常 O—CH—O 结构的干扰所致。类似地，在 $\delta=178.0$ppm 处的两个信号也归

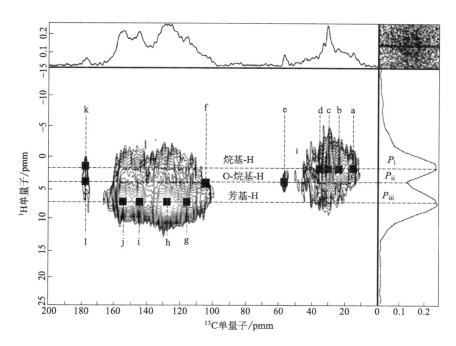

图 2-27 二维¹H-¹³C 2D CP-HETCOR 谱

因于烷基（k 位点）和氧-烷基质子（l 位点）。羰基的 H—C—O 和 C—OH 结构导致了观察到的质子和碳之间的相互作用。¹³C 的主信号 h 为 $\delta = 129.0$ppm，P_{iii} 主要是连接在芳香质子上的共轭芳香碳。此外，δ 约为 116.0ppm 处的强烈肩峰信号 g 主要是由烯烃碳与其直接相连的质子有关。i 在 δ 约为 146.0ppm 处的化学位移是由于含氮杂环芳香族碳与芳香族质子相连。由于 j 信号是在芳族化学位移区发现的，其与氧相连的芳族碳可能属于酚羟基和/或含氧杂环基团。¹H-¹³C 2D CP-HETCOR 波谱成功地分离了官能团，并提示了烷基、烃类化合物和芳香化合物之间的相互关系。

图 2-28 为不同温度下原煤和半焦的 ¹³C DDMAS 谱和 NMR 拟合曲线。DDMAS 谱中脂肪族区域的章动对 CH_3 和 CH_2/CH 基团的贡献有一定的不确定性；然而，通过与 ¹H-¹H DQ 和 ¹H-¹³C HETCOR 分析相结合，可以直接匹配这些波谱中的大部分 ¹³C 共振。峰强度比和峰宽比常作为结构参数的指标。由于峰面积是峰强度和 FWHM 的函数，可采用峰面积来表征半焦结构。半焦中的脂肪碳在 300℃ 以下的脱挥发分后期存在；但在 400℃ 以上，其含量迅速下降。因此，¹³C NMR 谱图主要显示了芳香碳或烯烃碳的信号。从 ¹³C DDMAS 波谱中分离出的官能团分为三类：烷基碳、邻烷基和羰基、芳香碳。¹³C DDMAS 波谱中

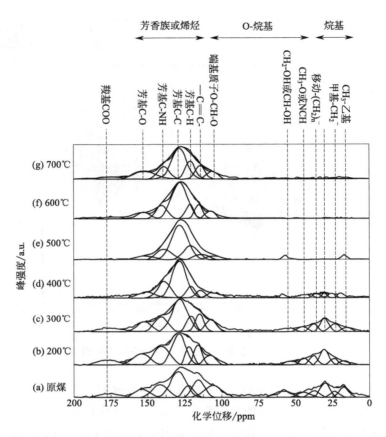

图 2-28　不同温度下原煤和半焦的^{13}C DDMAS 谱和 NMR 拟合曲线

官能团的变化趋势与元素分析结果一致。在 300℃ 以下，各类别的比例变化不大，主要是固有的水分和吸附的气态物质，相对稳定的官能团没有分解。在 400℃ 以上，由于煤焦结构中弱键的热断裂，烷基逐渐分解；在 600℃ 以上完全分解。特别是芳香族炭馏分随热处理温度的升高而增大，主要是由于芳香族基团和/或烃类的聚合作用。相反，在 400℃ 以上，羟基和羧基的组分明显减少。即使加热至 500℃，烷基中的 CH_3 和 CH_2-OH 或 CH-OH 基团仍然存在，说明官能团在结构边缘相对稳定。这一现象证实了脂肪族键比芳香族键更容易断裂。因此，含氧官能团可以以杂环形式部分保留在高温煤焦中。

　　^{1}H 自旋扩散实验在更快的 MAS 频率和更高的磁场下对分子结构研究的适用性得到了证明，如图 2-29 所示。尽管利用这种先进的技术可以大大提高波谱的分辨率，但从波谱中获得的信息仍有一些不可避免的局限性。在扩展的 ^{1}H NMR 谱中，从 300℃ 以下制备的半焦中得到的芳香质子共振比脂肪族质子共振

的强度要小得多。是由复杂的^{13}C卫星质子和碳之间的耦合造成的。核磁共振^{1}H谱的强度随温度的升高而逐渐降低，反映了质子量的损失。第1个区间（低于300℃）的转化行为与第13个区间（低于300℃）的转化行为一致，各组分的变化较小，说明主要分子结构没有发生裂解。在300℃以上开始的强烈分解反应导致烷基质子严重损失。温度在500℃以上时，这种损失会小一些。由此可知，烷基质子的转化主要包括吸附在300℃以下的片段烷基物质的释放、300～500℃下长链脂肪族物质的剧烈分解、芳香族附近相对稳定的短链和/或烷基基团的残留。在300～500℃时，由于失去了烷基质子，芳香质子的份数明显增加；另一方面，芳香族质子数在500℃以上变化较小，表明烯烃基团对芳香族结构的二次聚合贡献较少。在高温热处理后，氧-烷基质子的含量也有轻微的下降。结合^{13}C NMR谱图和键能分析，含氧基团的可能分解顺序为：醇羟基＞酚羟基＞羰基。烷基质子的严重损失表明，在300～500℃时，直链和芳香侧链上的含氧官能团分解；乙醚键的裂解可能发生在500℃以上，以产生新的氧-烷基质子。由于褐煤灰分高，其无机物中的氧烷基质子可能受黏土矿物中羟基的影响。

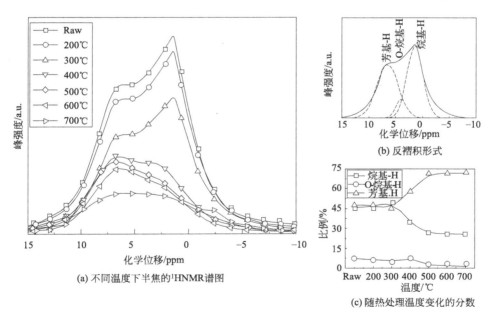

(a) 不同温度下半焦的^{1}HNMR谱图

(b) 反褶积形式

(c) 随热处理温度变化的分数

图 2-29 煤热解过程^{1}H-NMR谱图

在热解过程中，芳香簇的增大只能通过增加芳香度和去除簇中的饱和部分来实现。因此，芳香层的碎片具有短程的超小层状结构。证实了煤大分子结构中脂肪族和芳香族分子的结构复杂性。研究还证明^{13}C DDMAS、^{1}H MAS、^{1}H-^{1}H

DQMAS和^{1}H-^{13}C CP-HETCOR实验的广泛适用性，尤其是在更高的v_R频率和高磁场下对褐煤中质子和碳的分布提供了更多的信息。因此，可以设想，这种实验将变得越来越常规，适用于越来越复杂和更大的系统。核磁共振分析对解析了煤骨架的变化，并有望在煤炭脱水、脱挥发和其他转化过程中发挥作用。

显微组分对煤热解有明显影响，因此建立显微煤模型对模拟和优化高效煤转化过程具有重要意义。因此，笔者基于显微组分特征，提出了惯性迭代的准东煤模型，如图2-30所示。简单地说，富镜质体部分的分子结构中芳香族环较少，主要由较长的脂肪族交联物和脂肪族侧链组成；而富矿质组分具有较多的共价交联，因此以稠环芳烃为主。脂质体主要由饱和烃（环烷烃和脂肪族）和一些随机分布的小分子化合物组成。实际上，煤的宏观结构是由芳香堆积、氢键缔合、共价交联以及支链和线性分子的纠缠构成的。人们普遍认为，热解过程包括初级挥发反应和随后的二级气相反应。虽然热解发生在较宽的温度范围内，但热解过程中个别气体产物的释放受处理温度的影响。也就是说，煤颗粒的热解路线与显微组分的分子结构显著相关。羧基主要分布在镜质体中，在较低的温度下（400～500℃），羧基基本可以分解为CO_2。随后，在约500℃时，镜质体的脂族链断裂，生成C_2～C_4；同时，醚结构的破坏也导致少量CO的释放。同时，脂质体中自由存在的小芳香族分子可以从煤基体中释放出来，形成轻芳香族。在约600℃时，芳烃发生了再缩聚和再挥发，形成了煤焦。挥发物之间的二次反应，如CO_2和炭，会在更高的温度（约700℃）下发生反应，产生更多的CO。此外，AAEMs（碱金属和碱土金属）会以某种方式加速二次反应。从本质上讲，不同组分的官能团存在较大差异，导致了煤组分活化能的变化。因此，煤的大分子独特的演化行为演绎了热解过程中的温度依赖反应。最终，气体产物可以在不同的阶段释放，并以不同的方式产生。

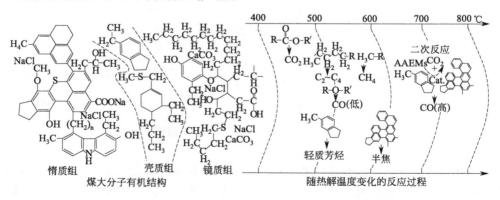

图2-30 低变质准东煤宏微观结构与热解机理研究

Andrésen 等[102] 以软煤沥青的 THF 可溶性组分为原料，制备了一系列半焦，其中间相含量从 0~100% 不等。分别用高温原位 ^{1}H NMR 和光学显微镜对中间相含量进行了测定，两种方法的结果非常接近。固态 SPE^{13}C NMR 定量分析表明，沥青中各向异性的程度是芳香结构缩合的函数，其中各向同性沥青平均含有 5~6 个环，经过缩聚增加到 9~10 环完全转化为中间相沥青。沥青的吡啶可溶物（PS）和不溶物（PI）的表征证明，煤焦油沥青中间相的发展受到低分子量化合物减少的限制。PS 在沥青中含有 556 个环。即使 PI 处于各向同性状态，它们也可和各向异性沥青一样发生缩合。

Roberts 等[103] 在惰性气氛（氮气）下以 20℃/min 的速率将富含惰质体和镜质体的二叠纪时期南非冈瓦纳煤加热至 1000℃，用岩相分析、^{13}C NMR 和 HRTEM 进行分析。利用分析数据构建了具有氧、氮、硫官能团的焦炭多芳烃分子结构。富含惰质体的焦炭模型由 8586 个原子组成，含具有 $C_{1000}H_{105}O_{14}N_{22}S_1$ 的组成（归一化至 1000 个碳原子）的 21 个独立分子，而富含镜质体的焦炭模型在 37 个分子内具有 8863 个原子，归一化组成为

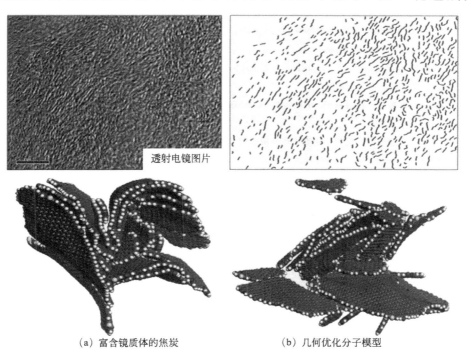

透射电镜图片

(a) 富含镜质体的焦炭　　　　　　　(b) 几何优化分子模型

图 2-31　煤分子结构的几何优化模型（见彩图）

（绿色＝C，白色＝H，红色＝O，蓝色＝N，黄色＝S）

$C_{1000}H_{125}O_{21}N_{22}S_3$，如图 2-31 所示。因此，这两种焦炭在化学上是相似的。聚合芳族分子的大小不同，富含惰质组的焦炭 $[L_a(10)=(3.76\pm0.23)nm]$ 比富含镜质体的焦炭 $[L_a(10)=(3.07\pm0.08)nm]$ 有更大的分子。影响位于微晶边缘上的活性炭位点的比例和基面的缺陷，导致富含惰质体的焦炭的反应性低于富含镜质体的焦炭。

参 考 文 献

[1] David L V，Retcofsky H L. Estimation of coal aromaticities by proton-decoupled carbon-13 magnetic resonance spectra of whole coals [J]. Fuel, 1976, 55（3）：202-204.

[2] Bartuska V J，Maciel G E，Jacob S，et al. Prospects for carbon-13 nuclear magnetic resonance analysis of solid fossil-fuel materials [J]. Fuel, 1977, 56（4）：354-358.

[3] Alla M，Lippmaa E. High resolution broad line ^{13}C NMR and relaxation in solid norbornadiene [J]. Chemical Physics Letters, 1976, 37（2）：260-264.

[4] Wilson M A，Pugmire R J，Karas J，et al. Carbon distribution in coals and coal macarais bycross polarization magic angle spinning carbon-13 nuclear magnetic resonance spectrometry [J]. Analytical Chemistry, 1984, 56（6）：933-943.

[5] Wilson M A. New solid state NMR techniques in coal analysis [J]. Trac Trends in Analytical Chemistry, 1984, 6（3）：144-147.

[6] Solum M S，Pugmire R J，Grant D M. ^{13}C Solid-state NMR of Argonne premium coals [J]. Energy & Fuels, 1989, 3（2）：187-193.

[7] 秦匡宗，李振广，Бодоев Н. 干酪根的 ^{13}C NMR 研究-偶极相移技术的应用 [J]. 科学通报, 1992, 37（8）：721-723.

[8] 张蓬洲，李丽云，叶朝辉. 用固体高分辨核磁共振研究煤结构：我国一些煤的结构特征 [J]. 燃料化学学报, 1993, 3：310-316.

[9] Grint A，Proud G P，Poplett I J F，et al. Characterization of pitches by solid state nuclear magnetic resonance [J]. Fuel, 1989, 68（11）：1490-1492.

[10] Ohtsuka Y，Nozawa T，Tomita A，et al. Application of high-field，high-resolution ^{13}C CP/MAS n. m. r. spectroscopy to the structural analysis of Yallourn coal [J]. Fuel, 1984, 63（10）：1363-1366.

[11] Yoshida T，Nakata Y，Yoshida R，et al. Elucidation of structural and hydroliquefaction characteristics of Yallourn brown coal by carbon-13 CP/MAS n. m. r. spectrometry [J]. Fuel, 1982, 61（9）：824-830.

[12] Dixon W T. Spinning sideband free and spinning sideband only NMR spectra in spinning samples [J]. The Journal of Chemical Physics, 1982, 77（4）：1800-1809.

[13] Supaluknari S，Redlich F P，Larkins P，Jackson W R. Determination of aromaticities and other structural features of Australian coals using solid state ^{13}C NMR and FTIR spectroscopies [J]. Fuel Processing Technology, 1989, 23（1）：47-61.

[14] Wind R A，Anthonio F E，Duijvestijn M J，et al. Experimental setup for enhanced ^{13}C NMR spec-

troscopy in solids using dynamic nuclear polarization [J]. Journal of Magnetic Resonance, 1983, 56 (8): 713-716.

[15] Trewhella M J, Iain P, Grint A. Structure of Green River oil shale kerogen [J]. Fuel, 1986, 65 (4): 541-546.

[16] Raleigh D P, Kolbert A C, Griffin R G. The effect of experimental imperfections on TOSS spectra [J]. Journal of Magnetic Resonance, 1990, 89 (1): 1-9.

[17] Hagemeyer A, Putten D V D, Spiess H W. The use of composite pulses in the TOSS experiment [J]. Journal of Magnetic Resonance, 1991, 92 (3): 628-630.

[18] Snape C E, Axelson D E, Botto R E, et al. Quantitative reliability of aromaticity and related measurements on coals by [13]C n. m. r. A debate [J]. Fuel, 1989, 68 (5): 547-548.

[19] Maciel G E, Bronnimann C E, Jurkiewicz A, et al. Recent advances in coal characterization by ^{13}C and [1]H n. m. r. [J]. Fuel, 1991, 70 (8): 925-930.

[20] 陈丽诗, 王岚岚, 潘铁英, 等. 固体核磁碳结构参数的修正及其在煤结构分析中的应用 [J]. 燃料化学学报, 2017, 45 (10): 1153-1163.

[21] Botto R E. Optimization of sensitivity in pulsed ^{13}C NMR of coals [J]. Energy & Fuels, 2002, 16 (4): 925-927.

[22] Wind R A, Duijvestijn M J, Lugt C V D, et al. An investigation of coal by means of e. s. r. [1]H n. m. r. [13]C n. m. r. and dynamic nuclear polarization [J]. Fuel, 1987, 66 (7): 876-885.

[23] Dereppe J M, Moreaux C. A limitation of [13]C Cp-MAS nmr-spectroscopy for the study of treated coals [J]. Fuel, 1987, 66 (7): 1008-1009.

[24] 曹晨忠. 烷基极化效应的研究 [J]. 化学通报, 1995, 10: 48-51.

[25] 乔洁, 李美萍, 芦飞, 等. 烷基极化效应与羰基[13]C化学位移 [J]. 波谱学杂志, 2002, 19 (4): 391-394.

[26] 李美萍, 芦飞, 全建波, 等. 羰基化合物结构参数与其[13]C NMR谱化学位移的关系 [J]. 化学通报, 2004, 67 (10): 778-782.

[27] Wilkie C A, Haworth D T. The ^{13}C NMR solid state spectroscopy of various classes of coals [J]. Journal of Inorganic & Nuclear Chemistry, 1978, 40 (12): 1989-1991.

[28] 魏帅, 严国超, 张志强, 等. 晋城无烟煤的分子结构特征分析 [J]. 煤炭学报, 2018, 43 (2): 555-562.

[29] 阎纪伟. 韩城矿区构造煤微观结构特征 [D]. 太原: 太原理工大学, 2015.

[30] 张玉波. 中低煤化作用阶级煤化作用机理的[13]C NMR研究 [D]. 太原: 太原理工大学, 2006.

[31] 王永刚, 周剑林, 陈艳巨, 等. [13]C固体核磁共振分析煤中含氧官能团的研究 [J]. 燃料化学学报, 2013, 41 (12): 1422-1426.

[32] 麻志浩, 阳虹, 张玉贵, 等. 不同煤级煤[13]C NMR结构特性及演化特征 [J]. 煤炭转化, 2015, 38 (4): 1-4, 11.

[33] Zhou B, Shi L, Liu Q Y, et al. Examination of structural models and bonding characteristics of coals [J]. Fuel, 2016, 184: 799-807.

[34] Tekely P, Nicole D, Brondeau J, et al. Application of carbon-13 solid-state high-resolution NMR to the study of proton mobility. Separation of rigid and mobile components in coal structure [J]. The

Journal of Physical Chemistry, 1986, 90 (22): 5608-5611.

[35] Huai H, Groombridge C J, Scott A C, et al. [13]C solid-state n. m. r. spectra of Shanxi coals [J]. Fuel, 1996, 75 (1): 71-77.

[36] Kawashima H, Yamada O. A modified solid-state ^{13}C CP/MAS NMR for the study of coal [J]. Fuel Processing Technology, 1999, 61 (3): 279-289.

[37] Harmer J, Callcott T, Maeder M, et al. A novel approach for coal characterization by NMR spectroscopy: global analysis of proton T_1 and T_2 relaxations [J]. Fuel, 2001, 80 (3): 417-425.

[38] Kirk L A, Ladner W R, Taylor H B. Some physical methods of moisture determination [J]. Proceedings of the Society for Analytical Chemistry, 1964, 1 (7): 82-84.

[39] Jones R B, Robertson S D, Clague A D H. Dynamic nuclear polarization [13]C n. m. r. of coal [J]. Fuel, 1986, 65 (4): 520-525.

[40] Hu J Z, Solum M S, Taylor C M V, et al. Structural determination in carbonaceous solids using advanced solid state NMR techniques [J]. Energy & Fuels, 2001, 15 (1): 14-22.

[41] Bandara T S, Kamali K G S, Wilson Michael A, et al. The study of australian coal maturity: Relationship between solid-state NMR aromaticities and organic free-radical count [J]. Energy & Fuels, 2005, 19 (3): 954-959.

[42] Franz J A, Garcia R, Linehan J C, et al. Single-pulse excitation ^{13}C NMR measurements on the argonne premium coal samples [J]. Energy & Fuels, 1992, 6 (5): 598-602.

[43] Suggate R P, Dickinson W W. Carbon NMR of coals: the effects of coal type and rank [J]. International Journal of Coal Geology, 2004, 57 (1): 1-22.

[44] Wilson M A, Vassallo A M. Developments in high-resolution solid-state ^{13}C NMR spectroscopy of coals [J]. Organic Geochemistry, 1985, 8 (5): 299-314.

[45] Wilson M A, Vassallo A M, Collin P J, et al. High-resolution carbon-13 nuclear magnetic resonance spectrometry and relaxation behavior of organic solids from fossil fuels [J]. Analytical Chemistry, 1984, 56 (3): 433-436.

[46] Wilson M A, Hanna J V, Anderson K B, et al. ^{1}H CRAMPS NMR derived hydrogen distributions in various coal macerals [J]. Org Geochem, 1993, 20 (7): 985-999.

[47] Tekely P, Delpuech J J. Mobility and hydrogen distribution in coal as revealed by polarization inversion in high-resolution solid state ^{13}C CPMAS n. m. r. [J]. Fuel, 1989, 68 (7): 947-949.

[48] Jurkiewicz A, Wind R A, Maciel G E. The use of magnetic resonance parameters in the characterization of premium coals and other coals of various rank [J]. Fuel, 1990, 69 (7): 830-833.

[49] Jurkiewicz A, Maciel G E. Spin dynamics and spin counting in the ^{13}C CP/MAS analysis of Argonne premium coals [J]. Fuel, 1994, 73 (6): 828-835.

[50] Jurkiewicz A, Bronnimann C E, Maciel G E. [1]H CRAMPS n. m. r. study of the molecular-macromolecular structure of coal [J]. Fuel, 1989, 68 (7): 872-876.

[51] Jurkiewicz A, Bronnimann C E, Maciel G E. [1]H CRAMPS studies of molecular dynamics of a premium coal [J]. Fuel, 1990, 69 (7): 804-809.

[52] Supaluknari S, Burgar I, Larkins F P. High-resolution solid-state ^{13}C NMR studies of Australian coals [J]. Organic Geochemistry, 1990, 15 (5): 509-519.

[53] Odeh A O. Comparative study of the aromaticity of the coal structure during the char formation process under both conventional and advanced analytical techniques [J]. Energy & Fuels, 2015, 29 (4): 2676-2684.

[54] Okolo G N, Neomagus H W J P, Everson R C, et al. Chemical-structural properties of South African bituminous coals: Insights from wide angle XRD-carbon fraction analysis, ATR-FTIR, solid state ^{13}C NMR, and HRTEM techniques [J]. Fuel, 2015, 158: 779-792.

[55] Mao K, Kennedy G J, Althaus S M, et al. Determination of the average aromatic cluster size of fossil fuels by solid-state NMR at high magnetic field [J]. Energy & Fuels, 2013, 27 (2): 760-763.

[56] Yang F, Hou Y C, Wu W Z, et al. The relationship between benzene carboxylic acids from coal via selective oxidation and coal rank [J]. Fuel Processing Technology, 2017, 160: 207-215.

[57] Solum M S, Pugmire R J, Grant D M. ^{15}N CPMAS NMR of the Argonne Premium coals [J]. Fuel, 1997, 11 (4): 491-494.

[58] Knicker H, Hatcher P G, Scaroni A W. A solid-state ^{15}N NMR spectroscopic investigation of the origin of nitrogen structures in coal [J]. International Journal of Coal Geology, 1996, 32 (1): 255-278.

[59] G Almendros, H Knicker, FJ González-Vila. Rearrangement of carbon and nitrogen forms in peat after progressive thermal oxidation as determined by solid-state ^{13}C and ^{15}N-NMR spectroscopy [J]. Organic Geochemistry, 2003, 34 (11): 1559-1568.

[60] Okushita K, Hata Y, Sugimoto Y, et al. Protonated nitrogen structure in ^{15}N-labeled model coal investigated by solid-state ^{1}H-^{15}N double-CP NMR experiments under ultrafast magic-angle spinning [J]. Energy & Fuels, 2019, 33 (10): 9419-9428.

[61] Dutta Majumdar R, Bake K D, Ratna Y, et al. Single-core PAHs in petroleum-and coal-derived asphaltenes: size and distribution from solid-state NMR spectroscopy and optical absorption measurements [J]. Energy & Fuels, 2016, 30 (9): 6892-6906.

[62] Murphy D B, Cassady T J, Gerstein B C. Determination of the apparent ratio of quaternary to tertiary aromatic carbon atoms in an anthracite coal by [13]C-^{1}H dipolar dephasing n. m. r. [J]. Fuel, 1982, 61 (12): 1233-1240.

[63] Genetti D, Fletcher T H, Pugmire R J. Development and application of a correlation of ^{13}C NMR chemical structural analyses of coal based on elemental composition and volatile matter content [J]. Energy & Fuels, 1999, 13 (1): 60-68.

[64] Niekerk D V, Mathews J P. Molecular representations of Permian-aged vitrinite-rich and inertinite-rich South African coals [J]. Fuel, 2010, 89 (1): 73-82.

[65] Ju Y W. ^{13}C NMR spectra of tectonic coals and the effects of stress on structural components [J]. Science in China Series D, 2005, 48 (9): 1418.

[66] Cui X, Yan H, Zhao P T, et al. Modeling of molecular and properties of anthracite base on structural accuracy identification methods [J]. Journal of Molecular Structure, 2019, 1183: 313-323.

[67] Wang J, He Y Q, Li H, et al. The molecular structure of Inner Mongolia lignite utilizing XRD, solid state ^{13}C NMR, HRTEM and XPS techniques [J]. Fuel, 2017, 203: 764-773.

[68] Marcano C F, Lobodin V V, Rodgers R P, et al. A molecular model for Illinois No. 6 Argonne Premi-

um coal：Moving toward capturing the continuum structure [J]. Fuel，2012，95：35-49.

[69] Xiang J H，Zeng F G，Liang H Z，et al. Model construction of the macromolecular structure of Yanzhou coal and its molecular simulation [J]. Journal of Fuel Chemistry and Technology，2011，39 (7)：481-488.

[70] Yang F，Hou Y C，Wu W Z，et al. A new insight into the structure of Huolinhe lignite based on the yields of benzene carboxylic acids [J]. Fuel，2017，189：408-418.

[71] Hammond T E，Corya D G，Ritcheya W M，et al. High resolution solid state ^{13}C n. m. r. of Canadian peats [J]. Fuel，1985，64 (12)：1687-1695.

[72] Moroeng O M，Wagner N J，Brand D J，et al. A nuclear magnetic resonance study：Implications for coal formation in the Witbank Coalfield，South Africa [J]. International Journal of Coal Geology，2018，188：145-155.

[73] Mastalerz M，Bustin R M. Variation in reflectance and chemistry of vitrinite and vitrinite precursors in a series of Tertiary Coals，Arctic Canada [J]. Organic Geochemistry，1994，22 (6)：921-933.

[74] 姜波，秦勇. 实验变形煤结构的 ^{13}C NMR 特征及其构造地质意义 [J]. 地球科学，1998，23 (6)：579-582.

[75] Lyons P C，Orem W H，Mastalerz M，et al. ^{13}C NMR，micro-FTIR and fluorescence spectra，and pyrolysis-gas chromatograms of coalified foliage of late Carboniferous medullosan seed ferns，Nova Scotia，Canada：Implications for coalification and chemotaxonomy [J]. International Journal of Coal Geology，1995，27 (2-4)：227-248.

[76] Kalaitzidis S，Georgakopoulos A，Christanis K，et al. Early coalification features as approached by solid state ^{13}C CP/MAS NMR spectroscopy [J]. Geochimica et Cosmochimica Acta，2006，70 (4)：947-959.

[77] Kelemen S R，Afeworki M，Gorbaty M L，et al. Characterization of organically bound oxygen forms in lignites，peats，and pyrolyzed peats by X-ray photoelectron spectroscopy (XPS) and solid-state ^{13}C NMR methods [J]. Energy & Fuels，2002，16 (6)：1450-1462.

[78] Hatcher P G. Dipolar-dephasing ^{13}C NMR studies of decomposed wood and coalified xylem tissue：evidence for chemical structural changes associated with defunctionalization of lignin structural units during coalification [J]. Energy & Fuels，1988，2 (1)：48-58.

[79] Liu D Y，Peng P G. Possible chemical structures and biological precursors of different vitrinites in coal measure in Northwest China [J]. International Journal of Coal Geology，2008，75 (4)：204-212.

[80] Erdenetsogt B O，Lee I，Lee S K，et al. Solid-state ^{13}C CP/MAS NMR study of Baganuur coal，Mongolia：Oxygen-loss during coalification from lignite to subbituminous rank [J]. International Journal of Coal Geology，2010，82 (1-2)：37-44.

[81] Solum M S，Pugmire R J，Grant D M. ^{13}C solid-state NMR of Argonne premium coals [J]. Energy & Fuels，1989，3 (2)：187-193.

[82] Song Y，Jiang B，Qu M J. Macromolecular evolution and structural defects in tectonically deformed coals [J]. Fuel，2019，236：1432-1445.

[83] Wei Q，Tang Y G. ^{13}C NMR study on structure evolution characteristics of high-organic-sulfur coals from typical Chinese areas [J]. Minerals，2018，8 (2)：49-65.

[84] Wang S Q, Tang Y G, Schobert H H, et al. FTIR and ^{13}C NMR investigation of coal component of late permian coals from Southern China [J]. Energy & Fuels, 2011, 25 (12): 5672-5677.

[85] Botto R E, Wilson R, Winans R E. Evaluation of the reliability of solid ^{13}C NMR spectroscopy for the quantitative analysis of coals: Study of whole [J]. Energy & Fuels, 1987, 1 (2): 173-181.

[86] Maroto-Valer M M, Taulbee D N, John M A, et al. Quantitative ^{13}C NMR study of structural variations within the vitrinite and inertinite maceral groups for a semifusinite-rich bituminous coal [J]. Fuel, 1998, 77 (8): 805-813.

[87] Cao X Y, Mastalerz M, Chappell M A, et al. Chemical structures of coal lithotypes before and after CO_2 adsorption as investigated by advanced solid-state ^{13}C nuclear magnetic resonance spectroscopy [J]. International Journal of Coal Geology, 2011, 88 (1): 67-74.

[88] Cao X Y, Chappell M A, Schimmelmann A, et al. Chemical structure changes in kerogen from bituminous coal in response to dike intrusions as investigated by advanced solid-state ^{13}C NMR spectroscopy [J]. International Journal of Coal Geology, 2013, 108: 53-64.

[89] Lin X C, Luo M, Li S Y, et al. The evolutionary route of coal matrix during integrated cascade pyrolysis of a typical low-rank coal [J]. Applied Energy, 2017, 199: 335-346.

[90] Haenel M W, Mynott R, Niemann K. ^{13}C NMR spectroscopic studies on ^{13}C methylated bituminous coal [J]. Angewandte Chemie International Edition, 2010, 19 (8): 636-637.

[91] Li Z K, Wei X Y, Yan H L, et al. Insight into the structural features of Zhaotong lignite using multiple techniques [J]. Fuel, 2015, 153: 176-182.

[92] Erbatur G, Erbatur O, Davis M F, et al. Investigation of pyridine extracts and residues of coals by solid-state ^{13}C n. m. r. spectroscopy [J]. Fuel, 1986, 65 (9): 1256-1272.

[93] Hou L, Hatcher P G, Botto R E. Diffusion of pyridine in Illinois No. 6 coal: measuring the swelling and deswelling characteristics by combined methods of nuclear magnetic resonance (NMR) and nuclear magnetic resonance imaging (NMRI) [J]. International Journal of Coal Geology, 1996, 32 (1-4): 167-189.

[94] Takanohashi T, Kawashima H. Construction of a model structure for upper freeport coal using ^{13}C NMR chemical shift calculations [J]. Energy & Fuels, 2002, 16 (2): 379-387.

[95] Peuravuori J, Simpson A J, Lam B, et al. Structural features of lignite humic acid in light of NMR and thermal degradation experiments [J]. Journal of Molecular Structure, 2007, 826 (2-3): 131-142.

[96] Legrand A P, Sfihi H, Sderi D, et al. ^{13}C n. m. r. spectroscopic characterization of products of solvolysis of coals by N-methyl-2-pyrrolidinone [J]. Fuel, 1994, 73 (6): 836-839.

[97] Qiu S X, Zhang S F, Wu Y, et al. Structural transformation of fluid phase extracted from coal matrix during thermoplastic stage of coal pyrolysis [J]. Fuel, 2018, 232: 374-383.

[98] Schenk H J, Witte E G, Littke R, et al. Structural modifications of vitrinite and alginite concentrates during pyrolitic maturation at different heating rates. A combined infrared, ^{13}C NMR and microscopical study [J]. Organic Geochemistry, 1990, 16 (4-6): 943-950.

[99] Solum M S, Sarofim A F, Pugmire R J, et al. ^{13}C NMR analysis of soot produced from model compounds and a coal [J]. Energy & Fuels, 2001, 15 (4): 961-971.

[100] Pruski M, Gerstein B C, Michel D. NMR of petroleum cokes II: Studies by high resolution solid

state NMR of ^{1}H and [13]C [J]. Carbon, 1994, 32 (1): 41-49.

[101] Lin X C, Wang C H, Ideta K, et al. Insights into the functional group transformation of a Chinese brown coal during slow pyrolysis by combining various experiments [J]. Fuel, 2014, 118: 257-264.

[102] Andrésen J M, Martín Y, Moinelo S R, et al. Solid state ^{13}C NMR and high temperature ^{1}H NMR determination of bulk structural properties for mesophase-containing semi-cokes prepared from coal tar pitch [J]. Carbon, 1998, 36 (7-8): 1043-1050.

[103] Roberts M J, Everson R C, Neomagus H W, et al. Influence of maceral composition on the structure, properties and behaviour of chars derived from South African coals [J]. Fuel, 2015, 142: 9-20.

第3章
煤中孔的核磁特征

3.1 概述

　　煤是一种典型的多孔介质，煤层由宏观裂隙、显微裂隙和孔隙组成。孔隙是煤层气的主要储集场所，宏观裂隙是煤层气的运移通道，而显微裂隙是沟通孔隙与裂隙的桥梁。煤的孔隙结构特性可以通过孔隙度或相对密度、孔隙直径与分布、孔隙形状、比表面积、孔体积等参数来表征。煤孔隙结构的表征方法也有很多，如压汞法（mercury intrusion porosimeter，MIP）、扫描电镜法（scanning electron microscopy，SEM）、气体吸附法（gas adsorption isotherms）、溶质排斥法（solute exclusion）、小角度 X 射线散射法（small-angle Xray scattering，SAXS）等。近几年新兴的表征方法有原子力显微镜法（atomic force micro-scope，AFM）、热孔计法（ thermoporometry，TPM）和冷孔计法（ cryo-porometry，CPM）等。核磁共振在煤的岩相学表征方面表现出了一些潜在的优势。首先，它是一种非破坏性技术。核磁共振在制样过程中不需要特殊的形状或尺寸，一般不会破坏煤的原始孔隙结构。其次，它是目前唯一适用于煤层原位分析的方法。另外它是一种即时检测方法，易于应用于井场岩心钻探。低场核磁共振技术主要通过测试样品中流体产生的核磁信号，通过绘制样品的横向弛豫时间图谱，可反映出样品试件的孔隙度、孔径分布等物性特征。不同煤级的煤样拥有不同的孔径分布特征，反映在核磁共振谱上必然有所区别，了解和认识这些差异有助于探索核磁共振技术在测试煤样孔隙度和孔径分布方面的应用。

3.2 煤中孔隙特点

　　煤是一种双孔隙岩石，由基质孔隙和裂隙组成。所谓裂隙是指煤中自然形成的裂缝。由这些裂缝围限的基质块内的微孔隙称基质孔隙。裂隙对煤层气的运移和产出起决定作用，基质孔隙主要影响煤层气的赋存。基质孔隙可定义为煤的基质块体单元中未被固态物质充填的空间，由孔隙和通道组成。一般将较大空间称孔隙，其间连通的狭窄部分称通道。基质孔隙可根据成因和大小进行分类。国内外许多学者出于不同的研究目的和测试精度对煤的孔径结构进行分级（表 3-1）。按成因可将孔隙区分为气孔、残留植物组织孔、溶蚀孔、晶间孔、原生粒间孔等。按多孔介质孔隙大小进行的分类有多种方案。但因研究对象、目的不同而有所差别。

表 3-1　煤孔隙分类方案

微孔小孔/nm	小孔（或过渡孔）/nm	中孔/nm	大孔/nm
<10	10～100	100～1000	>1000
<1.2	—	1.2～30	>30
<8	—	8～100	>100
<0.8（亚微孔）	0.8～2（微孔）	2～50	>50

煤是具有很大表面积的多孔有机岩石，含有数量众多、大小悬殊、形态各异的孔隙。煤孔隙结构指煤储层所含孔隙的大小、形态、发育程度及其相互组合关系。表征煤孔隙结构的基本参数包括：孔径结构、比孔容、比表面积、孔隙度和中值孔径等。其孔径大小变化在毫米级至纳米级（10^{-3}～10^{-9} m）。通常按孔径大小分大孔、中孔、过渡孔、小孔、微孔等级别，但无统一划分标准。煤中孔隙按成因可分成原生孔和次生孔。原生孔是煤在沉积过程中形成的孔，包括植物组织的孔；次生孔是在煤化作用过程中形成的孔，其中最有意义的是因挥发作用煤结构变化形成的微孔。孔径只有几个纳米的微孔可能是煤大分子结构内的空穴。煤中孔隙结构见图 3-1。

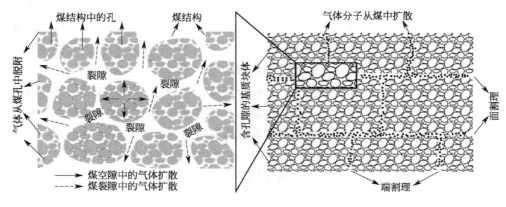

图 3-1　煤中孔隙结构[1]

煤层既是煤层气的源岩，又是其储层。作为储层有着与常规天然储层明显不同的特征。最重要的区别在于煤储层是一种双孔隙岩石，由基质孔隙和裂隙组成，二者对煤层气的赋存、运移和产出起不同作用。因此系统研究和正确认识煤中的孔隙，对煤层气的勘探开发至关重要。从人们认识到煤中裂隙的存在，至今已有百余年。在这一漫长的历史进程中，煤中裂隙的研究逐渐分化为两个领域：煤田地质学领域和煤层气领域。这两个领域因研究的出发点和目的不同而各具特色。依工业吸附剂研究得出的结论，认为微孔构成煤的吸附容积，小孔构成煤层气毛细凝结和扩散区域，中孔构成煤层气缓慢层流渗透区域，而大孔则构成剧烈层流渗透区域，这是目前煤层气领域普遍采用的方案。

3.3 影响煤中孔结构的因素

煤的基质孔隙特征与煤化程度有着密切关系。随煤化程度升高，基质孔隙的总孔容、孔面积和孔径分布出现有规律的变化。在 R^o_{max}（镜质组最大反射率）$<1.5\%$ 时，该阶段内随煤化程度升高，总孔容、孔面积和各级孔隙体积均急剧下降，尤其是大中孔隙体积减小更为迅速。在 $R^o_{max}=1.0\%\sim5.0\%$ 时变动较大，可能是煤中内生裂隙发育的影响。在 $R^o_{max}=1.5\%\sim5.0\%$ 时，该区间内小孔体积和微孔体积随 R^o_{max} 增高而增大。在 $R^o_{max}=5.0\%$ 时形成第 2 高峰，但大、中孔的体积仍持续下降。在 $R^o_{max}>5.0\%$ 时，小孔、微孔面积、孔面积又开始下降，大、中孔体积持续缓慢下降。煤的基质孔隙结构特征的变化，是煤在温度、压力作用下长时间内部结构物理化学变化的结果。因此，其变化与煤化作用跃变有着良好的对应关系。这种现象可从煤在外部因素作用下，内部分子结构重组变化的角度来解释。不同的显微组分含不同级别的孔隙。如镜质组中的基质镜质体和均质镜质体，主要含一些小孔或微孔。对残留植物组织孔而言多属中大孔，如丝质体。

煤中矿物质对煤的孔隙影响有两方面：一方面是它充填了一部分大中孔隙，使孔隙总孔容下降；另一方面是矿物本身可能存在一些孔隙，如晶间孔，对煤的孔隙度有微弱贡献，但矿物对煤层气的吸附能力远低于煤。虽然矿物含量高，内部可能含许多孔隙，但总体是不利于煤层气吸附储存的。研究表明，随矿物含量增高，煤的孔隙度逐渐降低，特别是大中孔隙的减少更为迅速。断裂可使煤的孔隙度增加。距断裂越近，大中孔隙体积和总孔容值越大，而小孔和微孔体积变化不大。另外张性断层使煤的大中孔隙增多，压性断层使煤的中孔增加。

3.4 煤中裂隙

煤中有两组大致相互垂直的内生裂隙，分为主内生裂隙（面割理）和次内生裂隙（端割理）。主内生裂隙延伸较远（可达数米）；次内生裂隙仅发育在两条相邻的内生裂隙之间。两组内生裂隙与煤层层面垂直或陡角相交，从而把煤体切割成一系列的斜方形基质块，如图 3-2 所示。

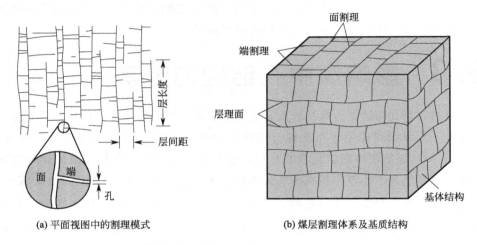

(a) 平面视图中的割理模式 (b) 煤层割理体系及基质结构

图 3-2 煤割理原理图及其几何形状

煤中内生裂隙与煤岩组分和煤化程度密切相关。一般只发育在镜煤和亮煤分层中，不切穿上下分层，裂隙面平坦，无擦痕。中变质阶段的煤内生裂隙发育最充分，每 5cm 范围内可达 40～60 条，而低变质烟煤和高变质无烟煤阶段逐渐减少。不同变质阶段、不同煤岩组成的煤，具不同的力学性质，内生裂隙的发育程度自然不同。

关于内生裂隙的成因有不同的认识，一般认为是煤中凝胶化物质在煤化作用过程中受温度、压力的影响，内部结构变化，体积收缩，引起内张力而形成的。这一观点以内生裂隙多集中在凝胶化组分为主的分层中为佐证。另有一些资料表明，主内生裂隙的走向与褶皱轴向垂直，显然是构造应力作用所致。实际上凝胶化组分是内生裂隙形成的物质基础，它在整个演化过程中必定留下古构造应力场的记录。也就是说凝胶化物质体积收缩引起的内张力的方向，与它所受的古构造应力场的张力方向大体一致。同时凝胶化组分脆性强，中变质阶段最强，因此镜煤或亮煤分层便成为构造应力优先破坏的对象。灰分、稳定组分、惰性组分含量较高的暗煤分层，因韧性和强度大，在应力的作用下不易破裂。可见内生裂隙的形成不仅是由煤的力学性质这一内在因素决定的，而且受凝胶化物质体积收缩产生的内张力作用和构造应力作用，但这种构造应力要比形成外生裂隙的应力弱得多。

外生裂隙是指煤层在较强的构造应力下产生的裂隙。按成因可分为三种：剪性外生裂隙、张性外裂隙和劈理。剪性外生裂隙与煤层面以各种角度相交可出现在煤层任何部分，裂隙凹凸不平，且有滑动痕迹，多呈羽毛状、波状，裂隙间距较宽，常两组或多组并存。张性外生裂隙与岩石的张节理一样，规模较小，雁行排列，煤中少见。劈理是指煤层存在层间滑动时，形成的一系列波状的相互平行的裂隙。

外生裂隙的成因与岩石节理的成因相近，剪性和张性外生裂隙是煤脆性形变阶段的产物。从煤中以剪性外生裂隙为主、张性外生裂隙少见这一现象分析可知，它可能与煤的力学性质有关。因煤体的强度远远低于岩石，且脆性强，在外部应力作用下，以剪性外生裂隙的形成、使煤体遭到破坏来消减构应力，很难形成对应的张应力。劈理是岩石塑性形变阶段的产物。煤中的劈理与岩石一样，是塑性滑动的结果，常与煤层小褶皱伴生。煤层以其特有的力学性质，在含煤岩系中最易成为滑动面。煤层内各分层因其煤岩组成不同，力学性质也不尽相同，滑动面优先选择的是软分层。因此，煤中可同时出现多个滑动面，滑动面之间可出现劈理。对岩石而言，劈理是在较高的温度、压力和强烈的构造应力作用下形成的。但对煤层而言，其力学性质决定了它在远远低于岩石所受的温度、压力和构造应力的条件下就可发生塑性变形，从而形成劈理。

继承性裂隙兼其内生裂隙和外生裂隙的双重性质，属过渡类型。如果内生裂隙形成前后的构造应力场方向不变，早先的内生裂隙就会进一步强化，表现为部分内生裂隙由其发育的煤分层向相邻分层延伸扩展，但方向保持不变，这部分裂隙就称为继承性裂隙。

3.5　基质孔隙和裂隙的研究方法

基质孔隙的形貌特征可以在光学显微镜和电子显微镜（TEM 或 SEM）下观测。这种观测不仅能确定孔隙形态、大小和联通性，更重要的是确定其成因类型以及它们与裂隙的关系。

煤的基质孔隙定量研究方法很多，不同尺度孔隙的分析方法见图 3-3。压汞法是根据毛细管现象而设计的，由描述这一现象的拉普拉斯（Laplace）方程表示。该原理认为，接触角大于 90°的水银在无外界压力的条件下是不能自动进入煤基质孔隙中的，利用外加压力克服水银表面张力带来的阻力，就可建立充满一定孔隙所需压力和孔径大小间的函数关系，即 Laplace 方程。由压汞实验中得出的孔径与压力的关系曲线称压汞曲线或毛细管压力曲线。

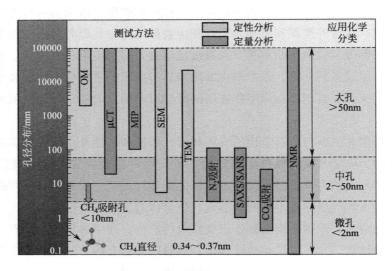

图 3-3　不同尺度孔隙的分析方法[2]

　　煤中裂隙的研究是以采集裂隙参数为途径，以认识裂隙的类型、空间分布规律和形成机制为目的的。裂隙参数包括张开度、长度、高度、产状、充填特征、裂隙密度及空间组合特征等。这些参数可通过野外井下煤壁或岩芯的直接观测和室内光学显微镜或扫描电镜的观测实现。

　　不同的原子核具有不同的共振频率，可通过选择共振频率确定观测对象。核磁共振研究对象为氢核。氢核在煤层中有两种存在环境，即固体骨架和孔隙流体。在这两种环境中氢核的核磁共振特性有很大差别，可以通过选择适当的测量参数，来观测只来自孔隙流体而与骨架无关的信号，因此是表征煤中孔隙的常用方法。

　　核磁共振利用磁场产生偶极矩，偶极矩的振幅与流体中氢原子的数量成正比，因此它是孔隙体积的量度。偶极矩可以表示为横向弛豫时间（T_2）的谱，其表达式如下：

$$\frac{1}{T_2} = \rho \times \frac{S}{V} \tag{3-1}$$

　　式中，S 为孔隙表面积，m^2；V 为孔隙体积，m^3；ρ 为横向表面弛豫效能，ms^{-1}。

对于煤，$T_2 < 10$ms 对应微孔；T_2 在 $10 \sim 100$ms 对应于中孔，$T_2 > 100$ms 对应于大粒矿石和微裂隙。T_2 曲线与 x 轴之间的面积代表了相同弛豫时间下氢原子的含量和比例，反映了相同大小孔隙的数量。

煤和岩石的孔隙度可用其 T_2 分布的频率谱曲线来反演，该曲线可通过核磁共振得到的，如图 3-4 所示。真空持水后的状态定义为"S_w"，干燥的状态定义为"S_{ir}"。通过核磁共振得到的煤和岩石的孔隙度可分为体积不可约（束缚）孔隙度（BVI），束缚水的比例（ϕ_{NB}），和自由流体指数（FFI）孔隙度，自由水的比例（ϕ_{NF}）。这些可以通过比较在完全水饱和状态（BVI）和干燥后质量恒定状态（FFI）下得到的 T_2 分布的频谱来累计计算。BVI + FFI 表示完全水饱和状态下 T_2 的频谱面积之和。ϕ_{NB} 和 ϕ_{NF} 的方程如下：

$$\phi_{NB} = \phi_N \times \frac{BVI}{BVI + FFI} \qquad (3-2)$$

$$\phi_{NF} = \phi_N \times \frac{FFI}{BVI + FFI} \qquad (3-3)$$

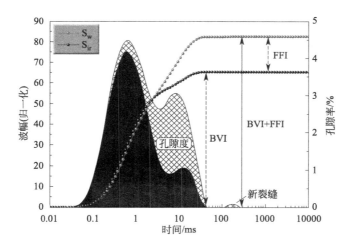

图 3-4 核磁共振孔隙度测量原理[3]

煤中许多微孔的内表面具有表面能。当气体与这些内表面接触时，由于分子的作用，甲烷或其他多种气体分子集中在这些表面上。浓缩气体分子逐渐增加的过程称为吸附；而表面上的气体分子由于自由状态下气体分子的返回而不断减少的过程称为解吸。吸附平衡是指表面气体分子保持一定数量，吸附速率等于解吸速率的状态。甲烷对煤的吸附是一种物理吸附。在确定吸附剂和吸附质时，吸附容量是压力和温度的函数，即：

$$X = f(T, p) \qquad (3-4)$$

当温度恒定时吸附等温线：

$$X = f(p)T \tag{3-5}$$

与高压状态下的朗格谬尔方程一致，如下：

$$X = \frac{abp}{1+bp} \tag{3-6}$$

转换成如下方程，可获得一个线性方程：

$$\frac{p}{X} = \frac{p}{a} + \frac{1}{ab} \tag{3-7}$$

在上述方程中，T、p、X 和 b 分别为温度（℃）、压力（MPa）、压力下的吸附能力（cm^3/g）和吸附常数（MPa^{-1}）。a 为吸附常数（cm^3/g），$X=a$（即饱和吸附容量）为 $p \to \infty$。常数 a 和常数 b 是煤的吸附常数，它们决定了煤样在不同压力下的气体吸附能力。因此，将煤的气体吸附常数作为衡量煤对气体吸附能力的指标。a 的物理意义是当气体压力趋近于无穷大时，煤中可燃物的极限气体吸附能力。此外，b 还与吸附剂、吸附剂特性和温度有关。$b = 1/p_1$，其中 p_1 为 Langmuir 压力，其物理意义可描述为煤的甲烷吸附能力为 Langmuir 体积的一半时的压力。

对于固态孔隙中的流体，有三种不同的核磁弛豫机制：自由弛豫、表面弛豫和扩散弛豫。当这三种作用同时存在，孔隙流体 T_2 时间可以表示为：

$$\frac{1}{T_2} = \frac{1}{T_{2自由}} + \frac{1}{T_{2表面}} + \frac{1}{T_{2扩散}} \tag{3-8}$$

（1）自由弛豫

自由弛豫是液体固有的弛豫特性，它由液体的物理特性（如黏度和化学成分）决定。纯流体在均匀场中以自由弛豫为主。水的自由弛豫与温度有关，气体不存在自由弛豫。

（2）表面弛豫

表面弛豫发生在固液接触面上，即岩石的颗粒表面。在理想的快扩散极限条件下（即极小孔隙，表面弛豫较慢，使得在弛豫期间分子可以在孔隙中往返多次）。对 T_2，表面弛豫主要贡献为：

$$\frac{1}{T_{2表面}} = \rho_2 \left(\frac{S}{V}\right)_{孔隙} \tag{3-9}$$

式中　ρ_2——T_2 表面弛豫强度（颗粒表面的 T_2 弛豫强度），为常数；

$(S/V)_{孔隙}$——孔隙表面积与流体体积之比。

对简单形状的孔隙而言，S/V 与孔隙尺寸有关。例如，对球形，表面积与体积之比为 $3/r$，r 为球的半径。表面弛豫强度随着岩石性的改变而发生变化，而与温度和压力没有关系。

（3）扩散弛豫

梯度磁场中，采用较长的回波间隔 CPMG 脉冲序列时，一些流体（如气、轻质油、水和某些中黏度油）将表现出明显的扩散弛豫特性。对于这些流体而言，与扩散机制有关的弛豫时间常数 $T_{2扩散}$ 就成为流体探测的重要参数。当静磁场中存在有明显的梯度时，分子扩散就引起额外的散相，因此使弛豫速率（$1/T_2$）增加。这一散相是由于分子移动到一个磁场强度不同（因而进动速率也不同）的区域而引起的。

扩散 T_2 弛豫速率由式 $\dfrac{1}{T_{2扩散}}$ 给出。

（4）T_2 截止值（T_2 cutoff，T_{2C}）

根据定义，T_2 截止值（T_{2C}）是一个弛豫时间阈值，它将 T_2 谱分为两部分：束缚水和游离水（图 3-5）。束缚水对应的是由于毛细力作用而不易排水的吸附孔隙，而游离水对应的是可排水的渗流孔隙。因此，孔中的吸附水具有特征弛豫时间 $T_2 < T_{2C}$，而渗流孔隙中的游离水为 $T_2 > T_{2C}$。准确测定 T_{2C} 是估算

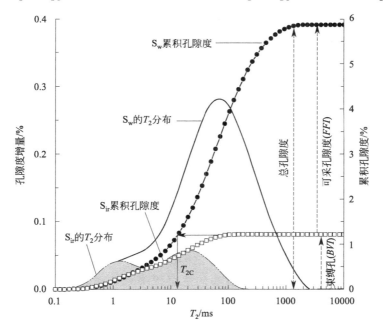

图 3-5　样品在 100% 水饱和状态（S_w）和束缚水
状态（S_{ir}）下的核磁共振测定 T_{2C} 的方法

束缚流体体积和自由流体体积，以及渗透率和孔径分布的关键步骤。图 3-5 给出了计算方法的算例。首先，计算 T_{2C} 需要得到两个核磁共振 T_2 分布：一种是 100％饱和水状态（S_w），另一种是束缚水状态（S_{ir}）。其次，根据以下规则将两个 NMR T_2 分布转化为两个累积的 T_2 值：最大峰值振幅在 S_w 和 S_{ir} 分别等于总孔隙度和束缚孔隙度（BVI）。最后通过两个投影来确定 T_{2C}：对应于 S_{ir} 累积曲线的水平投影和对应 S_w 处累积曲线的垂直投影。在 T_2 轴上投影的交点上的 T_2 值就是 T_{2C}。

3.6 煤孔隙结构的低场强 NMR 分析

3.6.1 低场核磁共振（LFNMR）

煤的孔隙结构与煤的晶体尺寸有一定关系，相关研究对揭示煤的物理结构特征有一定的理论意义。Liu Yu 等[4] 利用核磁共振（NMR）、拉曼波谱、XRD、低压 CO_2 吸附和氮气吸附实验等方法，研究了不同变质程度煤的化学组成，无序度和微晶结构对纳米级孔隙的影响，如图 3-6 所示。煤中 0.4～1.1nm 孔隙的体积与煤晶体结构和化学成分有很强的相关性，与煤分子无序度的相关性较弱。相比之下，2～150nm 孔隙的体积与煤分子的无序程度有很好的相关性，但与微晶结构和化学成分的相关性较弱。当芳烃比率小于 63％时，0.4～1.1nm 孔隙的体积随着煤分子芳烃碳比的增加而减小。除此之外，随着芳烃碳比的增加，0.4～1.1nm 孔隙的体积继续增加。此外，当煤样的镜质体反射率 R_o＞0.7％时，0.4～1.1nm 孔隙的体积随着平均横向尺寸（L_a）和堆叠高度（L_c）的增加而增加。基于拉曼数据，研究了煤分子无序程度对纳米级孔隙的影响。随着 D_1/G 比的增加，2～150nm 孔隙的体积逐渐增加。考虑到 0.4～1.1nm 孔隙主要与单一基本结构单元（BSU）（L_a，L_c 和化学成分）的特征有关，而 2～150nm 孔隙与不同 BSUs（无序度）的排列有关，可以认为在内 BSUs 形成 0.4～1.1nm 的孔隙，在不同的 BSUs 之间的空间中形成 2～150nm 的孔隙。

煤孔隙的核磁共振相对其他方法的主要优势是不破坏原始结构。Yao Yanbin 等[5] 对比了传统的压汞孔隙率测定法（MIP）、恒定速率控制的水银孔隙率测定法（CMP）、低场核磁共振谱分析（LFNMR）和微焦点计算机断层扫描（μCT）对煤的孔径分布（PSD）的分析。分析过程中使用相同的样品进行比较。汞孔隙度法有两个局限性。首先，汞的高压侵入可能使煤样发生变形或破坏，最终导致煤的孔隙度产生可疑值，因此在分析褐煤或其他结构孔隙度较大的煤时，

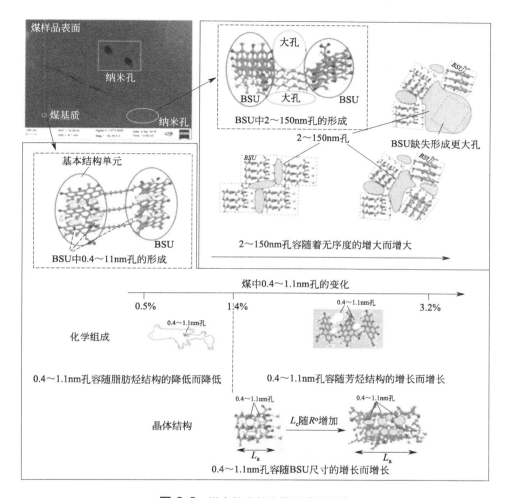

图 3-6　煤中纳米级孔的形成和演变

必须对孔隙结构压缩系数进行修正。其次，孔隙屏蔽效应可以导致 MIP 分析结果有较高的不确定性，特别是当较大孔隙连续网络中孤立区域内出现较小孔隙簇时，可能导致在挤压过程中汞的暂时滞留并导致 PSD 的不准确估计。CMP 是一种有效的方法，可以提供更详细的大孔隙 PSD 信息，但在煤的中孔分析方面存在不足。通过 μCT 和其他传统方法的结果比较，发现 LFNMR 是非破坏性量化煤的 PSD 的有效工具。利用改进的 NMR 方程可以对 20nm 以上的孔隙度和孔径分布进行分析，煤孔隙结构的 NMR 分析过程见图 3-7。煤的 T_2 谱与孔径分布关系密切，其形态特征反映了孔隙结构、孔径分布和连通性。煤样的 T_2 与孔隙大小呈正相关。T_2 谱峰值大小表明相应的孔隙发育程度。峰值宽度反映了孔径

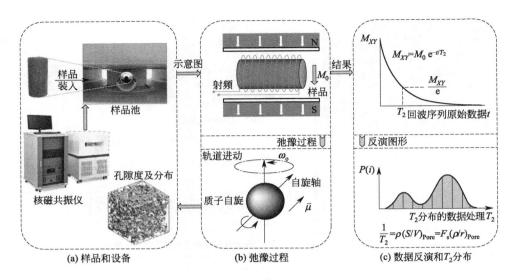

图 3-7　煤孔隙结构的 NMR 分析过程

的分布范围，可以反映流体在孔隙中的流动特征[6]。核磁共振测试煤样孔隙度一般包括两种方法，即峰点法和面积法：

（1）峰点法

以标样的孔隙度和单位核磁信号量作为基准，通过测量煤样的单位核磁信号量来确定煤样孔隙度的方法。

（2）面积法

以标样的孔隙度和横向弛豫谱谱峰面积作为基准，通过测量煤样的横向弛豫谱谱峰面积来确定煤样孔隙度的方法。

煤的 T_2 谱与孔径分布关系密切，其形态特征反映了孔隙结构、孔径分布和连通性。Yao Yanbin 等[7] 设计了两组 NMR 实验来研究煤的孔隙类型、孔隙结构、孔隙度和渗透率。结果表明，核磁共振横向弛豫（T_2）分布与煤孔隙结构和煤等级密切相关。核磁共振横向弛豫时间图谱可能表现为单峰，双峰和三峰结构，微小孔的峰主要分布在 $T_2 = 0.5 \sim 2.5 \text{ms}$；中大孔的峰主要分布在 $T_2 = 20 \sim 50 \text{ms}$；裂隙峰主要分布在 $T_2 > 1000 \text{ms}$ 范围，利用 T_2 累积曲线对孔隙进行分类见图 3-8。横向弛豫时间（T_2）的上限值是识别可动流体和不可还原性流体形态、评价渗透率和孔径分布的关键参数。通常 T_2 上限值是通过一系列离心实验获得的，但这一方法比较复杂、耗时。Zheng Sijian 等[8] 将多重分形理论引入到煤的 T_2 上限值的估计中。发现多重分形维数（D_q）和奇异强度范围（$\Delta \alpha$）的多重分形参数可用于评价煤的 T_2 上限值。提出了一种新的基于多重分形的

NMR T_2 截止计算模型，并通过多个煤样的离心实验数据验证了该模型。对 12 个煤样进行了扫描电子显微镜（SEM），低温氮吸附/解吸（LTNA）和 NMR 实验。SEM 和 LTNA 的结果揭示了煤的复杂孔结构。根据离心实验的结果，对于次烟煤，T_2 截止值在 0.5～2.8ms 范围内；而对于无烟煤，T_2 截止值为 15～32ms。与经典模型相比，所提出的渗透率模型提供了明显更好的渗透率估计。表明所提供的多重分形分析方法是有效的、方便的，并且独立于任何其他实验。

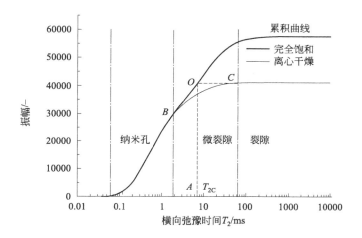

图 3-8　利用 T_2 累积曲线对孔隙进行分类

Cai Yidong 等[9] 设计了不同温度（25～375℃）下处理的样品的 NMR 实验，以研究中国 3 个不同变质程度煤岩心的物理性质变化。结果表明，水饱和岩心的核磁共振横向弛豫（T_2）分布与煤孔隙结构和煤阶变化密切相关。此外，基于 T_2 截止时间，评估了用于计算水对煤的渗透率的五种模型。SDR（Schlumberger-Doll Research）及其改进模型在五个模型中具有最佳效果，能够代表煤的基质渗透率。所有三种不同煤的孔隙度随着热处理温度的增加而呈增加趋势，但对于不同的煤而言具有不同的增量。低挥发分烟煤的增量最大（9.44%），比原始孔隙率（4.02%）提高了 200% 以上。虽然煤中孔隙结构有很大区别，但热处理后这三种煤的渗透率并没有类似孔结构的变化趋势，可能是复杂的微裂缝在不同加热过程伴随形成和闭合的变化。不同等级煤的 SDR 模型的 NMR 渗透率与温度之间的关系见图 3-9。

3.6.2　NMR 冷冻测孔法

NMR 冷冻测孔法基于吉布斯-汤姆逊方程，建立孔径同孔隙内液体的冰点或

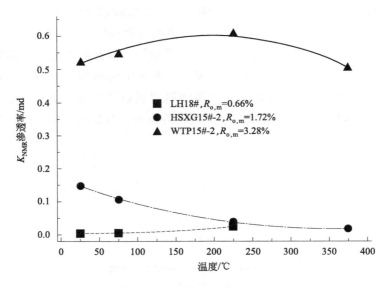

图 3-9　不同等级煤的 SDR 模型的 NMR 渗透率与温度之间的关系

者晶体的熔点之间的关系。孔隙中液体或固体的相变行为非常复杂，NMR 冷冻测孔法测量返回的纯信号，可以有足够的时间来测量。此外，NMR 冷冻测孔法可以直接测量开孔体积，具有较高的精度。NMR 技术对区分固体和液体非常灵敏，因为相干横向核自旋磁化强度在固体中衰减比在液体中快得多。因此选用横向弛豫时间 T_2 来测量液体的体积非常方便，常用 $90°x\text{-}\tau\text{-}180°y\text{-}\tau\text{-}$echo 序列，时间间隔 2τ，设置值一般比固体的衰减时间长而比液体的衰减时间短。对水或环己烷而言，2τ 范围一般为 $4\sim40$ms。Zhao Yixin 等[10] 采用核磁共振冷冻测孔法，对相同样品进行低温液态 N_2 吸附-解吸（LTNAD）实验，测定了从中阶到高阶煤中孔特征。NMR 冷冻测孔法可以通过孔隙体积与信号强度的线性关系以及融点与孔隙大小的关系直接获得孔径分布。NMR 冷冻测孔法测定结果与 LT-NAD 有较好的相关性。NMR 冷冻测孔法比 LTNAD 法有更高的孔隙体积值，干燥引起的孔收缩/塌陷是导致 NMR 冷冻测孔法测得的孔隙体积大于 LTNAD 的主要原因。NMR 和 LTNAD 测量结果之间的差异与煤的含水率有关，随着孔隙比体积的增大，含水率对两种方法差异的影响逐渐减小，煤样 LTNAD 和 NMR 冷冻测孔法测量结果见图 3-10。Geng Yunguang 等[11] 以人造煤为对象研究煤储层裂缝中压实煤粉的孔隙度和渗透率特征。使用尺寸为 $0.2\sim0.4$mm 的不同煤颗粒、一个热缩管和两个导向块来制造煤样。研究了人造煤渗透率随有效应力变化的行为，以及岩型效应对煤渗透率的影响。通过低温氮吸附实验和低场核磁共振分析了不同宏观类型天然煤和人造煤的孔隙分布。随着有效应力的增加，人造煤的孔隙度和渗透率均呈指数下降。人造煤的初始渗透率和渗透损伤率分别与惰质组和镜质组的比例呈负相关、正相关。暗煤的渗流通道比例大于亮煤的渗流通道比例。

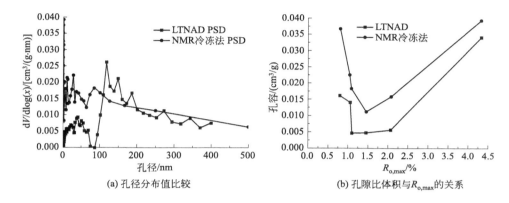

(a) 孔径分布值比较　　　　　(b) 孔隙比体积与 $R_{o,max}$ 的关系

图 3-10　LTNAD 和 NMR 冷冻测孔法对比

Firouzi 等[12] 进行质子核磁共振（NMR）冷冻测定和低压气体吸附等温实验，用 N_2 在 77K，p/p_0 在 $10^{-7} \sim 0.995$ 范围进行，以确定 PSD 和总孔体积，提供包含煤与页岩岩石的有机质的真实模拟模型。低压气体吸附法和核磁共振低温孔隙度法之间存在合理的一致性，两种独立的技术是互补的。煤和页岩样品的PSDs 是通过低压气体吸附等温实验确定的，而核磁共振冷冻孔法无法测定。这可能是由于孔尺寸和孔隙表面化学效应的综合作用，阻止了水在孔隙中的凝结。当样品加热时，不会因为融化或相变产生区别。通过分子建模，建立了基于输运和吸附特征的孔隙结构网络预测模型。利用镶嵌法，生成了代表多孔碳基材料的三维孔隙网络。将该方法计算的 PSD 值与煤、页岩等温低压气体吸附实验测得的 PSD 值进行了比较。促进了开发更现实的三维模型，提高了对气体吸附和输送的理解，从而提高了在甲烷采收率和二氧化碳储存方面的应用。

通过注入液相二氧化碳（LCO$_2$）或氮气（LN$_2$）可提高煤层气采收率，是一种无水压裂开采煤层气的方法，具有无堵水、无水敏性、无残留等优点。Qin Lei 等[13] 提出了一种利用液氮（LN$_2$）提高煤层气透气性的冻融方法。利用核磁共振（NMR）技术对冻融煤的物理性质进行了研究，循环注入 LN$_2$ 提取煤层气冻融压裂概念设计及压裂机理示意见图 3-11。对煤样进行不同的 LN$_2$ 冻结时间和冻融循环，并对不同等级、不同含水率的煤进行了试验。四个冻融变量的变化改变了冻融煤样的岩石物理特性、煤的孔隙结构、孔隙度和渗透率。在这些变量中，冻融循环次数对煤的岩石物理性质影响最大，不同变质程度煤的改性程度受煤的初始孔隙度的影响。一般来说，褐煤改性最多，无烟煤改性较少，烟煤改性最少。该研究分析了三种用于确定渗透率的经典 NMR 变换，并发现 SDR 模型与所测得的渗透率最为一致。在此基础上，推导了适用于冻融低阶煤渗透率预测的 SDR 渗透率模型。此外，扫描电子显微镜研究的结果表明，在 30 次冻融循环后，在煤中形成了断裂宽度高达 $32.3\mu m$ 的断裂网络。另外，随着冻融循环次数的增加，从煤表面落下的微米级颗粒逐渐增加，表明使用 LN_2 的冻融实质上改变了煤的物理性质。

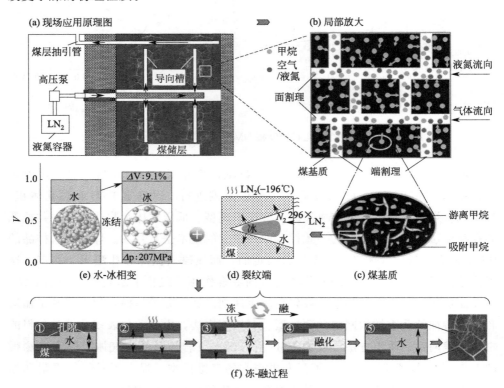

图 3-11　循环注入 LN_2 提取煤层气冻融压裂概念设计及压裂机理示意图

为了定量评价液氮（LN_2）冻结煤孔隙结构的复杂性，并研究改性孔隙体系对煤层气（CBM）提取的影响，利用核磁共振（NMR）和分形维数理论，对低品位煤样品进行冷冻、解冻后的孔隙系统性质进行了研究[14]。根据冻融煤的孔隙大小和孔隙内流体的状态，将冻融煤的孔隙分形维数分为五类。结果表明，吸附孔的分形维数 D_A 小于 2，说明吸附孔不具有分形特征。代表封闭孔隙和总孔隙的分形维数 D_{ir} 和 D_T 拟合精度较低，封闭孔隙的分形特征不明显。而代表开孔和渗流孔的分形维数 D_F 和 D_S 拟合精度较高，说明开孔和气体渗流孔具有良好的分形特征。相关分析表明，D_F、D_S 与 LN_2 冻结时间、冻融循环次数呈负相关。煤的孔隙度和渗透率在冻融后与分形维数呈较强的负相关关系，这种关系为渗透率和分形维数（D_F 和 D_S）的预测模型的建立提供了条件。模型表明，分形维数越小，孔隙分布越均匀，连通程度越高。这些性质有利于煤层气的生产。本研究还表明，与单一的 LN_2 冻结相比，重复循环冻结 LN_2 再解冻更有利于煤层气的生产。

与 N_2 相比，CO_2 比甲烷（CH_4）具有更大的吸附能力，增强了 CO_2 在注入和储存过程中的驱替能力。CO_2 具有酸化特性，可以清除孔隙和裂缝中的堵塞物。液体 CO_2（LCO_2）提高煤层气采收率已在实验室和应用中得到证实。采用核磁共振（NMR）和红外热成像（ITI）技术分别监测 LCO_2 注入过程孔隙变化和表面温度分布，研究了多次冻融循环对煤孔隙的影响[15]。低温可使孔隙中的饱和水冻结，体积增大 9%。循环注入 LCO_2 后，核磁共振波幅增加，饱和状态下 T_2 范围变宽，离心状态下的核磁共振波幅更低，T_2 范围更窄。这种差异表明，多次冻融循环可以改变 LCO_2 的孔隙结构。冻融循环次数越多，岩心孔隙结构变化越大。随着冻融循环次数的增加，总孔隙度和有效孔隙度增加，而残余孔隙度和 T_2 截止值降低。这种变化随煤阶呈现一定的规律。煤阶越高，总孔隙度和有效孔隙度增加越少，残余孔隙度和 T_2 截止值降低幅度较小。这说明低阶煤最容易受 LCO_2 注入的影响，且其孔隙连通性改善程度最高。不同变质程度的煤随着 LCO_2 的注入总孔隙度和有效孔隙度增加，多次注入 LCO_2 冻融循环对孔隙孔隙度的提高效率有积极影响。

3.6.3　^{129}Xe NMR 法

^{129}Xe NMR 技术是一种在最近二十几年发展起来并得到广泛应用的研究多孔材料孔结构和表面性质的新型技术。^{129}Xe NMR 能够得到一些用其他谱学手段难以得到的有关材料的微观结构信息。Xe 是由 Ramsay 和 Travers 于 1898 年发现，核电荷数为 54 号的惰性气体元素，共有 9 种稳定的同位素，其中只有两种非零核自旋的同位素 ^{129}Xe（$I=1/2$，天然丰度 26.44%）和 ^{131}Xe（$I=3/2$，天然丰度 21.18%）能够用于 NMR 研究。由于 Xe 核外的球形电子云很大，受外界的各种作用极易改变分布，从而改变电子云对核的屏蔽。其中 ^{129}Xe 无二阶四极和多极矩效应，产生的核磁信号有利于探测和分析。另外 ^{129}Xe 天然丰度较高、磁旋比较大（约高于 ^{13}C 10%），检测灵敏度较高，可达 ^{1}H 的 2%，加上化学位移变化范围非常大，是一种非常理想的 NMR 探针分子。利用 ^{129}Xe NMR

技术对无定形固体如：硅土、硅土-矾土等材料进行了广泛研究，但由于结构无定形和非常大的孔径范围一般会导致较宽的信号。与其他的分析手段相比，在核磁共振谱信号的灵敏度非常低，主要原因是静磁场中 Boltzmann 平衡产生的核自旋极化度非常小，这样也大大限制了 ^{129}Xe NMR 应用领域。通过激光抽运增强（hyperpolarized），^{129}Xe 技术能够突破这种限制，使 ^{129}Xe 核自旋极化度能够增加 $10^4 \sim 10^5$ 倍，大大提高其 NMR 检测灵敏度，可以在较低的 Xe 气压下观测到 ^{129}Xe NMR 信号。这一技术的发展为 ^{129}Xe NMR 在磁共振成像（MRI）、生物学和多孔材料研究中的应用提供了重要条件，可以应用于煤中微孔的分析。

3.7　煤层裂隙的 NMR 分析

Xu Xiaomeng 等[16] 采用无损低场核磁共振（NMR）、扫描电镜（SEM）、X 射线计算机断层扫描（CT）和岩心实验等手段对煤层的物理结构特性进行了表征。给出了煤层裂隙结构的孔大小分布、孔隙类型、形态特征及三维绘制，煤层裂隙发育特征示意见图 3-12。在不同有效应力范围（0～35MPa）内，

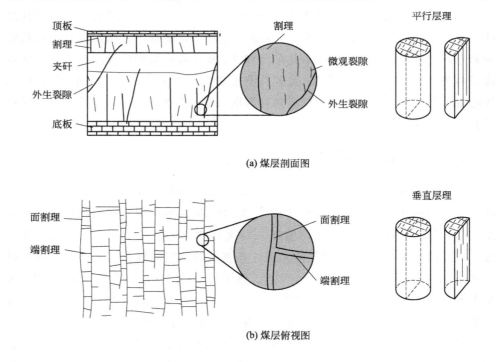

(a) 煤层剖面图

(b) 煤层俯视图

图 3-12　煤层裂隙发育特征示意

对 7 个柱状煤岩心的渗透率变化进行了研究，发现随着应力的增加，煤的孔隙度呈线性下降，渗透率呈指数下降；而在较高的应力条件下，内部破碎和机械损伤的发生会导致孔隙度和渗透率发生不可逆的变化。通过将渗透率与孔隙度和 CT 结果相结合的综合分析，实现了对定向裂缝渗透率的基本估算。该方法对局部方向夹板渗透率提供了初步但令人满意的估计，这反映了层理和非层理方向渗透率对于单个样本具有很大的异质性。但面部夹板渗透率始终是最大的，平均层面渗透率值通常比面部和对接夹板渗透率低 3.01～11.68 倍。刘世奇等[17] 基于低场核磁共振试验，探讨了平行层理与垂直层理方向高阶煤储层结构特征，进一步阐述了平行层理与垂直层理方向煤储层结构差异的原因。在平行层理与垂直层理方向，高阶煤具有相似的孔径分布特征。平行层理方向高阶煤孔隙度略低于垂直层理方向，但大孔与微观裂隙之间，以及中孔和孔径 < 500nm 的大孔之间连通性更强，使其具有更高的有效孔隙度和更强的孔裂隙连通性。垂直层理方向孔隙被压扁更严重，割理和微观裂隙沿煤层层理方向延伸，垂直层理方向连续性差，是平行层理与垂直层理方向高阶煤结构差异的主要原因。

Zhou Sandong 等[18] 为了描述一种低场核磁共振方法来定量孔隙-裂缝分形维数及其对有效孔隙度和渗透率的影响，在低阶煤中进行了分形分析和孔隙-裂缝物理性质之间的模拟比较。计算得到吸附空间分形（D_{NMRA}）、渗流空间分形（D_{NMRS}）和可动流体空间分形（D_{NMRM}）分别为 1.62～1.91、2.77～2.98 和 1.56～2.75。D_{NMRA} 一般随朗缪尔体积（V_L，9.54～31.06m^3/t）、朗缪尔压力（p_L，0.58～8.13MPa）、布鲁诺尔-埃米特-特勒（BET）表面积及其分形维数的增大而增大，如图 3-13 所示。较高的 D_{NMRA} 表明煤层气具有显著的吸附能力。随着 $T_2 > 2.5\text{ms}$ 分布（S_T 和 S_{CT}）和分选系数的增加，D_{NMRS} 和 D_{NMRM} 均下降。这些现象表明，核磁共振分形方法能够反映煤岩孔隙-裂缝的非均质性，对渗流空间含量有显著影响。通过建立 $y = ax + b$（$a < 0$）模型，可以发现可移动流体孔隙度和渗透率与 D_{NMRM} 的相关性，因此具有高 D_{NMRM} 的煤具有低流动能力。此外，孔隙-裂缝孔隙度和渗透率与 S_T 和 S_{CT} 呈正相关，这是由于孔隙与裂缝之间的联系造成的。这些结果也表明，利用 T_2 计算的分形分析可用于评价低阶煤的物理性质，为较全面地识别多孔介质提供一定的参考。低场核磁共振可以作为一种无损分析方法来量化可动流体空间分形理论。通过光学显微镜、扫描电子显微镜（SEM）、低温（77K）N_2 吸附/解吸（LTNA）、压汞孔隙率测定、低场 NMR 和 CH_4 等温吸附分析，进一步分析了煤的孔隙-裂缝特征〔孔径/体积分布，孔隙表面积，裂缝几何形状，低场核磁共振（NMR）孔隙度，渗

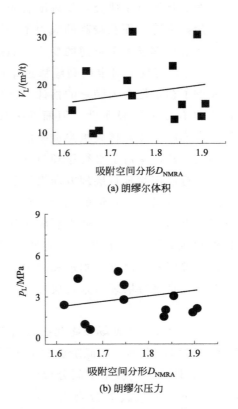

图 3-13　低阶煤的核磁共振吸附空间分形维数与 CH_4 吸附能力的关系

透率和分形维数]。扫描电镜图像表明，煤孔主要为原生粒间孔、植物组织残留孔和瓦斯突出孔。基于压汞孔隙度法和 LTNA，将孔隙宽度（3.7～22.5nm）、孔隙表面积（0.05～17.23m²/g）和孔容 [（0.19～18.07）×10^{-3}mL/g]划分为5类渗流孔隙（孔径>10^2nm）和4类吸附孔隙（孔径<10^2nm）。煤孔由过渡孔和大孔组成，大孔的直径分别为 $10～10^2$nm 和>10^3nm，其次为 $10^2～10^3$nm 和<10nm 的孔。利用分形方法对煤的研究表明，在干燥无灰分的基础上，朗缪尔体积为 15～23m³/t 的煤受分形维数 D1 的影响较大，p/p_0 为 0～0.5。煤中气体主要集中在孔径为 2～10nm 和 10～50nm 的孔隙表面吸附。煤的渗透率与煤的显微组分（例如，镜质体与惰质体的比率，V/I）和现有的微裂缝密切相关。对不同变质程度煤的研究发现，伴随煤化作用加深发生从脱水到石墨化的转变。连通性参数（吸汞效率、流动流体与有界流体的比值）和分形维数呈现与镜质组反射率有关的二项式函数关系。V/I 对大孔含量有正向影响，对中孔含量

有负向影响。NMR 结果表明，T_2（＞2.5ms）分布范围（0.71～14.50×10^3ms）和流动流体孔隙度（1.47％～20.34％）对煤的渗透性（0.001～15.584mD）有显著影响，呈幂函数关系。离心后 T_2（0.5～2.5ms）分布略有增加，可能是由于内部可移动孔隙表面的滞留水所致。煤中孔隙和裂隙的非均质性、体积、孔径、连通性以及孔隙对孔隙率/渗透率的影响。影响顺序为：吸附-孔隙分形（D_A）＜渗透-孔隙分形（D_S）＜裂隙分形（D_C），非均质性处于吸附-孔隙＜渗透-孔隙＜裂隙。第一阶段煤化作用是由于镜质组中烃类、沥青和裂隙的生成，使孔隙体积、脱汞效率和煤层板/总孔隙度发生突变。此外，煤的孔隙度随煤阶的增加呈"U"形趋势。剪切作用下的孔隙度也呈"U"形趋势，0.3 R_m^o％约95％、0.6 R_m^o％约80％、0.9 R_m^o％约95％。孔隙贡献孔隙率随煤阶的增加而减小，这可能是由于机械和化学压实造成的孔隙空间演化。煤的渗透性随煤阶的增加没有明显的变化趋势，这可能与煤层的发育程度有关。孔隙度、长度、频率和连通性和裂隙特征对孔隙度和渗透率有重要影响。说明渗流孔隙（提供甲烷流动通道）对煤渗透性的影响也不容忽视。

Zou Mingjun 等[19] 对 15 个煤样进行了核磁共振测量和常规岩心分析。然后，计算每个孔隙系统的总孔隙度，可移动孔隙度和不可移动的孔隙度，并绘制三种孔隙度与透气性的散布图。发现透气性受可动中-大孔隙孔隙度和活动裂隙孔隙度的影响，并且受每个孔隙体系中的不可移动孔隙率的影响很小。根据可动中-大孔孔隙度和活动裂隙孔隙度的相对值，可将煤分类为以裂隙为主的渗透率样品，中-大孔隙主导渗透率样品和组合效应样品。基于改进的模型，分别用于建立割理层渗透率和基质渗透率的模型。Li He 等[20] 采用建模、实验和分析相结合的方法，研究了微波加热对煤岩物性的影响。数值模型耦合了电磁感应和热传递的物理特性。微波功率的增加不仅有利于快速加热，而且有助于热异质性。NMR 实验表明，微波加热可引起煤中孔隙和裂隙的变化。此外，还提出了核磁共振多重分形理论来定量表征孔隙结构。计算得到的吸附分形维数随温度的升高而增大，渗流分形维数与热异质性呈线性正相关，可为微波辅助煤层气回收提供参考。图 3-14 是原煤和微波辐照煤的 T_2 分布。原煤的 T_2 谱由 3 个峰（p_1、p_2、p_3）组成，分别代表吸附空间发育强烈，渗流空间发育较少，流体通道连通性差。煤经微波辐照后，T_2 谱峰随孔径增大而增大，且横向弛豫时间增大。此外，波峰之间的波谷会扩大。这些现象表明微波照射对煤中孔隙和裂隙的整合、扩大和相互连接起了极大的作用。微分振幅的正负值表示微波照射引起的某些孔隙的增加和减少。谱图可分为两部分：小于 0.8ms 处 T_2 对应的减孔区

（PDR）和大于 0.8ms 处 T_2 对应的增孔区（PIR）。部分相邻微孔（$T_2 <$ 0.8ms）相互贯通，形成更大的孔隙。微波照射可显著增强渗流空间。

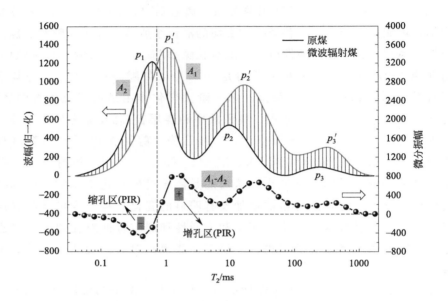

图 3-14　原煤和微波辐射煤的 T_2 波谱分布

徐晓萌等[21] 应用核磁共振技术（NMR）对煤样孔隙类型、连通性、孔径分布等特性进行分析，结合 X 射线衍射（XRD）和计算机断层（X-CT）扫描测试结果探究了煤样的物相组成、矿物质成分及表观形貌特征。结果表明：测试煤样含有多种矿物质成分，主要为高岭石、方解石和黄铁矿等，矿物质主要夹杂在煤样割理系统中；NMR 测试的横向弛豫时间 T_2 谱呈典型的三峰曲线，依照 0.5～5ms、5～100ms、＞100ms 的弛豫时间区间可将煤样内部孔隙类型对应为吸附孔、渗流孔和扩散孔；所测煤样的 T_2 截止值在 10～20ms 之间，表明具有高度发育的微观孔隙和较为发育的中孔结构；NMR 的测试结果与 CT 扫描的三维可视化分析结果相吻合，证实样品具有较高的非均质性，孔结构的 T_2 值分布及样品 CT 分析结果见图 3-15。NMR 技术能较好弥补 CT 扫描在微孔观测中的不足，呈现出更为具体的煤样内部微观孔隙特征。通过 NMR 和 CT 对微裂缝系统的重构，进一步验证了微裂缝发育程度。

Zhao Junlong 等[22] 通过光学显微镜和 X 射线计算机断层扫描（CT）对裂缝进行了表征，同时通过压汞孔隙度、N_2 和 CO_2 吸附以及低场核磁共振（NMR）对裂缝和孔隙进行了评价，确定了孔隙及其连通性。同时测定了从大岩

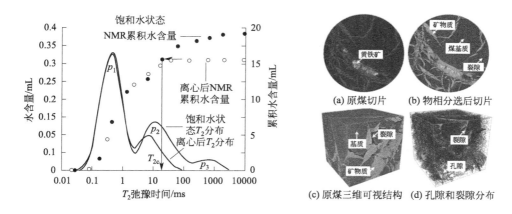

图 3-15　孔结构的 T_2 值分布及样品 CT 分析结果

型层表面刮取的煤样的 CH_4 吸附能力。矿层中以钝型为主，其次为亮型（亮型和半亮型）。从光学显微镜可看出明亮的岩型煤具有更高的微裂缝密度（每 $9cm^2$ 平均 339 个微孔），更好的连通性，以及更大的分形维数（平均 1.7）。暗沉的岩型具有较低的平均微裂缝密度（每 $9cm^2$ 平均 272 微裂缝）和较小的分形维数（约 1.6），不同显微组分孔-裂隙的 T_2 分布及 CT 图像见图 3-16。这种高连通性的观察结果与 CT 观察结果和水饱和岩心低场 NMR（以及从裂缝和较大孔隙中脱水后的过渡）一致。从岩心注入汞的难易程度也说明明亮的煤岩类型中有更高的连通性。半光亮和半暗光岩石都具有相同的孔隙比例微孔和大孔，尽管有矿物质闭塞，在纳米-微米尺度下具有良好的表观连通性。基于大孔型的 CH_4 吸附容量，亮煤具有最大的气体吸附能力，这是由于其微孔（<2nm）最大，比表面积也较大。Chen Yue 等[23] 利用同样的方法分析了煤储层孔隙和裂缝的特征，及煤变质程度对储层物性的影响。在较低变质程度的煤中，孔隙的成因类型一般为植物组织孔隙和粒间孔隙，而气体孔隙随着煤级的增加而产生和增长。煤样孔隙率较低，为 2.7%～6.3%，随煤级的增加呈波状变化。孔径分布分析表明，微孔（孔半径<10nm）和过渡孔（孔半径在 10～100nm）占据了很大比例的煤孔隙空间（64.82%～91.50%）；其次是大孔（孔半径>1000nm，5.35%～22.69%）和中孔（孔半径在 100～1000nm，2.34%～14.16%）。大孔和中孔的比例随着煤阶的增加先减小（R^o<1.0%），然后几乎保持在较低的水平，而微孔和过渡孔的比例呈相反变化。煤中的吸附孔包括微孔、过渡孔和部分中孔，分别占 2.64%～61.54%、30.77%～72.72% 和 7.65%～37.31%。微孔的比例随着煤阶的增加先减小后增大（转折点为 R^o＝1.58%），过渡孔的大小呈反比变

化。微裂隙密度在每 $9cm^2$ 12～217 之间，随着煤级配的增加，微裂隙密度先减小（R^o<1.5%），然后迅速增大。在低阶煤中，裂缝性质较差，主要为短裂缝；而煤级越高，则越有利于内部裂缝的发展。

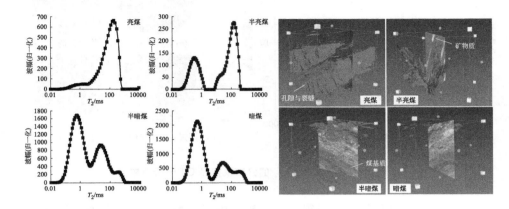

图 3-16　不同显微组分孔-裂隙的 T_2 分布及 CT 图像（见彩图）

3.8　应力作用下孔隙-裂隙动态变化的 NMR 分析

　　超声波技术可以用于煤层致裂增透，有助于分析不同超声波频率下对煤体内部孔隙结构的影响研究。马会腾等[24] 利用超声波发生仪对原始煤样进行致裂实验，并利用 NMR 设备对煤样进行测量，通过分析弛豫时间 T_2 曲线深入研究了煤样致裂前后孔隙结构的变化。超声波可以有效改善煤样的孔隙结构，经超声波激励致裂后，煤样内部的孔隙数量增多，总孔隙率、有效孔隙率及渗透率均有明显增大；同时，煤样内部的小孔数量增长率与超声波频率呈负相关关系，中孔和大孔数量、总孔隙率增长率、有效孔隙率及渗透率的增长率与超声波频率均呈正相关关系。致裂后的煤样在离心状态下 T_2 曲线明显降低，这是因为煤样内部孔隙逐渐贯通形成相互连通的裂隙，内部的自由水在离心时被甩出所致。而且，过离心累积孔隙率曲线引直线交饱水累积孔隙率曲线于一点，过该点作垂线与 x 轴相交，交点称为 T_2 截止值。T_2 截止值可以将煤样内部的水划分为自由水和束缚水，该值越小代表自由水比例越大，那么煤样中相互连通的孔隙体积占比越高。由图 3-17 可知，致裂前 T_2 截止值为 1，致裂后降低为 0.5822，可以定性地认为煤样致裂后有效孔隙率明显升高。经过超声波致裂后，煤样的有效孔隙率均有所增大，并且有效孔隙率增幅随着超声波频率的增高而逐渐增大。可见超声波不仅能够有效改善煤样的总孔隙率，而且可以有效提高煤样的有效孔隙率。并且超声波频率越高，对煤体内部孔隙结构的改善越明显。超声波的频率越高，煤体内部的空化作用以及机械振动越强，不仅使其内部产生新孔隙，更重要的是一些封闭孔隙在超声波的作用下逐渐相互连通，成为煤层气自由移移的通道，从而可以有效提高煤层气在煤层中的渗流能力。

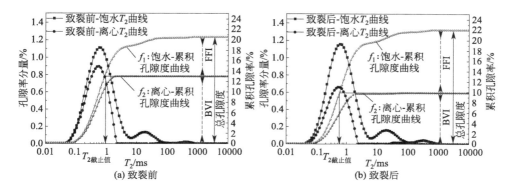

图 3-17　煤样致裂前后累积孔隙度的 NMR 分析

Chen Shida 等[25] 为了对贵州西部煤在应力作用下孔隙-裂缝系统动态变化进行定量分析，采用低场核磁共振（NMR）方法对贵州西部 6 个煤样的应力敏感性进行了测定。NMR T_2 分布表明，随着煤变质程度的增加，孔隙率降低，煤的致密性明显增强，且短弛豫时间（≤2.5ms）的吸附空间（≤100nm）逐渐占据主导地位。随着围压从 0 增加到 12MPa，长弛豫时间（>2.5ms）的峰值区域明显减小。此外，由于渗流空间（>100nm）的压缩和闭合，吸附空间增大，煤阶越低，应力敏感性越高。当压力负载（12MPa→0MPa）时，孔隙和裂缝结构的破坏不能完全逆转。此外，利用核磁共振分形理论计算了吸附空间分形 D_1（T_2≤2.5ms）、渗流空间分形 D_2（T_2>2.5ms）和总孔隙分形 D_{NMR}（0<T_2≤10000ms）。D_1 一般小于 2，不符合分形几何理论。D_2 和 D_{NMR} 与煤级、吸附空间的比表面积和朗缪尔体积呈线性正相关，但均随孔隙度和渗透率的增大而减小。D_2 和 D_{NMR} 越高，吸附能力越强。随着围压的增大，由于渗流空间的封闭，D_2 逐渐增大。此外，核磁共振结果计算的割理压缩性（C_f）表明，C_f 不是一个常数因子，而是随着压力的增加呈下降趋势。用 C_f 和初始渗透率计算了不同压力下的渗透率，渗透率随压力的增大呈指数递减。动态渗透率与 D_2 呈负线性关系，表明高 D_2 煤的流动能力较差。不同孔径范围内煤样的核磁共振 T_2

分布和孔容分布的比较见图 3-18。

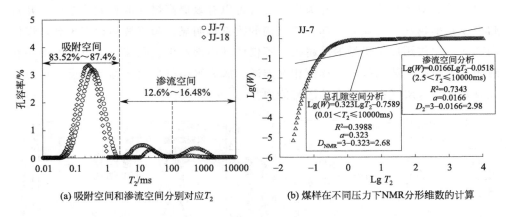

(a) 吸附空间和渗流空间分别对应T_2 (b) 煤样在不同压力下NMR分形维数的计算

图 3-18 不同孔径范围内煤样的核磁共振 T_2 分布和孔容分布的比较

Li Xiangchen 等[26] 用核磁共振（NMR）和压汞孔隙度法（MIP）对煤层气储层孔隙大小分布及测试压力的影响进行了研究。NMR 横向弛豫（T_2）分布与煤孔结构和孔隙压力有很强的相关性。利用 NMR 获得的微孔分布较 MIP 方法多，两种方法存在明显的区别，核磁共振（NMR）和 MIP 技术对孔结构的分析见图 3-19。造成这一现象的主要原因是高的压汞压力导致了煤基压实和孔隙结构的变化。孔隙压力的增加会改变煤样的孔径分布和连通不良的宏观孔隙（$>0.1\mu m$）。然而，孔隙压力几乎不影响以微孔（$<0.1\mu m$）为主的致密煤中的孔径分布。此外，发现 MIP 测量中的高压可能使原始孔结构变形或破坏并导致无效的孔径分布结果。采用薄片、场发射扫描电子显微镜（FESEM）、μ-CT、等温吸附和密度测量相结合的方法，验证了 NMR 和 MIP 结果的准确性。通过

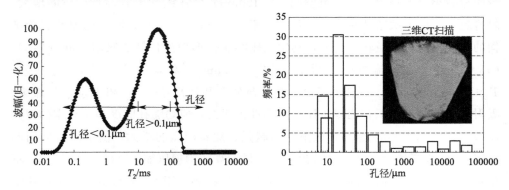

图 3-19 核磁共振（NMR）和 MIP 技术对孔结构的分析（见彩图）

对测试结果的对比分析，核磁共振是一种有效的定量煤孔尺寸分布的无损方法，有助于通过优化测试压力来改进 MIP 方法。

Zhang Junjian 等[27] 使用核磁共振（NMR）技术在不同的压力下测试五组中高变质煤样（R_{omax} 在 1.87%～3.01%）中的吸附孔、渗流孔和裂缝的应力敏感性。探讨了孔隙-裂隙体系的压缩性与有效应力之间的关系。利用核磁共振方法，基于 T_2 波谱讨论了应力作用引起的孔隙和裂隙的非均匀变化。中等变质程度煤样的总压缩性（OC）主要受渗透孔隙和裂隙控制。吸附孔通常在高阶煤中得到很好的发展，孔隙主要表现在应力敏感性。随着煤阶的增加，压缩性呈下降趋势，总压缩性与有效应力之间存在良好的对数关系。随着总压缩性的减小，孔隙和裂隙的非均质性趋于变得更加复杂。中等变质程度的煤样的非均质性变化高于高变质煤样，吸附孔的非均质性变化大于渗流孔和裂缝。应力对孔隙-裂缝系统非均质性的影响具有两阶段特征。在约束压力小于 9MPa 的初始阶段，孔隙-裂隙的非均质性变得更加复杂。当应力高于 9MPa 时，它会移动到稳定阶段，异质性趋于稳定。与中等变质程度的煤样相比，高阶煤的总压缩性与总分形维数显示出显著的负线性相关性，表明在应力作用下孔隙结构和应变变化的同时性。此结果可为进一步了解煤层气排放过程中煤储层渗透率的变化提供理论指导。

Golsanami 等[28] 采用核磁共振横向弛豫（T_2）测量和基于 Levenberg-Marquardt（LM）算法的岩石物理建模相结合的方法，对煤层气储层裂隙和基质孔隙度进行了识别，如图 3-20 所示。通过对水饱和的煤样进行 T_2 测定，对其内部孔隙大小分布进行了研究。通过设计压裂实验，得到了 T_2 弛豫时间阈值

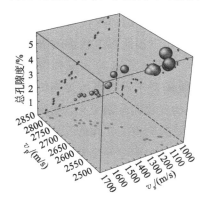

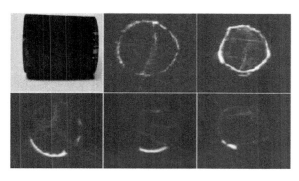

(a) 总孔隙度与纵波速度、横波速度的关系
(紫色球的尺寸增加表明相应样品的孔隙度增加；黄点表示 v_p 和 v_s 的关系；红色代表 v_p 和总孔隙度的关系；绿点代表 v_s 和总孔隙度的关系)

(b) 利用二维核磁共振图像检测自旋密度
(测量过程中，样品被水覆盖)

图 3-20 结合 NMR 和 LM 算法对煤孔隙的分析（见彩图）

（90～110ms），并以此为基础对基质和裂缝孔隙度进行了区分。首先采用 NMR 进行 T_2 测量；之后，利用基于 Levenberg-Marquardt 算法的岩石物理方案，从样本的统计力学性质（包括压缩波速 V_p，剪切波速 V_s，体积模量 K）中估算基质孔隙度和裂缝孔隙度；最后，对上述两种类型的孔隙进行了全面的表征。研究建立的新方法，提供了煤层介质断裂的信息，这是核磁共振或岩石物理方法单独使用时无法获得的。该方法成功地研究并表征了煤层气储层的孔隙度和裂缝孔隙度，是快速或深入勘探非常规煤储层的可靠技术。

Li Song 等[29] 对不同煤结构的煤的物理性质进行了定量表征，发现随着应力的增加，煤结构的演化可分为五个阶段：裂缝闭合阶段、微裂缝发展阶段、裂缝发展阶段、剪切变形阶段和塑性变形阶段。每个阶段对应于具有独特物理特征的不同煤结构。未变形煤以孔隙为主，少量裂隙连接不良。在原始碎裂阶段，随着应力的增加，中孔、大孔隙和裂缝的体积急剧减小，煤岩变得更加致密。此外，裂缝与孔隙之间的连通性变差。碎裂煤具有发育良好的中孔、大孔和裂缝，但微孔和过渡孔较少。裂缝与孔隙的连通性对煤层气的开发最为有利。在糜棱岩煤阶段，发生塑性变形，导致中孔，大孔和裂缝的减少和不连续。未变形煤的均质性最好，糜棱岩煤的非均质性最高，这是由于后期应力作用导致的显微组分、孔隙、裂隙和矿物分布不均所致。此外，CT 孔隙度与渗透率具有良好的正相关关系；平均 CT 数、标准偏差与渗透率呈负相关。进一步采用核磁共振（NMR）技术对不同等级煤样的孔隙和断裂体系进行了应力敏感性实验[30]。基于 NMR 结果计算孔隙压缩率，讨论了孔隙压缩率与有效应力之间的关系，建立了孔隙压缩率的数学模型来描述实验数据。核磁共振 T_2 分布具有不同的特征，这与不同变质程度煤的不同孔隙和裂缝结构具有很好的一致性。中高阶煤有较多的吸附孔隙空间，T_2 波谱的主峰位于低 T_2 值区；而对于低阶煤，所有的孔隙和裂缝都发育良好，T_2 谱上对应的峰都很明显。此外，孔隙空间对不同等级的煤表现出不同的应力敏感性。对于低等级煤，渗流空间随着围压的变化而急剧变化，渗流空间是应力敏感性的主要影响因素。随着变质程度的增加，吸附空间在煤的孔隙和裂缝结构中占主导地位。因此，随着围压的增加，高中阶煤的吸附空间显著减小，应力敏感性受其吸附空间的控制，实验结果如图 3-20 所示。随着围压的增加，煤的孔隙压缩性降低，实验数据可以通过新开发的应力依赖孔压缩性模型准确描述。

Du Yi 等[31] 研究了 CO_2 在四种高变质煤的 1000m（45℃，10MPa）和 2000m（80℃，20MPa）两种深度储层条件下孔隙和裂缝的变化，获得了温度和压力对孔隙体积和孔径分布变化的影响。利用 NMR 结合高压压汞、X 射线 CT 扫描和渗透性实验，探讨了 CO_2 对煤渗透性的影响。发现 CO_2-H_2O 对孔隙裂缝系统的改善具有积极作用，可以增加或扩大孔隙和裂缝，引起孔隙数量、孔隙度、孔隙体积、孔隙比表面积、连通孔隙体积和孔喉数量的增加。渗透率与温度和压力呈正相关。水平向层理方向的渗透率增长高于垂直向层理方向。煤的膨胀可能导致微裂缝的增加和扩大，并增强渗透孔隙和裂缝之间的连通性。矿物溶解可形成大量有效连接和非有效连通的孔。此外，有效连接的孔隙倾向于在垂直的原始微裂缝中发展。

Zhang Junjian 等[32] 对四组中、高阶煤样进行了压汞孔隙度（MIP）、不同约束压力下的核磁共振（DP-NMR）和动态渗透率（DP-P）测试，研究了煤样的基质压缩性、孔隙压缩性和断裂压缩性。通过校准的 MIP 数据计算基质压缩系数（C_m），并基于在不同的限制压力下测量的渗透率和 T_2 谱得出孔隙（C_p）和裂隙（C_f）的压缩系数，并对测试结果的适用性进行了比较分析。基于核磁共振技术，样品可以分为孔隙发育样品和裂隙发育样品。样品中 C_m 值（$0.74 \sim 0.81 \times 10^{-4} \mathrm{MPa}^{-1}$）的变化要小得多。同时，随着相同变质程度煤中内水分和镜质组含量的增加，这些值逐渐增大。基于 DP-P 测试的 C_f 远大于 C_p，C_p 主要受裂隙发展程度的控制。基于 DP-NMR 测试，裂隙的应力敏感性明显大于渗透孔隙和吸附孔隙。与孔隙发育试样相比，裂隙发育试样中吸附孔的压缩性随应力变化不大。对不同的试验介质和计算方法，在相同的压力范围内，由渗透率得到的压缩系数大于 T_2 谱得到的压缩系数。孔隙度灵敏度系数表明，在计算孔隙发育样品的可压缩性时，这两种方法一致。

Li Xin 等[33] 采用三组高挥发性烟煤和一组中等挥发性烟煤（MVBC）进行了围压下的低场核磁共振（LF-NMR）和渗透率-孔隙度（P-PT）试验。每组含有两个具有相似物理性质的核，一个用于 LF-NMR，另一个用于围压下的 P-PT。通过比较分析 LF-NMR 和 PP-T 在围压下的结果，揭示了主要降低渗透率的关键孔径。讨论了多尺度孔隙和宏观孔隙与裂缝结构（MP-F）对应力敏感性的影响，讨论了压缩系数的确定方法。MP-F 是影响应力敏感性的关键结构，大孔压缩系数最大；其次是中孔压缩系数（MEP），微孔和过渡孔压缩系数（MP-TP）最小。应力敏感阶段受 MP-F 结构的影响。提出了一种考虑低阶煤基体变形和关键孔压缩系数的改进模型，用于计算有效应力增加时的渗透率。储层中的滞留水会造成水阻破坏，从而导致煤层气井产能低下。高压注氮被认为是提高煤层气井产量的一项有效技术。为了研究水驱过程中含水饱和度的增加过程，确定氮气驱水后保留含水率的变化规律，如图 3-21 所示。Li Xin 等[34] 利用 LFN-MR 测定了水驱和氮气驱水过程中的孔结构孔隙和裂隙结构规律。考察了包括 T_2 分布，自旋回波序列成像和空间分辨 T_2 分布。基于微 CT 技术反演了裂缝，孔隙和矿物的分布，并讨论了对保水的相应影响。随着水驱时间的延长，总孔径、微孔和过渡孔、中孔、大孔和裂缝含水饱和度的增加过程均呈对数关系增加。氮气驱水可以完全降低大孔隙和裂缝中的含水饱和度，部分降低细观孔隙含水饱和度，含水饱和度降低50.11%。但在微观孔隙和过渡孔隙中，其含水饱和度可提高6.89%。在氮气驱动过程中，增加进口压力可以降低有效应力，改善孔径之间的连接，从而较容易降低保留含水率。矿物填充孔隙度越小，总孔隙度越大，孔隙和裂缝的连接越好，水驱后的含水量越大。有连通孔径的样品在氮气驱动下能有效排出其保留含水量，而没有连通孔径的样品保留含水量较高。

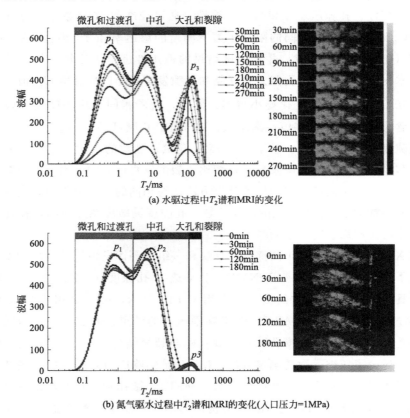

(a) 水驱过程中 T_2 谱和MRI的变化

(b) 氮气驱水过程中 T_2 谱和MRI的变化(入口压力=1MPa)

图 3-21　利用 LFNMR 测定水驱和氮气驱水过程中的孔隙和裂隙结构规律

向深层煤层注入 CO_2 不仅可以提高 CH_4 的回收率，还可以促进 CO_2 的地质封存。在深部煤层中，当压力超过 7.38MPa，温度超过 31℃时，CO_2 很容易成为超临界状态。它可以影响煤的物理和化学性质，特别是削弱机械强度，这可能会损害深部煤层的长期完整性和稳定性。Meng 等[35] 通过声发射实验和三轴压缩实验表明，超临界 CO_2 处理后，煤的动态杨氏模量、静态杨氏模量、岩石黏结力、峰值强度等力学参数均显著降低，说明超临界 CO_2 可以降低煤的机械强度。这一宏观现象可以用煤的微观孔隙增大机理来解释，但这一机理尚未得到深入的研究。为此，综合开展了扫描电镜、压汞孔隙度、核磁共振等多种微观定量实验。这三个试验的结果相对一致，表明在超临界 CO_2 处理后，不仅扩大了微孔和过渡孔组成的扩散空间，而且扩大了大孔甚至裂缝的渗透空间。这可能是一个重要的潜在微观机制，可以有效地解释煤的机械强度减弱。孔隙空间的增大、煤基体的膨胀、断裂力学和热力学理论的解释都是解释超临界 CO_2 对煤的软化行为的潜在机制。

3.9　煤结构对气体吸附特性分析

煤中气体的储存和运输对煤层气的利用，特别是甲烷的回收具有极其重要的意义。煤由广泛的交联大分子网络组成，主要含有芳香单元。煤还包含一个扩展的、相互连通的孔洞网络，其大小从纳米到微米不等，由于孔洞开口狭窄，煤表现出分子筛分特性。气体小分子能比大分子更广泛地穿透煤的内部表面。煤的物理吸附和化学吸附特性也是非均匀的，因为它们取决于煤的局部化学性质和孔径分布。孔隙尺寸的减小导致气体与孔隙表面范德华作用的增加。Ramanathan[36]介绍了利用磁共振成像技术研究了煤中气体输运的时空动力学。煤中存在明显的结构异质性。动力学效应显示了从最小值到最大值范围的时间常数。煤中空间分辨气相核磁共振提供了一个独特测量工具，可实现可视化煤中气体的储存和运输。为了建立平衡条件，必须进行很长时间的测量。与煤与周围环境达到平衡的百万年周期相比，实验测定时间是微不足道的。考虑到煤中气体分布的缓慢动力学特性，可以获得煤中各时间点气体分布的二维甚至三维图像。根据煤的输运特性，发现煤中至少存在两个区间，可能与游离和吸附的气体分子相对应。

CH_4 与煤大分子相互作用的微观机理对煤层气开发和甲烷储存具有重要的理论和实践意义。Yu Song 等[37] 在周期边界条件下，借助分子力学（MM）和分子动力学（MD）计算，基于元素分析、^{13}C NMR、FT-IR 和 HRTEM，确定了具有更高扭转度和更紧密排列的煤镜质组的最优能量构型。大分子的稳定主要是由于范德华能和共价键能，主要由键扭转能和键角能组成。以最优结构为吸附剂，进行了玻璃质吸附 CH_4 的巨正则蒙特卡罗法（GCMC）模拟，如图 3-22 所示。每个煤镜质岩分子吸收 17 个 CH_4 后达到饱和状态。CH_4 优先吸附在晶状体边缘，并倾向于聚集在晶状体内支链的周围。利用第一原理 DFT 计算了吸附

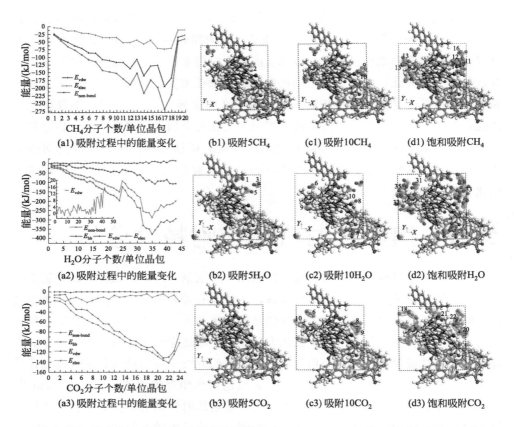

图 3-22 借助分子模拟和 NMR 分析煤基质对甲烷、水和二氧化碳的吸附（见彩图）

参数。吸附性能顺序：芳香族结构＞杂原子环＞氧官能团。［—COOH］的吸附能力低于［—C═O］和［C—O—C］。CH_4 以单层吸附的方式分布在 $0.1\sim$ 1.60nm 到官能团的距离上，平均距离顺序为［—C═O］(0.16nm)＜［C—O—C］(0.19nm)＜［COOH］(3.78)＜［—CH_3］(0.41nm)。CH_4 在［—C═O］和［C—O—C］周围富集，而在［—COOH］和［CH_3］周围分散。

煤层气主要由 CH_4 组成，但也含有少量的重烃、CO_2、H_2O 等气体。在分子级孔隙中，这些组分之间发生竞争吸附。研究甲烷、二氧化碳、水和煤大分子，以及在吸附过程中能量变化在分子水平上的变化，是理解竞争吸附机制，完善煤层气驱替理论的关键。基于密度函数理论（DFT）和巨正则蒙特卡洛（GC-MC）方程计算了 $CH_4/CO_2/H_2O$ 在煤镜质体（DV-8、$C_{214}H_{180}O_{24}N_2$）中的竞争吸附。$C_{214}H_{180}O_{24}N_2$ 分别吸附 17 个 CH_4、22 个 CO_2 和 35 个 H_2O 后，吸附过程达到饱和状态。CH_4-镜质组、CO_2-镜质组和 H_2O-镜质组的最佳构型分

别为芳烃 $1/T^2/rT^3$（其中 1、2 表示吸附位置，T 表示碳原子和杂原子以上的位置，3 表示吸附取向，rT 表示三个氢原子平行镜质组的取向），芳烃/T/v（v 表示垂直于镜质组平面的取向），芳烃/rV/T（rV 表示一个镜质组表面的氧原子）。GCMC 结果表明：高温不利于镜质组对吸附剂的吸附，在一元、二元和三元吸附体系中，镜质组对吸附剂的吸附量顺序为 $H_2O_4CO_24CH_4$（263～363K）。最佳镜质组构型与石墨/石墨烯相似，而 ΔE 显著低于石墨/石墨烯。模拟数据与实验结果吻合较好。

CH$_4$ 和 CO$_2$ 在 DV-8 附近以聚集态分布，位置基本相同。说明在吸附气体驱替过程中，CO$_2$ 可以取代 CH$_4$ 占据主要的吸附位置，这与吸附距离的分析结果一致。然而，H$_2$O 的分布相对分散，在氢键作用下，H$_2$O 中的氧原子有规律地指向 DV-8 的氢原子或周围的 H$_2$O。说明 H$_2$O-CH$_4$ 与 CO$_2$-CH$_4$ 的竞争吸附机制不同。H$_2$O 与 CH$_4$ 的聚集位置存在差异，前者的吸附能力强于后者。H$_2$O 可以通过影响 CH$_4$ 的吸附等温线，有效降低 CH$_4$ 的分压，从而取代 CH$_4$。在 DV-8 表面和 CH$_4$、CO$_2$ 和 H$_2$O 最接近的原子之间的 RDF 表明，H$_2$O 在 0.43nm 和 0.85～1.31nm 处形成了两层吸附层。第一层的 RDF 峰值（1.86nm）高于第二层（1.31nm）。CO$_2$ 在 0.34nm 处形成显著峰（近似等于 CO$_2$ 的动力学直径），峰值为 0.90nm，表明 CO$_2$ 在镜质组表面的单层吸附。二氧化碳的峰值宽度很宽（0.4nm）。CH$_4$ 在 0.35nm 处形成一个单峰，峰值为 0.74nm，峰值低于 CO$_2$ 和 H$_2$O 的峰值，说明 CH$_4$ 在镜质体上的吸附表现为单分子层吸附。CO$_2$ 和 CH$_4$ 的 RDF 峰出现在接近气动当量直径的距离处（$\sigma_{k\text{-}CO_2}=0.33$nm，$\sigma_{k\text{-}CH_4}=0.38$nm），CO$_2$ 的峰宽度比 CH$_4$ 的更宽，这与 CO$_2$ 吸附的能力强有关。从 Steele 势函数和吸附等温线计算 CO$_2$ 和 CH$_4$ 的势分布，发现在宽度接近吸附质空气动力学当量直径的微孔中，吸附能最低，吸附亲和力最高。不同介质的饱和吸附构型和 RDF 分布见图 3-23。

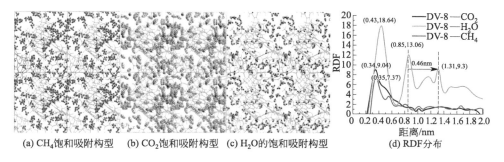

(a) CH$_4$饱和吸附构型　(b) CO$_2$饱和吸附构型　(c) H$_2$O的饱和吸附构型　(d) RDF分布

图 3-23　不同介质的饱和吸附构型和 RDF 分布（见彩图）

Yao Yanbin 等[38] 开发了利用核磁共振（NMR）方法来表征煤的甲烷吸附能力，并建立了 NMR 等温吸附实验方法。首先用甲烷进行质子（^{1}H）NMR 测定，以获得反映甲烷体积浓度的氢振幅指数。然后，用甲烷对干煤进行加压，以评估在压力高达 6.1MPa 时吸附甲烷的量。将通过该方法获得的吸附等温线与在相同实验条件下通过传统容量法测定的相应吸附等温线进行比较，不同压力下吸附甲烷的 T_2 谱见图 3-24。在横向弛豫时间 $T_2 < 7$ms，$T_2 = 7 \sim 240$ms 和 $T_2 = 240 \sim 2000$ms 范围内出现三个不同的峰。$T_2 < 7$ms 和 $T_2 = 7 \sim 240$ms 处的峰值均对应于表面弛豫机制，分别解释为"煤吸附甲烷"和"多孔介质约束甲烷"。$T_2 = 240 \sim 2000$ms 时的峰值代表体甲烷的弛豫。"多孔介质约束甲烷"峰的综合振幅与压力呈正线性关系，而"煤吸附甲烷"峰的综合振幅随压力的增加遵循 Langmuir 方程。NMR 和容量法的吸附等温线几乎相同。两种方法的实验数据点的绝对偏差在 ± 2m^3/t 范围内，计算的 Langmuir 体积的绝对偏差 < 0.38m^3/t，相对偏差 $< 1.24\%$。

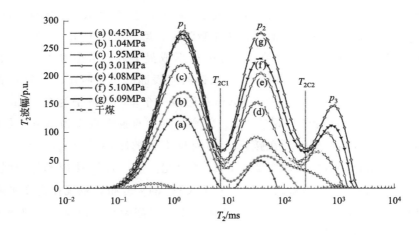

图 3-24　不同压力下吸附甲烷的 T_2 谱

图 3-25 为煤样吸附饱和甲烷过程的实时成像图片。图片中上方为进气端，下方为出气端，红色部分代表孔隙中吸附的甲烷气体。煤样吸附饱和甲烷过程的横向弛豫存在 3 个峰，随通气时间的增加，各谱峰峰值逐渐增加，35min 后增量变缓，85min 后趋于平稳，通气 85min 和 120min 煤样横向弛豫谱变化不大，说明在 85min 时煤样中吸附的甲烷已经接近饱和。因为煤以中大孔隙为主，且孔隙间连通性较好，有利于甲烷气体在煤样中的运移扩散，饱和吸附甲烷的速度很快。成像结果显示，随着时间的增加图片中红色成分逐步扩散、加深，表示煤样中吸附的甲烷气体含量逐渐增加。前 233min 甲烷气体在煤样中的扩散最为显

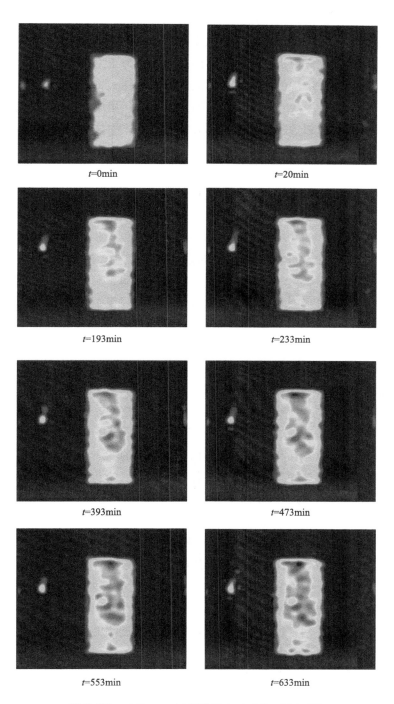

t=0min

t=20min

t=193min

t=233min

t=393min

t=473min

t=553min

t=633min

图 3-25 吸附 CH₄ 过程煤样实时成像（见彩图）

著，迅速从进气端扩散到出气端；473min 后图片中红色部的扩散、加深程度变缓，表明煤样中吸附的甲烷气体逐渐趋于饱和，最终在 633min 煤样吸附甲烷达饱和状态。甲烷在煤样中进行扩散运移的动力主要为压力差和浓度差，注气过程中，越靠近进气端，甲烷的注入压力越大，密度也越大，甲烷更有可能进入煤样孔隙进行吸附。随着甲烷在煤样中的不断扩散运移，甲烷气体被不断吸附，浓度减小，同时受到煤骨架的阻力影响，压力差也减小，甲烷进入煤孔隙完成吸附变得越来越困难，因此导致出气端甲烷吸附量小于进气端。煤样达饱和状态时图片中红色部分分布并不均匀，存在很多"空心"区域，而且不同区域红色成分的深浅也不一样，这表明甲烷在煤样中的储存和分布是不均匀的，也就是说煤样中的孔隙发育不均匀。

Tang Zongqing 等[39] 通过研究低温氧化过程中煤的孔隙动态发展，探讨了煤层气（CBM）低温氧化过程中煤岩动态灾害的发生。利用核磁共振（NMR）对不同等级煤在低温氧化过程中孔隙直径和数量的动态变化进行了监测。利用工业分析和气相色谱法，测定了不同煤阶煤低温氧化过程中煤的组成和代表性气体浓度的动态变化。采用煤岩硬度（f）与瓦斯涌出初速度（Δp）相结合的综合指标 K 预测瓦斯突出，预测了不同煤阶煤低温氧化过程中煤岩动力灾害危险性。不同等级煤的低温氧化过程中孔隙发育存在相似和不同。相似之处在于裂缝发育的一致性。具体而言，在煤的低温氧化（30～130℃）的早期阶段，由于水的蒸发，含有结晶水的化合物的脱水和挥发物的分解和挥发，煤中的微孔膨胀和连接形成中孔。在氧化后期（130～230℃），煤中的大分子化合物和挥发物氧化分解，使中孔扩张连接形成大孔和微裂缝。然而，随着煤的变质程度的增加，煤的抗氧化性和热稳定性提高，并且具有相同直径的孔的发展的初始温度增加。基于综合预测指标 K 的概念，随着氧化温度的升高，CBM 储层中发生的煤岩动力灾害的概率逐渐增加。煤的变质程度越低，增长速度越快。因此，煤岩动态灾害发生概率增加 50％时的氧化温度被用作采取防火措施的临界温度，即褐煤和烟煤分别为 90℃和 130℃。结合 NMR 和高压气体吸附仪，分别研究了低温氧化过程中煤基质的孔隙率和甲烷吸附和解吸特征的演变，确定了其内部演化机理[40]。随着煤层气储层低温氧化程度和温度的提高，煤基质中的水分和挥发性物质不断减少。这使得煤基中不同直径、不同孔隙度、不同渗透率的孔隙数量大大增加，而煤层气流动通道的宽度和数量同步增加。从而降低了煤层气萃取的阻力，提高了萃取效率。随着煤层气萃取量的不断增加，由于煤基体内部孔隙结构和数量的变化，在低压下（低于 1.74MPa），煤基体的最大甲烷吸附能力减小，而甲烷解吸能力增加。从而提高了煤层气的最大提取能力。最后，为了保证煤层气开采的安全性，最大限度地提高煤层气的开采能力，有必要将用于开采煤层气的钻孔温度控制在 80℃左右。

Wang Zheng 等[41] 分析了丙酮处理前后煤的孔隙大小分布和裂缝发展，丙酮侵蚀下煤的结构演化模型及孔结构的 T_2 分布见图 3-26。丙酮处理后，微孔部分转化为中孔和大孔。经丙酮处理后，煤的孔隙率提高了 2.66%。煤中羟基、亚甲基、氧官能团、芳香烃等官能团明显减少，这些亲水基团的去除显著降低了煤的亲水性。在 32.89% 的侵蚀带内出现新的裂缝，丙酮处理后甚至出现较大的贯通性裂缝。结果表明，丙酮处理能有效提高煤层气产能，有潜力成为一种新的煤层气储层增产技术。

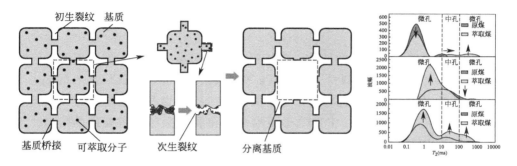

图 3-26 丙酮侵蚀下煤的结构演化模型及孔结构的 T_2 分布

应用高压电脉冲技术可以改善煤的孔隙结构。在高压击穿技术中，固体物料的破碎主要采用电解液破碎和电击破碎两种方式。在电解液破碎实验中，将固体材料浸入液体介质中。然后在液体介质中释放高压电脉冲，最终产生强大的冲击波。Zhang Xiangliang 等[42] 研究了 NaCl 溶液浓度与煤样击穿电压的关系，采用核磁共振（NMR）研究了电击穿前后孔结构和官能团的变化，煤样电击穿前后总孔隙增量和累积孔容增量的 T_2 谱见图 3-27。电击穿主要改善了中孔和大孔的数量，并增强了它们之间的连通性，从而为气体提取提供了更平滑的通道。XPS 分析表明，在电流流过的地方出现了新的氧化反应，促进了煤样表面的气体解吸。

Liu Yu 等[43] 构建了亚烟煤（Y-1，依兰煤）镜质组的三维大分子结构，与核磁共振实验数据、密度数据、孔隙体积数据一致，研究了大分子中形成的超微孔。大分子结构中同时存在可达孔和不可达孔，且所有孔均小于 0.62nm。可达孔隙大多由脂肪链形成，直接接触孔隙表面的原子大多为氢原子。可达孔隙具有明显的分形特征。小于 0.5nm 的探针测得孔隙分形维数为 2.73。还发现通过氢气所得到的孔隙体积比甲烷所观测到的孔隙体积要大得多。这将导致体积甲烷吸

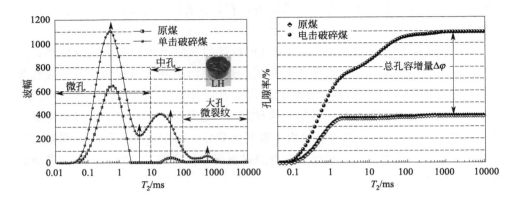

图 3-27　煤样电击穿前后总孔隙增量和累积孔容增量的T_2谱

　　附实验中对甲烷吸附能力的低估，在体积甲烷吸附实验中，孔隙体积由氦气测试。对于煤样 Y-1（依兰煤），在 10MPa 下甲烷吸附容量将被低估 2.7cm³/g。

　　在构建三维大分子结构之前，主要根据[13]C NMR 谱和元素组成对 Y-1 镜质组进行二维化学结构表征。FT-IR 数据也被用来提供关于氧官能团的信息。^{13}C NMR 谱可以有效地表征二维化学结构。利用 Materials Studio 进行几何优化，构建三维大分子模型。考虑到 Y-1 镜质组样品为亚沥青镜质组，未形成有序结构。采用通用力场进行几何优化。三维大分子模型的密度为 1.30g/cm³。此外，大分子模型的体积为 0.042cm³/g（探针半径为 0.165nm），与 CO_2 吸附实验的实验微孔体积 0.041cm³/g 相似。

　　^{13}C NMR 实验数据显示，两个峰分别在 27～34ppm 和 125～135ppm 之间。27～34ppm 是甲基和亚甲基的化学位移，125～135ppm 是质子化芳碳和桥头芳碳的化学位移。由于样品为亚烟煤镜质组样品，这些镜质组中仍然存在许多脂肪链，大分子芳香族碳率较低。芳香环以苯和萘为主，氮原子全部出在吡啶中。三维分子结构中原子总数为 2992，三维晶格尺寸为 3.37nm×3.37nm×3.37nm。Y-1 镜质体样品的化学大分子模型见图 3-28。

　　不同半径的探针可以在大分子中探测到不同的孔。由于大多数气孔形状不规则，对于相同的气孔，某些部分太小，大的探针无法到达，而这些部分可能适合更小的探针。通过这种方法，使用不同的探针，可探测不同尺寸的气孔，得到不同的孔径分布规律，如图 3-29 所示。在大分子模型中存在两种类型的孔。一种是可通气孔，从外部气体流体可通入。另一种是大分子模型中无法进入的孔洞。无法进入的孔被原子从外部隔开，气体不能从外部进入。也就是说，有足够大的通道连接可通气孔和大分子外部的空间，气体分子可以从外部进入这些气孔。但

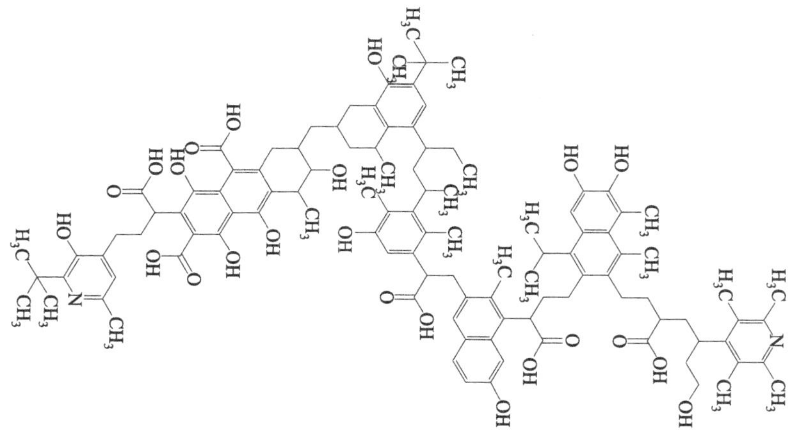

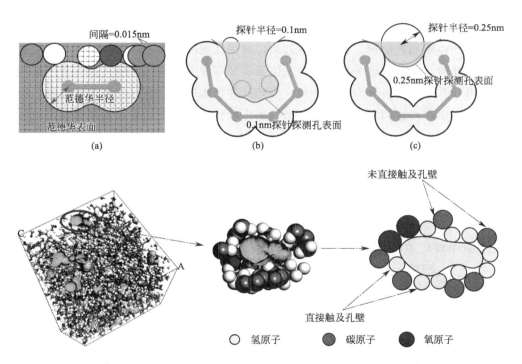

图 3-28 Y-1 镜质体样品的化学大分子模型（$C_{111}H_{136}O_{23}N_2$）

图 3-29 用不同尺寸的探针探测的原子和孔隙表面（见彩图）

没有通道连接难以进入的孔隙和高分子外的空间，或者通道太小，气体无法通过。无法进入的气孔也称为死孔。在实验中，用气体或水银测试的孔隙都是可通气孔。超微孔表面的原子对气体的吸附非常重要。吸附是煤表面气体分子和原子相互作用形成的。孔隙表面的原子对煤的吸附能力有很大的影响，对煤表面原子的研究将有助于甲烷吸附模拟。煤中孔隙大部分是由脂肪链形成的。孔壁定义为探针能到达的空间边缘，并非大分子中原子的边缘。靠近孔壁的原子可分为两类：直接接触孔壁的孔和不直接接触孔壁的孔。有时原子与孔壁之间存在空隙体积，探针无法直接接触这些原子，当气体吸附在这些孔表面时，吸附气体无法与这些原子很好地封闭。大分子中原子与孔壁之间的距离对气体吸附很重要，因为相互作用力与这个距离有关。大部分接触孔壁的原子是氢原子。相比之下，靠近孔壁的碳原子通常不会直接接触孔壁。氧原子有时直接接触孔壁，尽管在大分子结构中氧原子并不多。芳香环有时会形成气孔，但不常见。这一方面是由于煤样处于未成熟阶段（亚烟煤），大分子中芳香族环较少。另一方面，芳香环的结构在三维大分子结构中并不容易形成孔隙。

在大分子模型中有 15 个以上的孔隙，且大多数孔隙形状不规则。某些较大的孔隙是通过通道（也就是孔喉）连接较小的孔隙而形成。大孔的内部部分贡献了很大的体积和表面积。需要注意的是，有些孔喉体积较小，较大的分子无法通过这些孔喉。此外，这些小喉道对气体流动和解吸有很大的影响。煤大分子结构中的可及孔按形状可分为两种类型：半球形和墨水瓶型。通过气体吸附实验方法证实了煤中存在这两种孔隙。半球形孔的形状比墨水瓶孔的形状简单得多。大分子结构表面主要形成半球形孔洞，孔径较小。墨水瓶的气孔形状更复杂，尺寸更大。墨水瓶型的孔主要是在煤大分子内部结构形成。

氦、甲烷和二氧化碳的直径分别为 0.26nm、0.38nm 和 0.33nm，体积分别是 0.063mL/g，0.029mL/g 和 0.041mL/g。这些气体都可探测获得煤大分子机构中的超微孔。不同气体分子所探测到的气孔有明显的不同。从气孔切面中可以直观地看到。图 3-30 中的 1、3、4 和 8 孔可以通过氦气探测

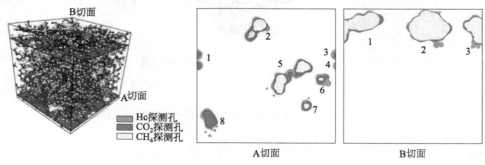

图 3-30　三维大分子结构中的超微孔（可接近的孔隙）（见彩图）

到，但甲烷无法接触到这些气孔。甲烷能触及的孔比氦小得多。2 号孔是一个较大的氦孔，但甲烷是两个分离的孔。甲烷和氦在煤镜质组结构中探测到的较大的内部孔类似，这是因为在较大的孔隙中，甲烷和氦都很容易进入，这些孔隙只是在孔隙的边缘有所不同。对于氦气和甲烷所探测到的孔隙，孔隙尺寸越小，体积差异越大。

核磁共振研究发现煤中甲烷的存在方式不只是气体吸附形态，也可以是固溶体形态，可为煤矿井下瓦斯动态事故的预防和煤层气资源的评估提供参考。了解煤的分子结构和甲烷在煤中的赋存形式是甲烷抽采的关键。Alexeev 等[44,45] 通在室温和低温下研究了煤的核磁共振，发现存在三种不同分子迁移率的甲烷分子。根据扩散参数，分为游离甲烷、吸附甲烷和甲烷的固溶体。煤粒内的自由空间包括裂纹、开孔和闭孔，以及随机取向的准芳香层之间的空隙。自由空间与煤中甲烷的相态和可能的逸出问题密切相关。在煤科学中甲烷形态是由甲烷-水-煤系统中非常复杂和多样的相互作用造成的。可以采用 ^{1}H 核磁共振方法研究煤在不同温度下的甲烷相状态。该方法可以确定含分子 ^{1}H 核的能量和迁移率参数及其对温度的依赖关系。扩散过程强烈依赖于包括温度在内的热力学因素。低温条件下的测定可忽略吸着物/吸附剂在热活化下的相互作用。如图 3-31 所示，在正常情况下，煤吸附饱和甲烷的核磁共振谱由两条线组成，线宽相差近一个数量级。宽峰表示煤的有机成分，窄峰相当于煤中所含的甲烷。煤的有机组分谱线 I_2，甲烷为 I_1。谱线宽度 ΔH 代表了氢原子核在物质中的迁移率，迁移率越高，核磁共振谱线越窄。具体而言，甲烷的线宽 ΔH_1 根据甲烷相状态在 0.001～1Oe 之间变化，而煤有机物的线宽 ΔH_2 根据煤变质程度在 5.5～6.5Oe 之间变化。ΔH_1 是游离甲烷气体谱线，ΔH_2 来源于吸附甲烷和溶解甲烷。

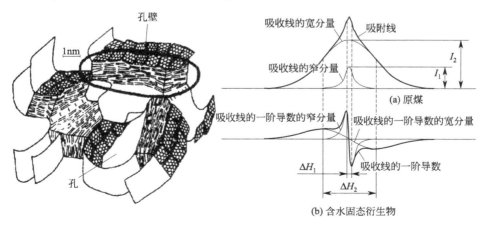

图 3-31 煤的孔隙结构及吸附气体的 ^{1}HNMR 谱图

3.10 对水分的吸附特性

褪煤中约 20％的水与表面氧官能团结合，确定氧官能团对脱水能的影响对于研究褐煤脱水过程中的高能耗具有重要意义。Han Yanna 等[46] 选择携带更多酚羟基或具有相似孔结构的羧基的两种氧化褐煤样品，通过分析恒定湿度和温度下的保水能力，确定样品中不同形式水的浓度。结果表明，三种形式的水（即游离水、毛细水和分子水）的浓度与羧基浓度显示出良好的相关性。干燥和湿润样品的^1H NMR 分析表明，氧官能团的类型主要影响煤中水的存在环境。羧基的 OH-π 氢键比由酚羟基引起的更容易破坏。因为与羧基的羟基氧键合的水的氢键能低于与酚羟基的羟基氧键合水的氢键能，具有较多羧基的样品的水解吸和脱水低于酚羟基。如图 3-32 所示，与干燥样品相比，含水样品在 (4.8±0.7)ppm 出现了一个新的峰，属于水中质子的位移峰。湿润样品的化学位移接近

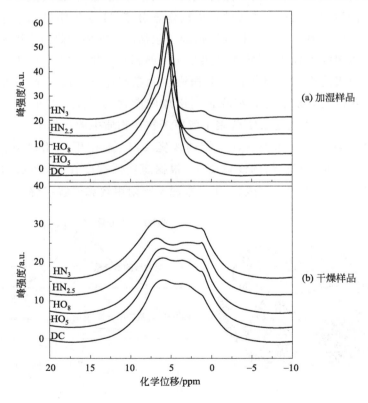

图 3-32 煤样品的 1H NMR 波谱

4.8ppm，HO_5 和 HO_8 的化学位移在 5.2～5.3ppm，$HN_{2.5}$ 和 HN_3 的水化学位移在 5.5ppm 左右。含水量较高的 $HN_{2.5}$ 和 HN_3 反映了它们的高带电性。虽然 $HN_{2.5}$ 和 HO_8 的氧化程度几乎相同，但湿润后的 $HN_{2.5}$ 的水化学位移高于湿润后的 HO_8。与氧含量相比，氧官能团类型对煤中水的影响最大。Ar-COOH 较多的样品与 COOH 较多的样品中水的形态不同。

Kim 等[47] 用 ^1H 自旋回波 MAS NMR 和 ^1H 饱和自旋回波 MAS NMR 对 Loy Yang 煤中的水分进行了分类，如图 3-33 所示。利用质子波谱法对吸附水进行了测定，根据水分含量确定了吸附水的四种主要成分。利用 ^1H 饱和自旋回波技术，通过分析质子自由诱导衰变（FIDs），可以定量测定游离水。通过比较质子波谱中 C-H 部分与芳香和 N 部分的质子强度，并对 FIDs 进行评价，可以对 Loy Yang 煤中的水进行分类。

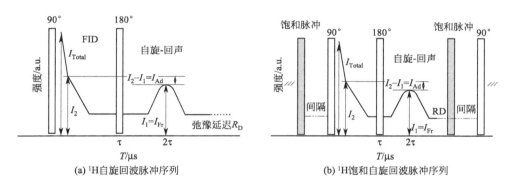

(a) ^1H自旋回波脉冲序列　　　　　(b) ^1H饱和自旋回波脉冲序列

图 3-33　^1H 自旋回波和 ^1H 饱和自旋回波对煤中水的分类

利用脉冲核磁共振对 Loy Yang 褐煤中的水进行了分类，得到了 ^1H 自旋回声 MAS 弛豫序列。在此序列中，当所有的氢原子核自旋分别旋转 90°时，自由诱导衰变（FID）和质子波谱的强度最大。由于这种强度与褐煤中氢核的数量成正比，所以不同物理和化学状态下的氢核衰变速率不同。氢核的性质可以根据 FID 的形状和波谱来表征。自旋回波脉冲的基本序列为"90°—τ—180°—τ—收集—弛豫延迟（RD）"，如图 3-33 所示。由于时间间隔 τ 与样品中的水含量有关，所以时间间隔 τ 必须可控或足够长，以使水信号在 180°重新聚焦之前衰减到低或零强度。自旋回波技术可以提高检测速度。

通过另一种技术获得质子 FID。为了控制剩余的自由水可能产生的负面影响，在激发下一个脉冲序列之前插入一个饱和脉冲。插入的序列具有"90°—τ—180°—τ—收集—弛豫延迟（R_D）—饱和脉冲—间隔"，称为"^1H 饱和自旋回波 MAS 技术"，如图 3-33(b) 所示。180°脉冲后获得的信号会使自由水中的质子重新聚焦；然而，因为它的 T_2 很长，这个来自自由水的信号可能会使下一个脉冲序列中断。因此，时间间隔 τ 必须足够长，以允许水的信号衰减到一个低水平或在 180° 之前归为零。如果将时间间隔设置为足够长，则测量时间也会增加。因此，饱和脉冲的间隔分别设置为 0.1ms 和 10.0ms。

为了确定 ^{1}H NMR 谱中芳香和 N 质子部分的变化是由于干燥脱水（水分含量）还是官能团的分解引起，在不断升高温度条件下进行了固态 ^{13}C NMR 的测定。由水产生的谱可以被分离成一个独立的峰，其化学位移为 4.8ppm。利用 ^{1}H 自旋回波 MAS 技术，在一定的测量条件（$\tau = 1.0$ms，$R_D = 10.0$ms）下，将波谱进行分离或反卷积，可以将水划分为吸附水和自由水。这种区别可能是不同水分含量引起的质子强度的差异。用去卷积拟合的方法可定量分析游离水量。^{1}H 的谱可分为四部分（即脂肪族和芳香族 C-H 部分、芳香族和 N 族质子部分、羧基部分和水部分），化学位移分别约为 1.2ppm、6.0ppm、13.0ppm 和 4.8ppm。在 4.8ppm 附近的化学位移峰为体相水或毛细水，吸附的水也可以通过反卷积的方式进行区分，如图 3-34 所示。

当化学位移为 4.8ppm 时，毛细水可以与吸附水作为一个独立的波谱区分开，并逐渐增大，直到来自煤的其他信号（如脂肪族和芳香族部分）随着水分含量的增加而不可见。然而，如果只出现单一的水谱峰，随着水含量的增加，如果不进行定量测定，就不可能将这个毛细水从体相水中分离出来，如图 3-34（e）所示。

当脂肪族和 N 族质子部分的化学位移为 1.2ppm 时，与芳香族和脂肪族 C—H 质子部分的化学位移为 6.0ppm 时的强度比较，得出了一个具体的关系：

$$R_I = \frac{I_{(Ar)}}{I_{(C\text{-}H)}}$$

式中，R_I 为 $I_{(C\text{-}H)}$ 的比值，即芳香族和脂肪族 C—H 质子部分的强度与 $I_{(Ar)}$ 的比值，即脂肪族和 N 质子部分的强度。

$R_I \leqslant 0.35$	干煤或半焦	$0.93 \leqslant R_I \leqslant 1.56$	多层吸附水
$R_I \approx 0.35$	干煤	$R_I \geqslant 0.35$	毛细水
$0.35 \leqslant R_I \leqslant 0.93$	单层吸附水		

在 Loy Yang 褐煤中，产生 NMR 信号的质子主要以三种形式存在：来自煤的固体组分、吸附水和游离水。由于各含氢组分中质子的迁移率不同，各组分的自旋-自旋弛豫时间（T_2）也有很大差异。在 ^{1}H 饱和自旋回波技术中，90° 脉冲在时间间隔 τ 之后由 180° 脉冲重新聚焦。然后在 2τ 时接收一个回波。图 3-35 为

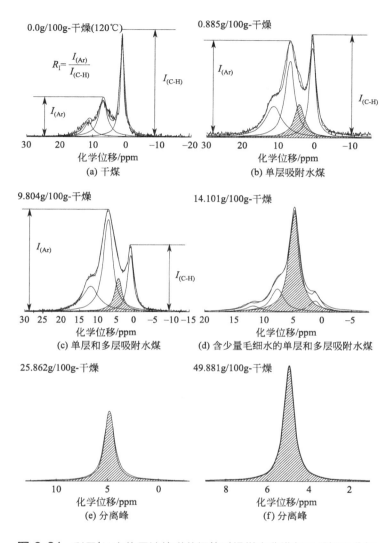

图 3-34 利用 ^{1}H 自旋回波核磁共振等对褐煤水分进行了反褶积分析

核磁共振信号经过 90°脉冲后的自由感应衰减。弛豫延迟 (R_D) 设置为 1.0ms，时间间隔 τ 设置为开始 1.0ms，停止 300μs，间隔 2.0μs。质子 FID 的总测定时间只有几分钟。固体组分的信号迅速衰减，100μs 后，只剩下液体组分（吸附水和游离水）的信号。强度的差异主要是由含水量引起的，如果将 FID 曲线归一化，可以清楚地看出高斯分量与固体晶格有关。另外，100~120μs 范围内的信号是由吸附水和游离水产生的（这一点可以通过比较不同含水量的样品来验证），

120ms 之后，信号仅来自游离水。干煤 FID 在 $100 \sim 120 \mu s$ 范围内无差异（强度接近 0），120ms 后信号为负值，表明无吸附或游离水。但是，对于包括体相水的样品，在 $100 \sim 120 \mu s$ 范围内观察到强度差异。对于自由水，$120 \mu s$ 后，信号为正值。由 I_2（自由水和吸附水的强度，$I_{Fr} + I_{Ad}$）计算得到的煤含水率（$W\%$）可由式(3-10)计算：

$$W(\%) = \frac{(18/2)I_2}{I_2(18/2) + (I_{total} - I_2)/H_{coal}} \qquad (3\text{-}10)$$

式中，H_{coal} 为元素分析得到的干煤中氢的质量分数。因此，^{1}H 饱和自旋回波技术可以区分煤、吸附水和游离水的质子。另外，从 I_2 中减去 I_1（自由水的强度，I_{Fr}），可以估算出吸附的水含量。

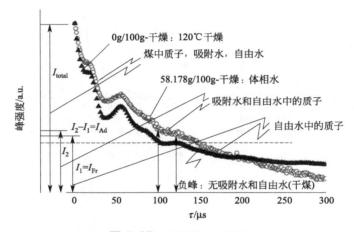

图 3-35　褐煤的 FID 信号

含体相水（○）；经 120℃ 干燥（▲）。I_1：游离水强度（$= I_{Fr}$）；
I_2：吸附水强度；I_{total}：煤与水的总强度

Yuan Xuehao 等[48] 对我国三个煤层气热点地区的 8 个煤层进行了气水共流自吸试验、接触角试验和渗透率试验。采用核磁共振波谱仪作为一种监测不同孔径孔隙吸水量的方法。根据核磁共振 T_2 峰的运动，划分了自发吸收和自蒸发过程中水分运移的四个连续阶段。根据核磁共振 T_2 峰的运动，将水在自吸和蒸发过程中分为四个阶段，即小孔中的快自吸和慢蒸发、大孔中的慢自吸和快挥发。发现烟煤的吸水率遵循微裂缝＞微孔＞中孔/大孔；而对于无烟煤，吸入速率依次为微裂缝＞中孔/大孔＞微孔。自发吸收导致的渗透性损伤率随着接触角的增加呈正指数关系。考虑到多尺度孔隙系统和复杂孔隙弯曲度，建立了一个估算自发吸入速率的模型，这与毛细管力占主导地位的吸胀过程早期的实验结果吻合得很好。核磁共振自发吸收模型分析方法及自发吸收和自发蒸发过程中煤孔隙网中的水分迁移见图 3-36。

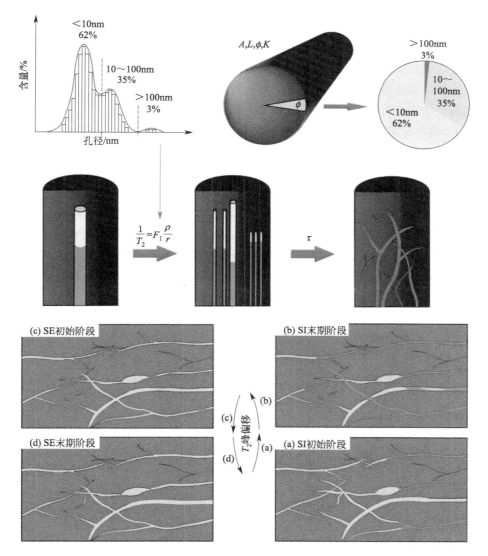

图 3-36 核磁共振自发吸收模型分析方法及自发吸收和
自发蒸发过程中煤孔隙网中的水分迁移 (见彩图)
SI: 自发吸收 SE: 自发蒸发

自发吸收的初始阶段: 润湿流体在小孔隙中迅速被吸收, 在大孔隙中缓慢被吸收, T_2 峰急剧增大, 并轻微向右偏移。一旦流体遇到孔径变化极大的地方, 就会停止吸收, 因为喉道处的毛细管力很难将水进一步驱入基质中。自发吸收的后期：T_2 峰轻微向左移动并逐渐过渡到饱和波谱。在这个过程中，小孔隙中的水已经饱和，而大孔隙中的水膜则不断增加。气体仍然可以通过孔隙的中心流动，反映出烟煤的有限渗透率损伤。自发蒸发的初始阶段：滞留在基质和深层小孔隙中的水变为不可动。大孔中的水分蒸发迅速，T_2 谱左移显著。自发蒸发后期：大孔隙中的水已经完全蒸发，基质中的残留水难以排出，容易发生水堵和雅明效应。在孔喉处，水膜呈不连续分布，其特征是 T_2 两个峰间距离增大。因此 T_2 峰有明显的右移趋势。这四个阶段表现为小孔吸收快，蒸发慢，大孔吸收滞后，蒸发快的循环过程。T_2 峰在自发吸收和蒸发过程中的变化是一种普遍的现象。

流体流动速度通过影响煤在排采过程中的孔隙度和渗透率，对煤层气产量有显著影响。Liu Zhengshuai 等[49] 通过速度灵敏度实验结合核磁共振技术研究了各种流速对煤渗透率和孔隙度的影响，探讨了脱水速率对煤层气产量的影响。随着流速的增加，不同变质程度煤的渗透率具有不同的特征。对于低阶煤，渗透率总是先增加，然后随着流速的增加而减小；然而，中高阶煤的流速增加，渗透率逐渐降低。对于相同变质程度的煤，初始渗透率越高，渗透率损失越严重。另外，T_2 反映的孔隙度变化表明，在 $10 \sim 200\mathrm{ms}$ 之间的 T_2 是渗流路径的主要降低空间。流速对渗透率的影响主要是由于煤细颗粒堵塞流体渗漏空间。

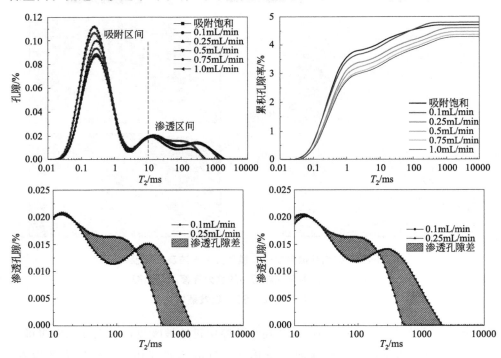

图 3-37 不同流速下的 NMR T_2 谱以及在不同流速下 NMR 测定的渗透孔隙率

流速对吸附孔、渗流孔等孔隙大小分布有不同的影响。从图 3-37 可以看出，不同煤阶煤在无流体速度的饱和条件下具有不同的 NMR T_2 谱分布，反映了初始的孔隙性质差异。对于低阶煤，T_2 谱表现出连续的三峰特征，峰值明显，表明所有孔隙和裂缝发育良好，连通性良好。显然，对于具有大量吸附空间的煤样品，随着流体流速的增加，主峰值减小。而吸附空间较少渗透路径相连的小孔隙容易被煤粉堵塞。对初始流速与其他流速的 NMR T_2 谱渗流孔隙度进行了比较。阴影区域表示初始流速与其他流速之间的孔隙度变化。T_2 在 $10\sim200ms$ 的间距随着流速的增加而减小。当 T_2 大于 200ms 时，随着流速的增加，煤粉可以堵塞较小的孔隙，穿过较大的孔隙或裂缝。流速引起的总孔隙度和吸附孔隙度变化与渗透率变化呈负相关，渗流孔隙度变化与渗透率变化呈正相关，说明不同流速对渗透率的影响主要是渗流空间的堵塞。

煤中水的流动是实现煤中煤层气高效回收的重要因素。为了更好地了解这一现象，以沁水盆地高煤阶煤为对象，进行了系统的吸排水实验研究[50]。如图 3-38 所示，表征煤中水状态的核磁共振 T_2 谱，即核磁共振的自旋-自旋弛豫时间，在煤的自吸和排水实验中均表现出双峰模式。左高峰约在 1ms，右低峰在 $50\sim100ms$。在 0MPa 饱和水真空状态下，累积吸入水含量为 $3.09\%\sim6.54\%$（体积分数），占吸水总含水量的 $58.30\%\sim91.07\%$，随饱和水压的增加呈指数增长。累计排水量在 $0.53\%\sim1.71\%$ 之间，剩余含水量在 $3.47\%\sim6.73\%$ 之间，占总吸水量的 $72.1\%\sim88.46\%$。随着总孔隙体积的增大，吸排水率增大。发育良好的大孔和中孔增加了排水量和排水率，而微孔有助于残余水分含量。累积吸水量与惰质组含量呈正相关，与镜质组与惰质组的比例和灰分含量呈负相关；而排水量和排水率则呈现相反规律。一般来说，煤的润湿性由煤中的孔隙大小和毛细作用的方向决定，毛细作用的方向总是指向非润湿相。因此，如果煤是亲水的，水很容易进入煤中的孔隙，可能会造成严重的阻水作用。而非亲水煤的毛细作用则是煤的排水动力。在这种情况下，煤中的水可以排出更多，堵水效果更小。高煤阶煤具有亲水性，但不同饱和水压力下的润湿角与累积吸水性之间的相关关系较为分散。这说明润湿性不是影响自吸含水率的关键因素。增加润湿角通常会增加排水含水量和速率。

煤的二氧化碳和水润湿性在二氧化碳封存过程中的作用受到越来越多的关注。由于煤的非均质性和操作的复杂性，现有的传统方法（如悬滴倾斜板技术和捕泡技术）测量的 CO_2 和水的接触角具有较低的重现性。核磁共振可提供一种方法来研究水-二氧化碳润湿性与煤的性质，压力和温度之间的关系。Sun Xiaoxiao 等[51] 提出了一种新的基于核磁共振来评价煤的 CO_2 和水润湿性的方

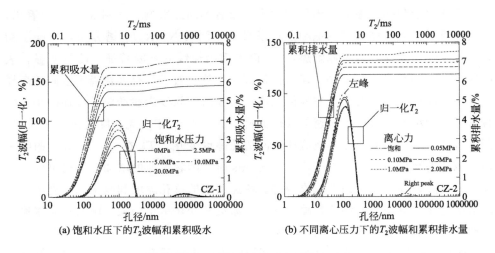

(a) 饱和水压下的 T_2 波幅和累积吸水

(b) 不同离心压力下的 T_2 波幅和累积排水量

图 3-38　煤的自吸和排水核磁共振分析

法。针对 9 种烟煤和无烟煤进行了分析，影响水煤润湿行为的压力和温度因素见图 3-39。发现水润湿性与 T_2 谱峰位置的变化呈线性关系。根据水黏附在煤粉的轮廓和煤核磁共振测得的 T_2，提出了利用 T_{2g}（T_2 分布的加权几何平均）的变化来计算接触角的线性公式。用该方法分析了煤的 CO_2-水润湿性，结果表明，CO_2 降低了煤的水润湿性；低温或高 CO_2 压力可以提高煤的 CO_2 润湿性。随着 CO_2 的注入，水煤润湿行为的变化主要由三个因素引起：煤对 CO_2 吸附能力的变化、界面张力的变化以及 CO_2 在水中的溶解。核磁共振技术提供了一种新的

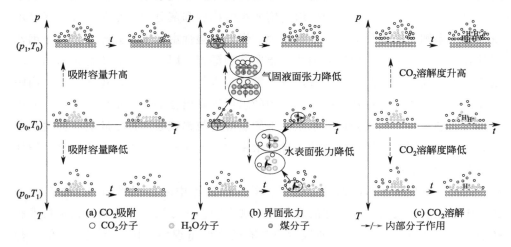

图 3-39　影响水煤润湿行为的压力和温度因素（见彩图）

方法来测量煤在CO_2封存过程中的水和CO_2润湿性，可以模拟原位储层条件。该方法也适用于其他多孔介质，如页岩气，但需要根据一系列的核磁共振波谱测量和其他多孔介质的接触角建立不同的拟合公式。

参 考 文 献

[1] Guo H J, Cheng Y P, Yuan L, et al. Unsteady-state diffusion of gas in coals and its relationship with coal pore structure [J]. Energy & Fuels, 2016, 30: 7014-7024.

[2] Fu H J, Wang X Z, Zhang L X, et al. Investigation of the factors that control the development of pore structure in lacustrine shale: A case study of Block X in the Ordos Basin, China [J]. Journal of Natural Gas Science and Engineering, 2015, 26: 1422-1432.

[3] Tang Z Q, Yang S Q, Xu G, et al. Investigation of the effect of low-temperature oxidation on extraction efficiency and capacity of coalbed methane [J]. Process Safety and Environmental Protection, 2018, 117: 573-581.

[4] Liu Y, Zhu Y M, Chen S B. Effects of chemical composition, disorder degree and crystallite structure of coal macromolecule on nanopores (0.4~150nm) in different rank naturally-matured coals [J]. Fuel, 2019, 242: 553-561.

[5] Yao Y B, Liu D M. Comparison of low-field NMR and mercury intrusion porosimetry in characterizing pore size distributions of coals [J]. Fuel, 2012, 95: 152-158.

[6] Ji X F, Song D Y, Zhao H T, et al. Experimental Analysis of Pore and Permeability Characteristics of Coal by Low-Field NMR [J]. Applied Sciences, 2018, 8 (8): 1374.

[7] Yao Y B, Liu D M, Che Y, et al. Petrophysical characterization of coals by low-field nuclear magnetic resonance (NMR) [J]. Fuel, 2010, 89 (7): 1371-1380.

[8] Zheng S J, Yao Y B, Liu D M, et al. Nuclear magnetic resonance T_2 cutoffs of coals: A novel method by multifractal analysis theory [J]. Fuel, 2019, 241: 715-724.

[9] Cai Y D, Liu D M, Pan Z J, et al. Petrophysical characterization of Chinese coal cores with heat treatment by nuclear magnetic resonance [J]. Fuel, 2013, 108: 292-302.

[10] Zhao Y X, Sun Y F, Liu S M, et al. Pore structure characterization of coal by NMR cryoporometry [J]. Fuel, 2017, 190: 359-369.

[11] Geng Y G, Tang D Z, Xu Hao, et al. Experimental study on permeability stress sensitivity of reconstituted granular coal with different lithotypes [J]. Fuel, 2017, 202: 12-22.

[12] Firouzi M, Rupp E C, Liu C W, et al. Molecular simulation and experimental characterization of the nanoporous structures of coal and gas shale [J]. International Journal of Coal Geology, 2014, 121: 123-128.

[13] Qin L, Zhai C, Liu S M, et al. Changes in the petrophysical properties of coal subjected to liquid nitrogen freeze-thaw-A nuclear magnetic resonance investigation [J]. Fuel, 2017, 194: 102-114.

[14] Qin L, Zhai C, Liu S M, et al. Fractal dimensions of low rank coal subjected to liquid nitrogen freeze-thaw based on nuclear magnetic resonance applied for coalbed methane recovery [J]. Powder Technology, 2018, 325: 11-20.

［15］ Xu J Z, Zhai C, Liu S M, et al. Pore variation of three different metamorphic coals by multiple free-zing-thawing cycles of liquid CO_2 injection for coalbed methane recovery ［J］. Fuel, 2017, 208: 41-51.

［16］ Xu X M, Sarmadivaleh M, Li C W, et al. Experimental study on physical structure properties and an-isotropic cleat permeability estimation on coal cores from China ［J］. Journal of Natural Gas Science and Engineering, 2016, 35: 131-143.

［17］ 刘世奇, 桑树勋, 杨延辉, 等. 基于低场核磁共振的高阶煤平行与垂直层理结构特征 ［J］. 煤炭科学技术, 2018, 46（10）: 110-116.

［18］ Zhou S D, Liu D M, Cai Y D, et al. Fractal characterization of pore-fracture in low-rank coals using a low-field NMR relaxation method ［J］. Fuel, 2016, 181: 218-226.

［19］ Zou M J, Wei C T, Huang Z Q, et al. Porosity type analysis and permeability model for micro-trans-pores, meso-macro-pores and cleats of coal samples ［J］. Journal of Natural Gas Science and Engi-neering, 2015, 27: 776-784.

［20］ Li H, Shi S L, Lu J X, et al. Pore structure and multifractal analysis of coal subjected to microwave heating ［J］. Powder Technology, 2019, 346: 97-108.

［21］ 徐晓萌, 马红星, 田建伟, 等. 基于核磁共振技术的煤体微观孔隙结构研究 ［J］. 煤矿安全, 2017, 48（2）: 1-4.

［22］ Zhao J L, Xu H, Tang D Z, et al. Coal seam porosity and fracture heterogeneity of macrolithotypes in the Hancheng Block, eastern margin, Ordos Basin, China ［J］. International Journal of Coal Geolo-gy, 2016, 159: 18-29.

［23］ Chen Y, Tang D Z, Xu H, et al. Pore and fracture characteristics of different rank coals in the eastern margin of the Ordos Basin, China ［J］. Journal of Natural Gas Science and Engineering, 2015, 26: 1264-1277.

［24］ 马会腾, 翟成, 徐吉钊, 等. 基于 NMR 技术的超声波频率对煤体激励致裂效果的影响 ［J］. 煤田地质与勘探, 2019, 47（4）: 1-7.

［25］ Chen S D, Tang D Z, Tao S, et al. Fractal analysis of the dynamic variation in pore-fracture systems under the action of stress using a low-field NMR relaxation method: An experimental study of coals from western Guizhou in China ［J］. Journal of Petroleum Science and Engineering, 2019, 173: 617-629.

［26］ Li X C, Kang Y L, Haghighi M. Investigation of pore size distributions of coals with different struc-tures by nuclear magnetic resonance (NMR) and mercury intrusion porosimetry (MIP) ［J］. Meas-urement, 2018, 116: 122-128.

［27］ Zhang J J, Wei C T, Ju W, et al. Stress sensitivity characterization and heterogeneous variation of the pore-fracture system in middle-high rank coals reservoir based on NMR experiments ［J］. Fuel, 2019, 238: 331-344.

［28］ Golsanami N, Sun J M, Liu Y, et al. Distinguishing fractures from matrix pores based on the practi-cal application of rock physics inversion and NMR data: A case study from an unconventional coal res-ervoir in China ［J］. Journal of Natural Gas Science and Engineering, 2019, 65: 145-167.

［29］ Li S, Tang D Z, Xu H, et al. Advanced characterization of physical properties of coals with different coal structures by nuclear magnetic resonance and X-ray computed tomography [J]. Computers & Geosciences, 2012, 48: 220-227.

[30] Li S, Tang D Z, Pan Z J, et al. Characterization of the stress sensitivity of pores for different rank coals by nuclear magnetic resonance [J]. Fuel, 2013, 111: 746-754.

[31] Du Y, Sang S X, Pan Z J, et al. Experimental study of supercritical CO_2-H_2O-coal interactions and the effect on coal permeability [J]. Fuel, 2019, 253: 369-382.

[32] Zhang J J, Wei C T, Zhao J L, et al. Comparative evaluation of the compressibility of middle and high rank coals by different experimental methods [J]. Fuel, 2019, 245: 39-51.

[33] Li X, Fu X H, Ranjith P G, et al. Stress sensitivity of medium- and high volatile bituminous coal: An experimental study based on nuclear magnetic resonance and permeability-porosity tests [J]. Journal of Petroleum Science and Engineering, 2019, 172: 889-910.

[34] Li X, Fu X H, Ranjith P G, et al. Retained water content after nitrogen driving water on flooding saturated high volatile bituminous coal using low-field nuclear magnetic resonance [J]. Journal of Natural Gas Science and Engineering, 2018, 57: 189-202.

[35] Meng M, Qiu Z S. Experiment study of mechanical properties and microstructures of bituminous coals influenced by supercritical carbon dioxide [J]. Fuel, 2018, 219: 223-238.

[36] Ramanathan C, Bencsik M. Measuring spatially resolved gas transport and adsorption in coal using MRI [J]. Magnetic Resonance Imaging, 2001, 19 (3-4): 555-559.

[37] Song Y, Zhu Y M, Li W. Macromolecule simulation and CH_4 adsorption mechanism of coal vitrinite [J]. Applied Surface Science, 2017, 396: 291-302.

[38] Yao Y B, Liu D M, Xie S B. Quantitative characterization of methane adsorption on coal using a low-field NMR relaxation method [J]. International Journal of Coal Geology, 2014, 131: 32-40.

[39] Tang Z Q, Yang S Q, Zhai C, et al. Coal pores and fracture development during CBM drainage: Their promoting effects on the propensity for coal and gas outbursts [J]. Journal of Natural Gas Science and Engineering, 2018, 51: 9-17.

[40] Tang Z Q, Yang S Q, Xu G, et al. Investigation of the effect of low-temperature oxidation on extraction efficiency and capacity of coalbed methane [J]. Process Safety and Environmental Protection, 2018, 117: 573-581.

[41] Wang Z, Lin B Q, Li H, et al. Acetone erosion and its effect mechanism on pores and fractures in coal [J]. Fuel, 2019, 253: 1282-1291.

[42] Zhang X L, Lin B Q, Zhu C J, et al. Improvement of the electrical disintegration of coal sample with different concentrations of NaCl solution [J]. Fuel, 2018, 222: 695-704.

[43] Liu Y, Zhu Y M, Li W, et al. Ultra micropores in macromolecular structure of subbituminous coal vitrinite [J]. Fuel, 2017, 210: 298-306.

[44] Alexeev A D, Vasylenko T A, Ulyanova E. V. Phase states of methane in fossil coals [J]. Solid State Communications, 2004, 130 (10): 669-673.

[45] Alexeev A D, Ulyanova E V, Starikov G P, et al. Latent methane in fossil coals [J]. Fuel, 2004, 83 (10): 1407-1411.

[46] Han Y N, Bai Z Q, Liao J J, et al. Effects of phenolic hydroxyl and carboxyl groups on the concentra-

tion of different forms of water in brown coal and their dewatering energy [J]. Fuel Processing Technology, 2016, 154: 7-18.

[47] Kim H S, Nishiyama Y, Ideta K, et al. Analysis of water in Loy Yang brown coal using solid-state ^{1}H NMR [J]. Journal of Industrial & Engineering Chemistry, 2013, 19 (5): 1673-1679.

[48] Yuan X H, Yao Y B, Liu D M, et al. Spontaneous imbibition in coal: Experimental and model analysis [J]. Journal of Natural Gas Science and Engineering, 2019, 67: 108-121.

[49] Liu Z S, Liu D M, Cai Y D, et al. The impacts of flow velocity on permeability and porosity of coals by core flooding and nuclear magnetic resonance: Implications for coalbed methane production [J]. Journal of Petroleum Science and Engineering, 2018, 171: 938-950.

[50] Shen J, Zhao J C, Qin Y, et al. Water imbibition and drainage of high rank coals in Qinshui Basin, China [J]. Fuel, 2018, 211: 48-59.

[51] Sun X X, Yao Y B, Liu D M, et al. Investigations of CO_2-water wettability of coal: NMR relaxation method [J]. International Journal of Coal Geology, 2018, 188: 38-50.

第4章
固态核磁共振在煤无机质分析中的应用

4.1 概述

  煤中矿物质是煤中无机物的总称，既包括在煤中独立存在的矿物质，如高岭土、蒙脱石、硫铁矿、方解石、石英等，也包括与煤的有机质结合的无机元素；此外，煤中还有许多微量元素。煤中的矿物质种类十分复杂，含量差异很大，与煤的有机质结合很紧密，但与煤性质的关联也无规律可循。

  煤在热转化过程表现出的特性，大多与煤灰性质相关。一般来说，无机物在燃烧和气化过程中会引起各种问题，如结渣、腐蚀等。灰渣组成与性质之间的关系受到广泛关注。灰渣中含有的碱和碱土化合物（即 Na、Ca 和 Mg），对熔渣的性质有非常关键的影响。碱性氧化物是降低熔渣高温黏度常用的助熔剂。深入了解熔融状态下阳离子与 SiO_2-Al_2O_3 之间的相互作用，对全面理解煤灰熔融行为和评价熔渣黏度至关重要。由于各种 RO（R＝Na_2、Ca、Mg)-SiO_2-Al_2O_3 熔渣体系具有广泛的工业用途，因此有必要对其熔融条件下的化学结构进行研究。对熔渣矿物结构的研究大多数集中在 SiO_4 和 AlO_4 四面体网络的化学结构上，而单价阳离子/或二价阳离子对熔渣的影响一直是全面认识熔渣微观结构整体形态的障碍。根据离子结构理论，熔渣是由带电粒子和复合氧化物组成的离子团聚体。熔融矿物具有类似有机聚合物的骨架结构，聚合结构中以不同形式存在的元素取决于它们的配位数、电荷、离子半径等特性，最终影响熔渣的流变行为和结构稳定性。由于熔渣的非晶态特征，一般方法很难从骨架结构角度分析其局部微观特征。固态核磁共振可用于分析非有序物质中特定元素周围的局部化学结构特征。核磁共振方法可以为熔渣的结构分析提供高分辨率的谱图信息，加之核磁共振实验可以在更高的磁场下进行，高磁场下波谱分辨率的提高使微观结构的定量分析成为可能。结合各种方法来全面了解熔渣中元素的结合状态，可对熔渣结构进行系统的分析。

4.2 煤中无机质的^{29}Si-SSNMR 分析

除氧外，硅是地壳中含量最丰富的元素（含量为 26％，大约是第二丰富元素铝的 3.5 倍）。因此，在矿物学、地球化学、陶瓷和无机材料中，^{29}Si 是一种很容易获得核磁共振波谱的元素。固体核磁共振波谱技术在材料科学中的发展，在很大程度上归功于这种无处不在的元素的成功应用。煤中硅元素主要以 SiO_2、高岭土和硅铝酸盐的形式存在。煤灰中 SiO_2 的含量较高，主要以非晶体的状态存在，有时起提高煤灰熔融温度作用，有时则起助熔作用。研究表明，SiO_2 含量在 45％～60％时，随着 SiO_2 含量的增加，煤灰熔融温度降低。这是因为在高温下，SiO_2 很容易与其他一些金属和非金属氧化物形成一种易熔的低温共熔玻璃体物质。同时，玻璃体物质具有无定形的结构，没有固定的熔点，随着温度的升高而变软，并开始流动，随后完全变成液体。SiO_2 含量越高，形成的玻璃体成分越多，所以煤灰的流动温度与软化温度之差也随着 SiO_2 含量的增加而增加。SiO_2 含量超过 60％时，SiO_2 含量对煤灰熔融性温度的影响无一定规律，这主要是由于 SiO_2 是构成网络结构的主要成分，而煤灰中还有许多其他氧化物，这些氧化物又可分为网络修饰氧化物和价键补偿氧化物。不同类型氧化物间的相互作用使得 SiO_2 表现出助熔的不确定性。而当 SiO_2 含量超过 70％时，其灰熔融温度比较高，软化温度最低也在 1300℃ 以上。原因是此时已无适量的金属氧化物与 SiO_2 结合，并存在较多的游离 SiO_2，致使熔融温度增高。SiO_2 含量在 30％～60％ 的煤灰，其软化温度既可低至 1100℃ 以下，也可高达 1500℃ 以上。这一现象说明，SiO_2 在这样的范围以内时，煤灰软化温度的高低主要取决于 Al_2O_3 和 Fe_2O_3、CaO 等其他成分的多少。总体而言，SiO_2 含量对煤灰熔融性的影响十分复杂，它的作用很难单独产生影响，与煤灰中的其他组分之间有复杂的协同作用。而作为煤灰中的主要成分，对煤灰结构的影响最为显著。因此，充分认识煤灰中 SiO_2 构成的网络结构特征，是从本质上解析矿物质性质的关键。

4.2.1 ^{29}Si 固态核磁共振分析方法

各种核磁共振方法已经成功开发并用于无机材料的结构分析，如一维单脉冲

^{29}Si 魔角自旋（MAS）、用于自旋 1/2 核和半整数四极核的双量子魔角自旋（DQ MAS），以及用于异核相关性分析的交叉极化（HETCOR）。广泛使用的单脉冲实验可给出每个 Si 元素位点的结构信息和数量。^{29}Si 的二维（2D）DQ MAS 技术，可用于探测矿物中 T-O-T 结构中相邻 T 结构中原子的空间相关性。同核 DQ MAS 和异核 HETCOR 实验分别通过空间偶极相互作用产生 DQ 相干和磁化转移。因此，利用这些二维相关实验可以获得核间接近度的具体信息。

魔角在核磁共振实验中的广泛应用，促进了固体硅酸盐矿物的高分辨率波谱分析。最早对矿物的研究主要集中在 ^{29}Si NMR 分析上。原则上，^{29}Si 可显示出较窄的、分辨率良好的共振线，可在含硅矿物质中产生具有丰富结构信息的波谱。20 世纪 80 年代对各种铝硅酸盐黏土和其他矿物的研究为明确不同类型含硅矿物质的结构和化学位移关系奠定了基础。硅酸盐矿物中含有大量的硅元素，这些硅元素存在于各种各样的环境和结构单元中。含有与各种矿物中所发现的结构单元相对应的化合物经常出现在无机材料中，它们本身或作为无机合成物的产物或中间产物。由于 ^{29}Si NMR 谱的高分辨率和其各向同性化学位移对原子环境局部变化的敏感性，^{29}Si MAS NMR 可以与各种类别硅酸盐矿物中的结构单元相关联。例如，正硅酸盐（在分离的单体单元或阴离子中含有硅酸盐四面体）的位移为 $-60\sim-86$ppm；双硅酸盐（线性连接的三聚体结构中的四面体）的位移为 $-72\sim-95$ppm；链硅酸盐（其四面体连接成无限链）的位移为 $-82\sim-92$ppm；层状硅酸盐（包含连接到二维单层表单的四面体）的位移为 $-76\sim-97$ppm；网硅酸盐（包含在无限三维框架中连接的四面体）的位移为 $-83\sim-11$ppm。目前已经报道了大量硅酸盐矿物的 ^{29}Si MAS NMR 谱。由于天然矿物的成分和杂质含量各不相同，实际值可能有所不同。

^{29}Si 的自旋量子数为 $I=1/2$，它不受四极峰展宽和畸变的影响。尽管 ^{29}Si 的自然丰度（4.7%）较低，但由于其共振线相对较窄，其波谱分辨率较高。原子核的自旋 $I=1/2$ 展宽主要受如下两个来源的影响。

（1）偶极-偶极相互作用

相邻原子核的磁偶极与被研究的原子核相互作用。由于这种效应可能与取向有关，而粉末样品包含所有可能的取向，出现了显著展宽。偶极-偶极相互作用是由一个包含 $3\cos2\theta-1$ 项的表达式来描述的。该项可通过魔角旋转（MAS）平均为零。MAS 速度必须大于或等于以赫兹为单位的静态（非旋转）线宽。但是由于该线宽在 ^{29}Si 化合物中较窄，因此无需借助高磁场和高旋转速度即可获得有用的波谱。通常，在 4.7 T 的磁场中以约 4kHz 的旋转速度足以获得有用的 ^{29}Si MAS NMR 波谱。

（2）化学位移各向异性

原子核被周围的电子屏蔽，从而引起化学位移。由于这种屏蔽作用及其产生的化学位移与取向有关，因此会导致粉末样品的谱峰展宽。化学位移各向异性可以根据原子核沿三个对称轴的屏蔽来描述。魔角旋转将化学位移平均为单个各向同性值，即使旋转速度小于静态线宽，也会使产生的线显著缩小。

不同材料中 ^{29}Si 的弛豫时间可能有很大的不同。在含有顺磁杂质（例如 Fe）的天然材料中，仅可使用几秒钟的循环延迟；而某些 SiC 多型体可能需要数小时才能弛豫，这使得获取波谱时间过长。通过添加少量顺磁性离子（例如稀土元素），可以缩短纯化合物的 ^{29}Si 弛豫时间。较高浓度的顺磁性离子，例如天然材料中经常存在的 Fe，导致越来越多的信号强度转移到自旋边带，降低了中心峰的强度，可能导致波谱信号无法正常获得。

在同一样品中，各种 Si 结构单元的弛豫率可能相差很大。如果实验选择的循环延迟时间不足以使所有类型的 Si 完全弛豫，则具有更长弛豫时间的 Si 物质的波谱不能完全显示。尤其是在使用 ^{29}Si NMR 估算样品中各种含 Si 物质的相对丰度时，必须充分考虑这些因素。

通过测定各向同性化学位移，^{29}Si NMR 波谱可提供关于材料结构的直接信息。在由氧配位的化合物中，主要受 Si 配位数的影响，从 Si(Ⅳ) 到 Si(Ⅴ) 到 Si(Ⅵ) 的化学位移变化范围约为 50ppm。当相邻元素发生变化时，也会引起相似的变化，这种效应的大小取决于被取代元素的化学性质。由于 Si 环境中存在晶体畸变，^{29}Si 化学位移的微小变化（通常为 2ppm）仍可能被探测到。其晶体畸变与结构中的原子或结构取代直接相关。因此，^{29}Si 化学位移可以提供有关 Si 环境中相当大范围的结构变化信息。

虽然 Si 倾向于四重配位，但无机材料中的 Si 主要与 O 结合，也可以在一些高压生产的玻璃和材料中见到五重和六重配位。Si-O 结构中 ^{29}Si 的化学位移对配位数很敏感，Si(Ⅳ) 单元的化学位移在 −60～−120ppm 范围内。Si(Ⅴ) 和 Si(Ⅵ) 的位移分别在 −150ppm 和 −180～−190ppm 处。玻璃态或非晶态的 SiO_2 样品中，四面体 Si-O 位点处 Si 的局部微小变化可以产生宽的、无特征的波谱。另一方面，在某些情况下，各个四面体 Si 位点在晶体学上有明确的定义，可以通过 ^{29}Si NMR 波谱解析。四面体 Si 化学位移随结构的变化已得到充分证明，可用于"指纹识别"（鉴定硅酸盐种类或存在的结构单元类别）。硅酸盐结构被认为是由不同聚合度的四面体单元组成的，可以用"Q^n"符号来描述，表示一个 Si 与四个 O 原子相连。上标 $n＝0～4$，表示附加在该单元上的其他 Q 单元的数量。Q^0 表示一个 Si 通过 O 与其他没有形成网络的元素结合，而 Q^4 表示一个 Si 通过 O 与另外四个 Si 结合。由于增加了中心 Si 的电子屏蔽，随着 Si-O-Si 键的增加，^{29}Si 的化学位移向负值方向变化。在单硅酸盐中，Q^0 单元的典型位移约为 -65ppm，每增加一个键合 Si 四面体，其位移变化约为 10ppm，对于完全聚合的硅多晶型 Q^4 单元（如石英或方英石），位移变化约为 -110ppm。这些结构的化学位移之间存在一定程度的重叠，这种重叠可能会对峰的识别和匹配产生一定的影响。铝硅酸盐是一大类化合物，其中一些次邻近原子是 Al。由于硅铝四面体是构成矿物质的主要成分，因此次近邻原子对结构的影响也须加以考虑。

二维双量子魔角自旋（DQ-MAS）是探测矿物中 T-O-T 物种中相邻 T 原子空间相关性的强大技术，可用于分析煤的矿物质中两个硅氧四面体的连接结构。双量子同核相关实验的脉冲序列和相关传输路径见图 4-1，在实验中，首先激发 DQ 的相干性。然后在 t_1 期间演变，随后又转化为可探测的磁化强度。相位循环选择双自旋双量子相干的传输路径，而不是单自旋的相干传输路径；另一方面，自旋 $1/2$ ^{29}Si 原子核没有单自旋双量子相干性，因此，可以应用序列（a）（缺少一个脉冲）进行测定。DQ-MAS 谱可以显示单量子（F_2）和双量子（F_1）频率之间的相关性。单量子频率的偶极耦合自旋对 σ_1 和 σ_2 出现在 $(F_1, F_2) = (\sigma_1 + \sigma_2, \sigma_1)$ 和 $(\sigma_1 + \sigma_2, \sigma_2)$。如果有两个旋转相同的频率，则只有单一的峰出现在 $(F_1、F_2) = (\sigma_2 + \sigma_1, \sigma_1)$ 斜率为 2 的对角线上。

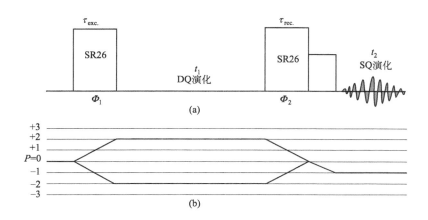

图 4-1　双量子同核相关实验的脉冲序列和相干传输路径

双极耦合自旋对在 DQ-MAS 谱的对角线上产生的峰具有相同单量子频率的自旋之间的连通性。在常规的 SQ/SQ 相关实验中，这种相关性被强烈的对角峰所掩盖，因此这些实验通常用于探测结构之间的接近性。无强对角峰是

DQ-MAS 实验的一个显著优势。由于 Si-O-Si 之间的距离较窄，且多个 Si-O-Si 键分开的原子核之间的 ^{29}Si-^{29}Si 偶极相互作用较弱，因此可以用来探测成键网络并在 ^{29}Si 谱中分配峰。在 ^{29}Si NMR 谱中观察到对角 DQ 峰，表明相同结构的相邻 Si 种之间发生了键合，如图 4-2 所示。单脉冲 MAS 和 DQ-MAS 的组合方法为每个 Si 峰提供了独特的分配。根据这一信息，Si 作为偶对在骨架结构中与相同的邻近位点重复结合。

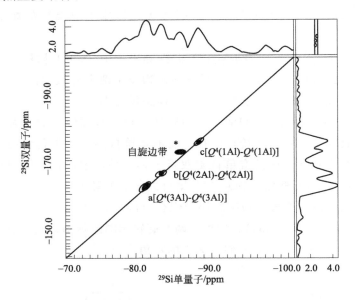

图 4-2　在 18. 8T 场强中转速 20kHz 获得的二维 ^{29}Si 双量子魔角自旋谱

　　来自不同结构单元的共振经常重叠，因此有必要通过曲线拟合的方法来反卷积对宽波谱进行拟合。如果矿物中存在的各种铝硅酸盐单元能够得到充分的分离和解析，使它们能够拟合，则原则上可以确定硅铝无序形态。在实际应用中，由于高斯和洛伦兹方法可以实现良好的拟合，易于计算，并且可以根据参数的随机分布进行校正，是最常见的拟合方法。

4. 2. 2　原煤中 ^{29}Si 矿物结构识别

　　利用 ^{29}Si MAS 可对煤中矿物质进行识别。尽管 ^{29}Si 的自旋晶格弛豫时间（T_1）通常很长，但因为 ^{29}Si 的核自旋数为 $I/2$，所以可以利用 MAS 进行谱线窄化。因为偶极相互作用和化学位移各向异性的去除或减少，^{29}Si MAS NMR 可以给出各向同性谱。因此，^{29}Si MAS NMR 能提供精确的结构信息和量化的硅局部环境分布，如硅、铝原子最近邻的数量或通过 O 原子桥连接的四面体数量（表

示为 Q^n，其中 n 是与其他硅酸盐和铝酸盐四面体共享的 O 原子数量）。利用 ^{29}Si NMR 对原煤和煤灰中无机物质的表征进行了大量分析。然而，大多数研究只给出了石英和其他黏土矿物之间的区别。通过波谱拟合可定量分析黏土矿物的含量，如高岭土（91.5ppm）、蒙脱石（93.7ppm）和伊利石（91.0ppm）。但是，单脉冲 MAS 分析会出现相似结构的化学位移变化和相对宽泛的信号，导致部分谱图的重叠。

经过大量研究，建立了 ^{29}Si 核磁共振参数与层状硅酸盐结构和组成之间的基本关系。核磁共振结果可以估计矿物质中硅氧四面体的比例，以及未知结构的硅酸盐矿物中硅结构的有序度。NMR 分析的目标是确定矿物的分布，描述和量化煤中无机成分的宏观和微观特征，并进一步评估煤的性质。利用 ^{29}Si MAS 对美国阿尔贡原煤进行了分析，获得了煤中特定铝硅酸盐矿物的化学信息。核磁共振还应用于煤碎屑矿物颗粒沉降-浮选分离前后的分析。结果表明，^{29}Si 核磁共振对分析煤中存在的黏土矿物有较好的适用性。与 XRD 等其他方法不同，固态核磁共振方法对煤颗粒大小和形态无要求。并且，除了有序的结晶铝硅酸盐外，还可以检测非晶态物质。尤其重要的是，核磁共振是一种无损的直接表征方法，在分析前不需要对煤样进行任何特殊的处理。

在测定煤中矿物核磁共振之前，可利用高岭石为标样对 ^{29}Si-MAS 进行校正，以确定每种矿物类型的最佳波谱参数。通过标准物质的峰化学位移，可对煤中发现的不同种类的铝硅酸盐进行鉴别。

在 ^{29}Si 核磁共振实验中，采用交叉极化（CP）可增强稀释的核自旋信号。在 CP 实验中，合适的接触时间取决于极化转移的速率，由"有效"的硅-质子核间距和旋转参照系中质子磁化的寿命来调节。在对煤分析过程中发现，使用约 5ms 的 CP 混合时间可以选择性地提高化学位移 $\delta = -92.5$ppm 处的高岭石的共振峰强度。当比较两种烟煤的 ^{29}Si 波谱时，图 4-3(a) 和图 4-3(b) 清晰地显示了这种共振的显著增强。纯伊利石和蒙脱石的无机骨架具有与高岭石相似的硅-质子核间距，表现出显著的 ^{29}Si CP 增强。然而，这些矿物在煤样中很少或没有显示出 CP 增强。因此，交叉极化方法可以明确地识别高岭石，即使只有少量的高岭石与其他矿物的混合物，依然可以区分。

4.2.3　熔融灰渣中 Si 结构特征

熔融矿物质是一种含硅酸盐的熔体，其性能与组成和结构有关。因此，炉渣的结构信息和聚合度对分析其性能和预测其发展趋势具有重要意义。迄今为止，大量文献报道了不同成分熔融矿物质的熔融温度、黏度和结晶转化行为。普遍认为，

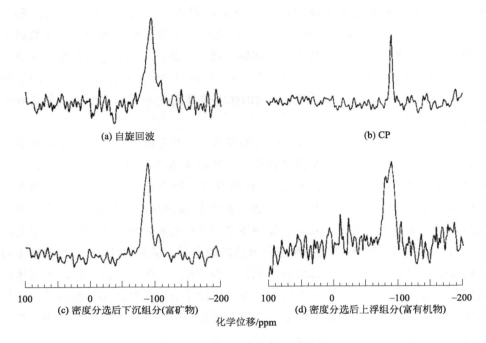

(a) 自旋回波

(b) CP

(c) 密度分选后下沉组分(富矿物)

(d) 密度分选后上浮组分(富有机物)

化学位移/ppm

图 4-3　原煤的 ^{29}Si MAS NMR 谱

熔点、黏度等性能直接受到微观分子结构的影响。硅铝矿物质熔渣被认为是由不同的 Q^n 单元组成的链、环等形式的聚合物，其中 Q^n 表示 $T(O-T)_n(O-M)_{4-n}$（T 表示网络结构单元）。Q^n 的结构示意如图 4-4 所示。氧离子通常可分为桥联氧（BOs）、非桥联氧（NBOs）和游离氧。根据通过网络连接的数量不同，所有的四面体可以分为五种类型（Q^n，$n=0,1,2,3,4$），Q 是聚合度，n 表示连接四面体的数量，这也表明聚合度 n 越大聚合反应越剧烈。

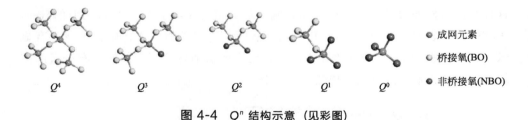

● 成网元素

○ 桥接氧(BO)

● 非桥接氧(NBO)

Q^4　　　　Q^3　　　　Q^2　　　　Q^1　　　　Q^0

图 4-4　Q^n 结构示意　（见彩图）

在 ^{29}Si MAS NMR 实验中，由于矿渣的实际组成比含硅标准矿物复杂得多，矿渣样品的 Q^n 化学位移可能会偏离标准晶体矿物。此外，铝离子对硅离子去屏蔽效应作用，也会影响化学位移。以（Q^4）Si 为例，根据连接桥氧另一端的 Al 离子数量，Q^4 所处的位置有 5 种不同的情况，以 Si(Q^4)[mAl] 为代表（$m=$ 1～4）。每增加一个铝将略微降低 Si 的 Q^4 的化学位移，大约 5ppm。5 个不同信号峰的叠加构成了 Q^4 的信号峰，导致 Q^4 的信号峰不是双边对称的。Al 离子的增加引起的 Si 的 Q^n 化学位移的减小，可以扩大 Q^n 峰信号的分布范围，从而导致 ^{29}Si MAS-NMR 谱中不同 Q^n 物种的重叠更加严重。没有键合 Al 原子的 Q^4 单元（表示为 Q^4(0Al)）的 ^{29}Si 化学位移为 $-102\sim-116$ppm。Q^4(1Al) 的化学位移为 $-97\sim-107$ppm，Q^4(2Al) 的化学位移为 $-92\sim-100$ppm；Q^4(3Al) 的化学位移为 $-85\sim-94$ppm；Q^4(4Al) 的化学位移为 $-82\sim-92$ppm。从这些值的范围可以看出，这些位移在一定程度上是重叠的，可以作为 Al 对 Si 取代程度的标志，从而提供关于铝硅酸盐骨架无序性的信息。

为了提高计算精度，必须尽可能细致地进行化学位移确定、结构分类、峰重叠分离、峰面积计算等。硅酸盐样品不同结构单元的 ^{29}Si 化学位移范围如表 4-1 所示。研究表明，当硅原子被铝原子取代时，化学位移会发生偏离。实际上，偏差范围随着替代数的增加而增大。在一般模型中，配位结构可以写成 Q^n(mAl)，其中 m 为取代的 Al 原子数，$m<n$，$n<4$。由于取代引起的化学位移可能导致结构分类错误，因此在标准 Q^n 化学位移范围内，经常忽略取代效应。然而，对于 $Q^n\sim Q^{n+1}$ 之间的化学位移，主要是由于相邻配位原子的替代作用而产生的，配位结构应归类为 Q^{n+1}。

表 4-1　不同硅酸盐类结构单元的 ^{29}Si 化学位移范围

连接结构	结构形式	化学位移/ppm
Q^0	正硅酸盐（单体结构）	$-66\sim-74$
Q^1	焦硅酸盐（二聚物）	$-77\sim-82$
Q^2	支链或环	$-85\sim-89$
Q^3	交联链状结构	$-92\sim-100$
Q^4	三维网络结构	$-103\sim-115$

对添加碱金属和碱土金属的人工合成的硅铝酸盐熔渣的 NMR 分析发现，Q^4、Q^3、Q^2、Q^1 和 Q^0 分别出现在 $-106\sim-118$ppm，$-92\sim-106$ppm，$-82\sim-92$ppm，$-70\sim-80$ppm，$-62\sim-70$ppm 范围内，如图 4-5 所示。含 Na 阳离子的熔渣（NAS）中 ^{29}Si 化学位移明显向以 Q^2、Q^0+Q^1 结构为主的低磁场方向移动。这类结构主要由钠离子通过 NBO 形成的 T-O-R 连接产生。在 Ca 离子熔渣（CAS）中，核磁峰逐渐向高磁场方向偏移，Q^2 结构变为 Q^3 和 Q^4 结构。同样地，含 Mg 阳离子的熔渣 MAS 表现出明显向更高的磁场的迁移，Q^3 结构是主要结构。在熔渣中，镁离子可能更倾向于作为网络修补体，而不是电荷

补偿作用。在一定程度上，Mg 和 Ca 阳离子对 Si-O 结构变化的不同影响，从本质上可以归因于它们不同的阳离子力强度（cation force strength，CFS）。钠正离子熔渣在较低的聚合度下，倾向于形成相对较短的微观片段结构。相比之下，熔渣 CAS 中仍存在大量的 T-O-T 结构，但其聚合结构容易被 Ca^{2+} 分解和修饰，从而含钙矿渣倾向于形成链状结构单元。松散的聚合物团簇在熔融状态下，借助定向运动可以很容易地重新排列，从而获得较低的黏度。熔渣中 Mg 阳离子可以渗透到致密的骨架结构中，生成较大的枝状 T-O-T 团簇，最终导致这种结构的相互纠缠作用和较高的运动黏度。

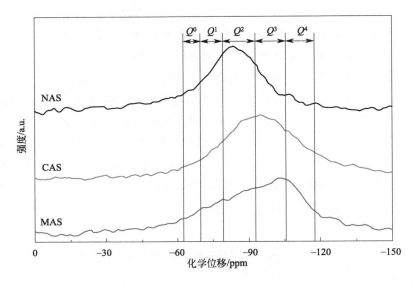

图 4-5 Na-Al-Si（NAS）/Ca-Al-Si（CAS）/Mg-Al-Si（MAS）熔渣体系的 ^{29}Si-MAS NMR 谱图

平均聚合链长度（mean average chain length，MCL）可用来评估熔渣中硅氧聚合物的聚合度，计算公式如下：

$$MCL = \frac{2\left[Q^1 + Q^2(0Al) + \dfrac{3Q^3(1Al)}{2}\right]}{Q^1} \tag{4-1}$$

式中，Q^1、Q^2、Q^3 为对应核磁共振锋面积。该方法操作简单。但是，由于 MCL 指标多用于特定的水化样品，因此适用范围有限。由于桥接氧原子的数目随聚合度的变化而变化，因此提出了桥接氧相对数的概念（RBO），以研究桥接氧与胶凝活性的关系[1]。

如果 Si-O-Si 化学键断裂，桥接氧的数量将从 Q^n 变为 Q^{n-1}（图 4-6）。而当两种 $Si-O^{\oplus}$ 结合形成 Si-O-Si 键时，Si 的配位结构将从 Q^n 变为 Q^{n+1}。因此，桥

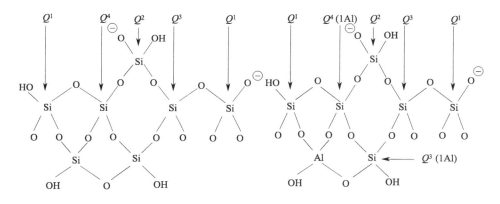

图 4-6　^{29}Si 在硅酸盐中的配位结构图

接氧数的变化可以作为体系中聚合或解聚反应的指标。RBO 可以通过相对峰值面积计算得到：

$$\text{RBO} = \frac{1}{4} \times \frac{\sum nQ^n}{\sum Q^n} \tag{4-2}$$

式中，Q^n 对应具有 n 配位形式的 Si 的峰面积。

在方程中，首先假设所有的 Si 配位结构都是 Q^4，RBO 值为 1。其他的结构单元，Q^0、Q^1、Q^2 和 Q^3，是 Q^4 单元解聚的结果。因此，假设的 Q^4 和 Q^n 的桥连氧数比可以用来评估 Q^4 的分布程度。此外，该比值（RBO）也可用于硅酸盐聚合度的分析。相反地，如果 Q^4 结构被充分地解聚到 Q^0，所有的 Si 配位结构都是 Q^0，硅酸盐聚合被最小化。同时，RBO 值为 0。

Xuan 等[2] 采用核磁共振（NMR）实验和分子动力学（MD）模拟相结合的方法，对 10 种煤矿物熔渣的结构进行了定量研究。确定了以 Si 为中心原子的不同结构单元 Q^n 的比例，核磁共振实验和分子动力学模拟结果吻合较好，如图 4-7 所示。两种方法的较小偏差主要来自熔渣中 Al 的去屏蔽作用造成 NMR 去卷积不准确。碱土和碱土离子可以通过氧原子与硅结合，引起 ^{29}Si 化学位移的变化，进一步引起 SiO_4 聚合结构的变化。因此，不同的 Q^n 结构只能用高斯去卷积半定量地确定。随着碱度的增加，复杂单元解聚成较小的单元，Q^4 单元所占比例减小，Q^3、Q^2、Q^1 单元所占比例增大，表明聚合度随碱度的增加而降低。提出了表征聚合度的结构参数 Q_{Si}，随着碱度的增加而降低，用线性方程描述了 Q_{Si} 与碱度的关系。此外，还发现黏度与聚合参数 Q_{Si} 之间的指数函数，可以用指数函数 $\eta = e^{[a+b(Q^n)Si]}$ 表示，其中 a 和 b 是与温度有关的参数。这种基于结构的黏度模型不同于以往的数值和热力学模拟的模型。在临界黏度温度

（T_{cv}）以上进行了黏度实验，验证了预测的正确性。然而，对于结晶渣，MD不能预测液固混合物的结构。因此，人们还需要对沉淀固体进行更多的研究，以便对结晶渣做出准确的预测。

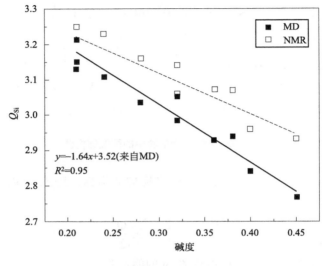

图 4-7　Q_{Si} 随碱度的变化

对高温熔融后经过水淬冷的熔渣在不同温度下进行加热处理，考察了硅结构的变化规律[3]。淬冷过程使得高温状态处于不定型结构的硅氧结构被迅速固化，因此淬冷渣的 ^{29}Si 结构分布较宽，说明处于分子内张力较大的玻璃态，不同处理温度下的 ^{29}Si SSNMR 谱见图 4-8。^{29}Si 结构对温度变化较为敏感，在＜900℃的较低温度，熔渣结构未发生明显变化，说明未达到玻璃体的转变温度；在 1000～1300℃温度处理过程中，玻璃态熔渣结构发生重排，低聚合度的 Q^2、Q^3 结构逐渐向 Q^4 转变；而在高于 1400℃的温度下，熔渣重新发生熔融，结构重新变成扭曲的不定形态。

4.2.4　粉煤灰中 Si 的结构

粉煤灰又称燃煤飞灰或烟灰，是煤燃烧所产生烟气灰分中的细微固体颗粒物。飞灰是煤粉进入 1300～1500℃ 的炉膛后，在悬浮燃烧条件下经受热面吸热后冷却而形成的。由于表面张力作用，飞灰大部分呈球状，表面光滑，微孔较小。一部分因在熔融状态下互相碰撞而粘连，成为表面粗糙、棱角较多的蜂窝状组合粒子。飞灰的化学组成与燃煤成分、煤粒粒度、锅炉型式、燃烧情况及收集方式等有关。其中主要物相是玻璃体，占 50％～80％；所含晶体矿物主要有：莫

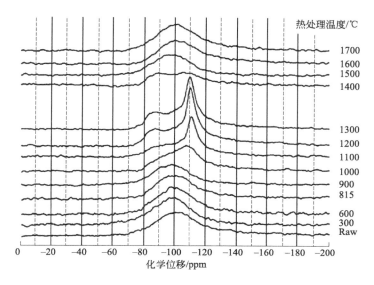

图 4-8　不同处理温度下的^{29}Si SSNMR 谱

来石、α-石英、方解石、钙长石、硅酸钙、赤铁矿和磁铁矿等。粉煤灰分类方法有多种，按照煤粉燃烧方式可以将其分为煤粉炉粉煤灰和循环流化床粉煤灰。针对粉煤灰在水泥/混凝土中的应用，学术界和工业界按照粉煤灰化学成分差异又将其划分为低钙粉煤灰（F 类灰，CaO 含量＜20%）和高钙粉煤灰（C 类灰，CaO 含量＞20%）。一般来说，F 类灰由无烟煤或烟煤燃烧产生，而 C 类灰由褐煤或次烟煤燃烧产生。另外，我国按照粉煤灰中 Al_2O_3 含量还将粉煤灰划分为低铝粉煤灰和高铝粉煤灰。由于部分地区特殊的古地质条件使得煤中伴生大量高岭石和勃姆石等富铝矿物。高铝煤中 Al_2O_3 含量高达 40%～50%，这种高铝煤燃烧产生的粉煤灰中 Al_2O_3 含量往往接近或超过 50%，因此被称为高铝粉煤灰。粉煤灰的化学成分非常复杂，它包含超过 11 种主要元素（O，C，S，Si，Al，Fe，Ca，Mg，Na，K 和 Ti）和多种微量元素（Hg，Pb，As，Cr，Cd，Cu，Zn，Mo，Ba，B 和 Ni 等）。其中 SiO_2 和 Al_2O_3 含量之和往往超过 70%，使其成为一种潜在的铝硅酸盐矿物材料。

　　粉煤灰脱硅可以制备功能材料，而脱硅过程与粉煤灰中 Si 的结构直接相关。Zhang Jianbo 等[4] 提出了一种机械-化学协同活化-脱硅工艺，可以将高铝粉煤灰（HAFA）中不同杂质（铁、钙、钠）的含量降低至小于 1%，并将 Al/Si 的质量比从 1.26 提高到 2.71。研究发现，Q^4（3Al），Q^4（0Al），Q^2（1Al）和 Q^4（2Al）是高铝粉煤灰中的主要铝硅酸盐玻璃相，其惰性主要取决于 Q^4（2Al）

结构中铝的存在及其复杂的包裹结构，严重降低非晶态二氧化硅的反应性，脱硅前后高铝粉煤灰的^{29}Si MAS NMR见图4-9。在协同活化过程中，惰性包裹的铝硅酸盐玻璃相被破坏，Si-O-Al键中的Al被浸出，惰性Q^4（2Al）由28.7％降低到11.2％，活性Q^4（0Al）由56.5％提高到65.7％；同时，比表面积由2.695m^2/g增加到9.971m^2/g；因此，Q^4（3Al）的降低和Q^4（0Al）、Q^4（1Al）和Q^4（2Al）的增加通过协同活化提高了非晶态二氧化硅的反应活性。在脱硅过程中，暴露的非晶态Si-O-/Si-O-Si可被OH$^-$去除（脱硅率＞55％），更多的铝硅酸盐玻璃结构被分解，莫来石Q^4（4Al）结构保持稳定，比表面积由9.971m^2/g增加到26.1m^2/g，细晶粒长大为棒状莫来石，有助于细莫来石在烧结过程中表现出优异的性能。基于飞灰结构深入解析，使得该工艺不仅减少了污染，而且分离出的Al和Si缓解了Al/Si资源的短缺。

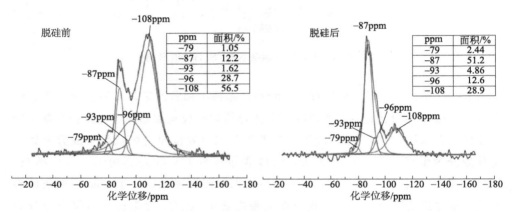

图4-9 脱硅前后高铝粉煤灰的^{29}Si MAS NMR

Qi Guangxia等[5]以粉煤灰脱硅液为原料制备了介孔硅酸钙材料，并考察了其对水溶液中Co（Ⅱ）的吸附性能。NMR证实了介孔硅酸钙材料中存在单硅酸盐链结构。层状单链硅酸钙水合物是吸附的有效组分，其机理包括层间、边缘和表面与Co（Ⅱ）的离子交换以及与Ca-OH和表面上孤立的Si-OH物种的配合。其负电荷表面有助于Co（Ⅱ）的吸附。介孔硅酸钙中76.7％的Co（Ⅱ）通过与Ca（Ⅱ）的离子交换被有效去除，其余的Co（Ⅱ）则可能被表面配合吸附。与传统的吸附剂或离子交换不同，介孔硅酸钙用量是影响溶液平衡pH值、钴离子形态和吸附容量的关键参数。因此，增加介孔硅酸钙的用量是改善实际废水（强酸性、高Co（Ⅱ）浓度和高盐度）不利影响的一个可行和经济的选择。介孔硅酸钙作为一种吸附剂后，适合作为水泥的替代品，采用廉价的固化/稳定技术进行处理。

Hu Pengpeng等[6]为从高铝粉煤灰中提取Li，用^{29}Si NMR分析了Li在高铝粉煤灰中的分布及赋存方式。发现 79%～94% 的 Li 存在于玻璃体中，并且分布相对均匀，与 Al、Si 构成的聚合结构有直接的关联。通过广义梯度近似方法计算的反应物和产物之间的能量差（ΔE），提出了 Li 在玻璃相中可能的形成途径，如图 4-10 所示。Li_2O 有与 $Q^4(1Al)$ 和 $Q^4(0Al)$ 组分发生反应的趋势，导致更多的 Li 出现在 $Q^3(0Al)$ 和 $Q^3(1Al)$ 结构中。Li_2O 倾向于破坏 Si-O-Si 键，而不破坏 Si-O-Al 键。根据实验和模拟结果，提出了在预脱硅过程中，通过溶解玻璃相来提取 Li 的方法。

Ma Zhibin 等[7] 采用中等酸碱交替法从循环流化床衍生的高铝粉煤灰中回收有价金属铝，研究了锂（Li）、镓（Ga）、稀土元素（REY）的溶解行为。用 XRD、^{27}Al 和 ^{29}Si MAS NMR 等研究了萃余残渣的性质。循环流化床飞灰中含有不同聚合度的 Si-O-Al 单元，不仅均匀地分布在飞灰颗粒表面，而且分布在颗粒内部。分布在颗粒表面的聚合度较低的 Al 优先溶解在 HCl 溶液中；HCl 不易通过单一酸处理渗透到灰颗粒内部，从而极大限制了 Al 的提取率。^{29}Si NMR 表明，

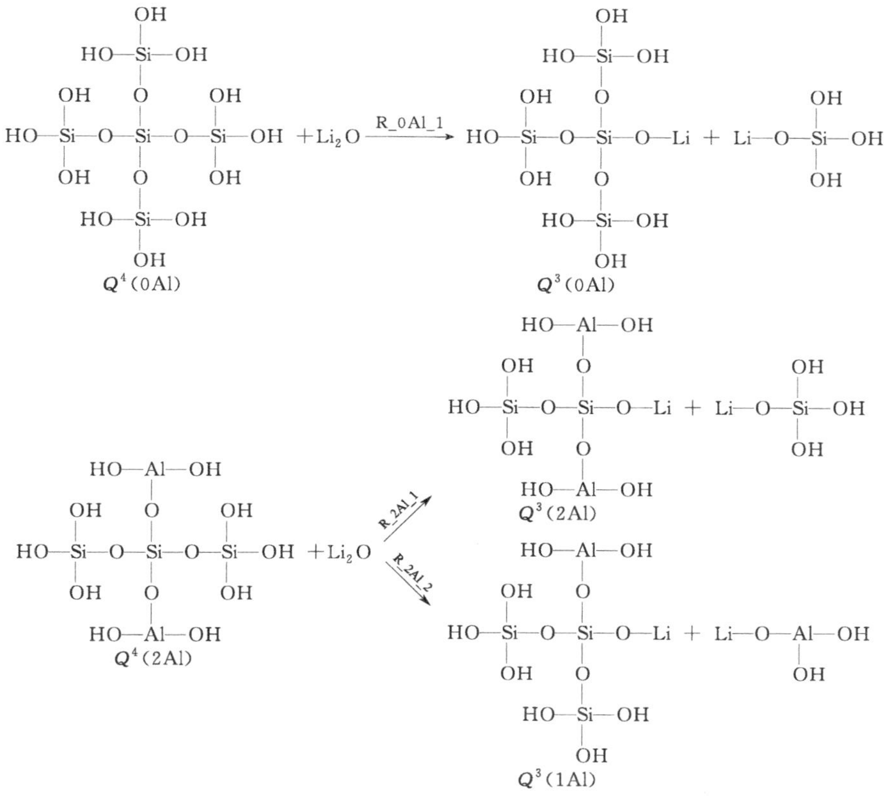

图 4-10

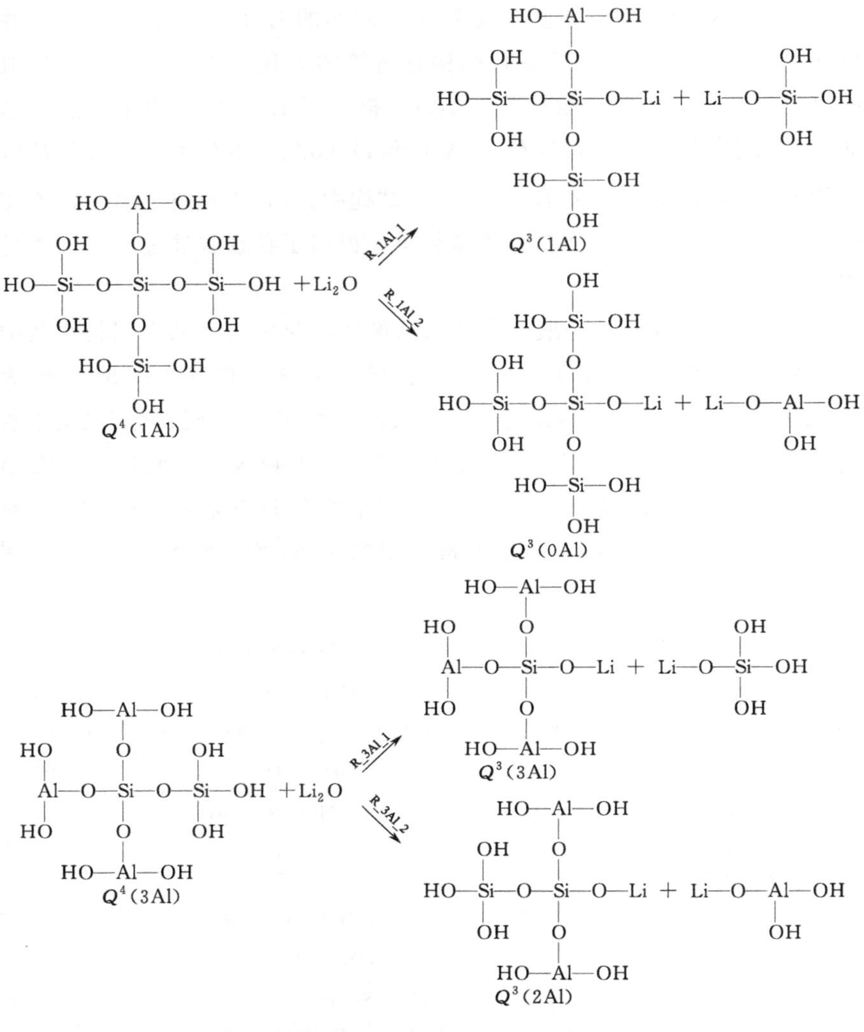

图 4-10　Li_2O 与四种模型化合物在高铝粉煤灰玻璃相中的可能反应

NaOH 溶液可有效去除积聚在颗粒表面的 SiO_2，而且可以通过将原来与 O 和 Si 原子结合的 Al 原子聚合形成八面体结构 [Al(Ⅵ)] 而破坏 Si-O-Al 单元，如图 4-11 所示。暴露和释放出来的 Al 进一步用 HCl 溶液提取。在温和的条件下，使用酸-碱交替法从循环流化床衍生的高铝粉煤灰中提取了 86% 的 Al_2O_3。最后，用 HCl 溶液萃取了灰分中的 78% 的 Al_2O_3、80% 的 Li、72% 的 Ga 和 55% 的 REY。此外，灰分中的 63% 的 SiO_2 溶解在 NaOH 溶液中，可用于制备含 Si 材料。酸浸残渣具有丰富的中孔结构，比表面积高达 $205m^2/g$，用于制备吸附材料或催化剂载体。将有价重金属的提取与中孔材料的制备相结合的方法，提供了一种利用循环流化床高铝粉煤灰的新途径。粉煤灰的 NMR 谱在－70～－100ppm 的化学位移范围内出现宽共振。在－71.5ppm 处的峰可以归因于具有 Si-O-Si 结构的非晶材料。Q^0、Q^1、Q^2 为粉煤灰中的富硅单元。富铝单元 $Q^3(1Al)+Q^2(1-2Al)+Q^3(2Al)+Q^4(3Al)$ 证实了粉煤灰中存在聚合 Si-O-Al 结构。富铝单元中的一些 Si-O-Al 键被破坏，部分 Al 在第一次酸处理中被溶解，从而增加富硅单元的数量（Q^0,Q^1）。然而，由于两个主要原因，一些 Si-O-Al 键在此过程中不能被破坏。因为它们的键能很高，HCl 溶液不能直接打破这些键。另外，HCl 溶液很难穿透灰粒，也不容易与 Al 原子接触。在碱处理过程中，大部分非晶态硅，如 Q^0 和 Q^1，溶解在 NaOH 溶液中。在此过程中，富铝单元中的一部分硅被溶解，释放出铝。在第二次酸处理过程中，这些析出的铝成分被溶解在盐酸溶液中。

粉煤灰和萃余残渣的 ^{29}Si MAS NMR 谱图见图 4-11。

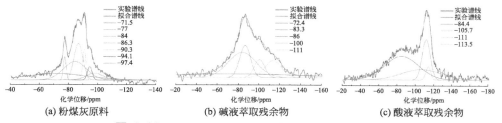

图 4-11　粉煤灰和萃余残渣的 ^{29}Si MAS NMR 谱图

（a）粉煤灰原料　　　（b）碱液萃取残余物　　　（c）酸液萃取残余物

Wang Bangda 等[8] 采用了一种新的方法从粉煤灰制备高性能介孔二氧化硅材料。与常用方法相比，该新方法获得氰基基团分布均匀的介孔二氧化硅纳米球，而普通方法仅获得不规则的海绵状微结构。此外，相比之下，介孔二氧化硅纳米球具有更好的水热稳定性、更高的比表面积（693m^2/g）和更有序的介孔结构。此外，模拟废水的吸附实验表明，介孔二氧化硅纳米球在去除有毒金属（Ni^{2+} 和 Cd^{2+}）方面比海绵状微结构更好。在 ^{29}Si NMR 中检测到几种典型的硅化学位移，介孔二氧化硅纳米球和海绵状微结构的 ^{29}Si NMR 化学结构分析见图 4-12。Q^4，Q^3 的化学位移属于无机硅，其中[$Q^n=Si(OSi)_n(OH)_{4-n}$，$n=2\sim4$]，另一种结构 T^3 和 T^2 属于有机硅，其中[$T^m=RSi(OSi)_m(OH)_{3-m}$，$m=1\sim3$]。这两类化学位移表明，有机硅氧烷和水玻璃通过所采用的方法水解共缩聚反应生成介孔材料。此外，由于介孔骨架结构中缩合度较低，导致材料表面 Si-OH 含量较高。Si-OH 基团的存在会导致介孔骨架水解破裂，形成水热稳定性较差的材料。值得注意的是，二氧化硅纳米球的 NMR 谱中不存在 Q^2 和 T^1 化学位移，说明存在很少 $Si(OSi)_2(OH)_2$ 和 $RSi(OSi)(OH)_2$ 结构。$Si(OSi)_2(OH)_2$ 的 Q^2 化学位移出现在海绵状结构中，表明在骨架中有更多的 Si-OH 基团。此外，

^{29}Si-NMR 结果中 T^n 化学位移的存在也表明氰基通过化学键引入到硅骨架中。二氧化硅骨架中的有机官能团可以渗出到水溶液中，而二氧化硅与有机官能团的结合是通过分子间的物理相互作用实现的。

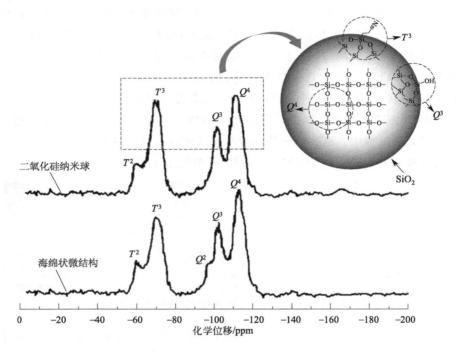

图 4-12 介孔二氧化硅纳米球和海绵状微结构的^{29}Si NMR 化学结构分析

（T^3，Q^4 和 Q^3 表示 Si 的不同化学环境）

Shao Ningning 等[9] 以粉煤灰为原料，采用简单的水热法研制了一种成本极低、分子过滤性能优良的沸石基纳滤膜（NFMs），用于废水中有机污染物的高效过滤。所得沸石膜是由晶态方沸石（ANA）和非晶态地聚物（GP）组成。复合膜在其内部呈现出分层的微孔和介孔结构，在 ANA 晶体中存在明显的缺陷。硅的结构主要为 Q^4(1Al)，并伴随一定量的 Q^4(2Al) 和 Q^4(0Al)。这些特性显著降低了膜的阻力，提高了分子筛的性能。利用 ANA 中引入的大空穴和微孔通道缺陷，厚度为 60μm 的 ANA/GP 复合膜的透过率高达 340～440L/(m²·h·MPa)，对亚甲基蓝的截留率高达 97%。从 NMR 谱上看到，可以将主峰分拟合为 8 个峰，分别位于 −71.6ppm，−82.7ppm，−92.5ppm，−96.7ppm，−102.4ppm，−107.8ppm，−112ppm，−116.2ppm，如图 4-13 所示。其中，−92.5ppm、−96.7ppm、−102.4ppm 和−107.8ppm 的峰是沸石的特征峰，这些峰分别属于硅

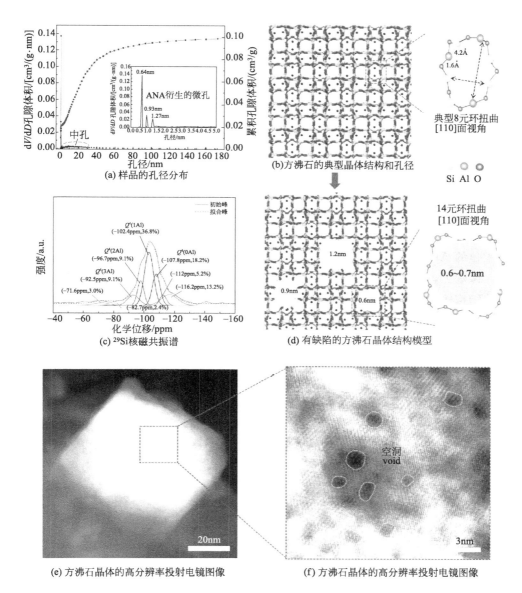

(a) 样品的孔径分布

(b) 方沸石的典型晶体结构和孔径

典型8元环扭曲
[110]面视角

Si　Al　O

(c) ²⁹Si核磁共振谱

(d) 有缺陷的方沸石晶体结构模型

14元环扭曲
[110]面视角

0.6~0.7nm

(e) 方沸石晶体的高分辨率投射电镜图像

(f) 方沸石晶体的高分辨率投射电镜图像

图 4-13　粉煤灰合成沸石基纳滤膜（见彩图）

氧四面体配位结构 Q^4（3Al）、Q^4（2Al）、Q^4（1Al）和 Q^4（0Al）。在 112ppm 和 116.2ppm 的峰来自粉煤灰的未反应的硅酸盐。在 −71.6ppm 和 −82.7ppm 的峰是未结晶凝胶的特征峰，强度较低说明非晶态凝胶转换的比较彻底。得到的 ANA 晶体含有明显的缺陷。ANA 缺陷的存在意味着 Si-O 四面体和 Al-O 四面体单元与其他单元并非都是四配位的，产生了更大的通道或空腔。ANA 晶体的骨架缺陷，是由于内部桥接 Si-O 或 Al-O 四面体的缺失，4-、6-和 8-环结构被更大的环取代。

Luo Yang 等[10] 以粉煤灰、水玻璃（硅源）和活性炭（碳源）为原料，采用碳热还原法合成了高结晶、高纯 β-SiC 晶须，工艺效率达 70% 以上。通过 ^{29}Si MAS-NMR 表征了水玻璃对粉煤灰的碱活化作用。在活化反应中，水玻璃和粉煤灰的硅酸盐骨架相互连接形成一个大的网络，构成稳定、均匀的溶胶体系。活性炭颗粒均匀分布的高活性硅酸盐网络有利于随后的碳热还原。通过实验和热力学分析，研究了 Na_2O、Al_2O_3 和 Fe_2O_3 对 β-SiC 晶须合成的影响。发现 Na_2O 的挥发不影响合成过程，而 Al_2O_3 和 Fe_2O_3 可以诱导莫来石中间相的形成，从而促进了 SiC 晶须的伸长。采用粉煤灰作为原料可以制备建筑陶瓷。通过机械力化学活化，制备出具有优异力学性能的陶瓷瓷砖。活化后的溶液是制备具有新型隔热性能的泡沫陶瓷的原料。活化过程中，部分六配位的 Al^{3+} 被转化为四配位的 Al^{3+}，可以替代四面体中的 Si^{4+}，使活化的粉煤灰中硅酸盐结构不稳定。微观上，泡沫陶瓷的凝固可以解释为烧结过程中 Si-O-Si 由二维层状向三维网状结构的转变。硅酸盐三维网络的变化是可以辨别的。结构的变化与活化过程中各种硅氧四面体的相对比例有关。碱活化前后粉煤灰的 ^{29}Si MAS NMR 谱见图 4-14。Q^4、$Q^4(1Al)$、Q^3 所占比例减小，而 $Q^3(1Al)$、$Q^3(2Al)$、Q^2、Q^1 所占比例增大，表明硅酸盐三维网状结构发生解聚。$Q^3(1Al)$ 和 $Q^3(2Al)$ 的急剧上升可以归因于 $Al^{3+}[Al(IV)]$ 取代 Si^{4+}。由于铝-氧四面体和硅-氧四面体之间的键长、键角和结合能的差异，激活后的硅酸盐三维网络比未处理的硅酸盐网络更不稳定。因此，活化的粉煤灰在后续的烧结过程中具有更强的反应性。在活化的粉煤灰骨架结构中，由 Al^{3+} 取代 Si^{4+} 引起的电荷亏损需要通过 Na 离子的吸附或结合来平衡。

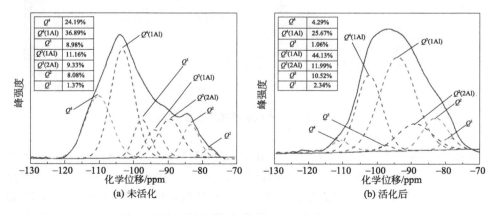

图 4-14　碱活化前后粉煤灰的 ^{29}Si MAS NMR 谱

Tan Hongbo 等[11] 通过湿磨对粉煤灰进行处理以获得超细颗粒。使用三种粉煤灰，即 D_{50}（中值粒径）为 $19.70\mu m$ 的原料粉煤灰，D_{50} 为 $2.67\mu m$ 和 $7.80\mu m$ 的湿磨粉煤灰，设计了水泥胶凝体系（C-FA）中 30％、50％和 70％的添加率。在高容量湿磨粉煤灰系统中，会产生更多的水合物，有助于强度的提高。用 ^{29}Si MAS NMR 对固化 28 天的膏体样品进行了测试。未水化水泥中的硅氧四面体可以从 Q^0 中反映出来；Q^3 和 Q^4 与未水合粉煤灰中的硅氧四面体有关。Q^1（即链端基团）、Q^2（即中链基团）、Q^2（Al）（即其中一个相邻的四面体被 Al^{4+} 取代的中链基团）分别表示水合物中的硅氧四面体。采用高斯函数对峰形进行了拟合。水泥凝胶结构中的主链长度（MCL），Si 被 Al 取代的比例（Al/Si），粉煤灰与水泥的反应比例（A_{FA}％和 A_C％）分别由下式计算：

$$MCL = \frac{2I(Q^1)+2I(Q^2)+3I[Q^2(Al)]}{Q^1} \tag{4-3}$$

$$Al/Si = \frac{0.5I[Q^2(Al)]}{I(Q^1)+I(Q^2)+I[Q^2(Al)]} \tag{4-4}$$

$$A_{FA}\% = 1 - \frac{I(Q^3+Q^4)}{I_0(Q^3+Q^4)} \tag{4-5}$$

$$A_C\% = 1 - \frac{I(Q^0)}{I_0(Q^0)} \tag{4-6}$$

地质聚合物是一种新型的环保型水泥黏合剂，具有优异的力学性能和耐久性。加入适量的碱渣（SR）制备地质聚合物，对提高材料的整体性能具有重要意义。Zhao Xianhui 等[12] 验证了采用碱渣（SR）制备了粉煤灰基地质聚合物的可行性和有效性，利用 FTIR 和 ^{29}Si NMR 研究了含 SR 与不含 SR 对地质聚合物化学键的地质聚合作用，添加碱渣和未添加碱渣硅铝酸钙凝胶在 25℃固化 180 天的 ^{29}Si 谱见图 4-15。结果表明，由于 C-S-H（硅酸钙聚合物凝胶），C-A-S-H（铝硅酸钙聚合物凝胶）以及 N-A-S-H（铝硅酸钠聚合物凝胶）或 C、N-A-S-H（钙铝硅酸盐钠凝胶）的共存，N-A-S-H 具有由硅-氧化铝四面体共享氧原子组成的三维网络结构，而 C-S-H 和 C-A-S-H 均具有层状结构。SR 的添加明显改善了粉煤灰基地质聚合物材料的微观结构和凝胶组成，可减少粉煤灰基地质聚合物砂浆的收缩率，增加大孔，增加强度并提高致密结构，这是由于 SR 中的含钙成分所致。但是，SR 的添加对粉煤灰基地聚合物砂浆的热稳定性几乎没有影响。这些结果为地质聚合物材料的性能优化和固体废弃物 SR 的科学资源化利用提供了实验依据和参考。

Tuinukuafe 等[13] 使用 NMR 来确定碱活化粉煤灰的原子分配，为材料的纳米级化学异质性分析提供了新的见解。NMR 分析表明，反应过程产生的多种配

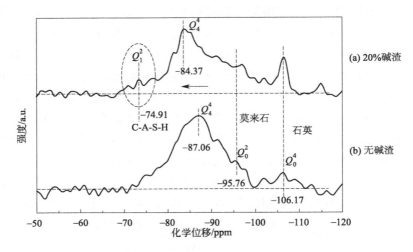

图 4-15 添加碱渣和未添加碱渣硅铝酸钙凝胶在 25℃ 固化 180 天的 ^{29}Si 谱

位结构反映分子结构中 Si/Al 的无序结合。因为 NMR 是原子结构的短程分析，所以它提供了有关扩展纳米级碱活化粉煤灰凝胶化学异质性的一些信息。未反应的粉煤灰的 ^{29}Si 质谱显示在 -87ppm 左右有一个明显的峰，表示 Q^4（4Al）的排列，代表粉煤灰中的莫来石相。为 -94ppm 和 -103ppm 左右的峰，代表玻璃相。碱活化后，粉煤灰的玻璃体部分明显减少。谱图中与 Q^4（4Al）、Q^4（3Al）、Q^4（2Al）、Q^4（1Al）、Q^4（0Al）对应的峰位于 -87ppm、-97ppm、-102ppm、-107ppm 和 -113ppm 附近。这种由反应过程产生的比较宽范围的配位变化表明 Si/Al 在分子结构中无序组合。然而，未反应的粉煤灰和铁的存在也会影响碱活化粉煤灰的谱图。但是因为核磁共振是一种原子结构的短程分析，它提供的关于碱活化粉煤灰凝胶在扩展纳米尺度下的化学非均质性的信息有限。

Li Huajian 等[14] 以煅烧煤矸石为主要原料，制备了高性能铝硅酸基胶凝材料。煤矸石在 500℃ 下煅烧，其主要成分为煅烧煤矸石、粉煤灰和矿渣，而成岩剂为碱硅酸溶液。采用核磁共振研究了含铝硅酸盐煤矸石基胶凝材料的结构。煤矸石、炉渣和粉煤灰的质量比、活化剂种类和加盐量对材料的力学性能有影响。含钠活化剂的 ^{29}Si NMR 谱如图 4-16 所示。以 -71.17ppm，-78.55ppm，-81.89ppm，-86.79ppm，-88.89ppm 和 -101.66ppm，-117.24ppm 为中心的尖峰为 Q^0（孤立），Q^1（二聚体和端基）和 Q^2（链）结构。Q^4（骨架）的数量远远超过 Q^1，Q^2 和 Q^0 的数量，例如 Q^4 的数量大约是 Q^0 的 8 倍，形成了一个宽峰。含钠活化剂（$SiO_2/R_2O=1$）具有框架硅酸盐四面体结构（Q^4）和孤立硅酸盐四面体结构（Q^0）。Q^1 和 Q^2 的 ^{29}Si NMR 谱均有双峰分裂。Q^1 的两个

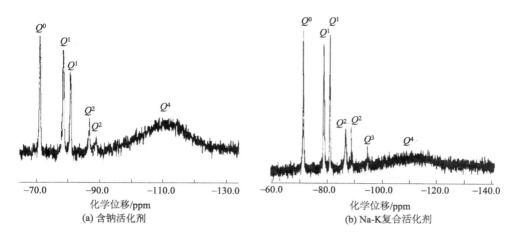

图 4-16　不同活化剂的 ^{29}Si NMR 波谱

^{29}Si 化学位移分别位于 -78.55ppm 和 -78.55ppm、-81.89ppm、-86.79ppm、-88.89ppm 和 -101.66ppm、-117.24ppm、-81.89ppm，分别为双四面体结构和双链结构。而 Q^2 的两个 ^{29}Si 化学位移分别位于 -86.79ppm 和 -88.89ppm，分别为单链结构和双链结构。因此，在含钠的活化剂中，存在聚合度高的硅酸盐四面体（框架结构）、聚合度低的硅酸盐四面体（孤立结构），以及双四面体链结构。Na-K 复合活化剂的 ^{29}Si 化学位移位于 -71.28ppm、-78.78ppm、-81.10ppm、-86.61ppm、-88.73ppm、-95.52ppm 和 -101.22ppm、-115.28ppm，分别代表 Q^0、Q^1、Q^2、Q^3 和 Q^4。Q^3 的信号存在，但非常弱。Q^1 和 Q^2 的峰为分裂的双峰。以 -78.78ppm 和 -81.10ppm 为中心的两个 ^{29}Si 化学位移分别代表了双四面体结构和环结构的存在。同样，Q^2 的两个 ^{29}Si 化学位移中心分别为 -86.61ppm 和 -88.74ppm，分别代表单链结构和双链结构。与含钠的活化剂相比，Na-K 复合活化剂具有 Q^3，并且 Q^0、Q^1、Q^2、Q^4 之间的比值存在显著差异，尤其是 Q^4 与 Q^0 之间的比值。相比之下，从 ^{29}Si NMR 的化学位移，甚至可以确定 Q^4 的相对量。Na-K 复合活化剂的 Q^4 含量远小于 Na-K 复合活化剂的 Q^4 含量，这也是 Na-K 复合活化剂具有较强解聚和再聚能力的原因。

　　Zheng Lei 等[15] 对粉煤灰基地质聚合物的固化和固化机理进行了综合概述。利用局部电荷模型对地质聚合过程中的离子反应进行了分析。通过 ^{29}Si-NMR 谱分析，确定了铝硅酸盐和重金属掺杂铝硅酸盐主要结构中 Si、Al 和 O 骨架上的电荷载荷，如图 4-17 所示。研究了活化剂用量和种类对粉煤灰基地质聚合物的影响，并验证了局部电荷模型分析的正确性。在中等碱用量下制备出强度最高的地质聚合

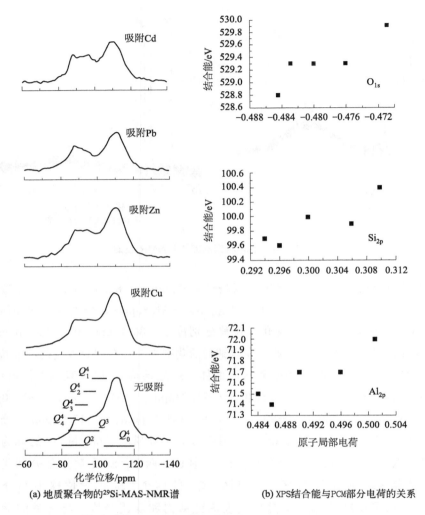

(a) 地质聚合物的^{29}Si-MAS-NMR谱　　(b) XPS结合能与PCM部分电荷的关系

图 4-17　吸附重金属后的核磁共振及电荷分布分析

物。在活化剂中加入硅酸盐或铝酸盐，提高了强度和固化效率，表现出较好的性能。对不含重金属的地质聚合物和含重金属的地质聚合物（重金属为 Cu、Zn、Pb 和 Cd）样品进行^{29}Si MAS 核磁共振分析。用 Q_n^m（$0{\leqslant}n{\leqslant}m{\leqslant}4$）表示地质聚合物中的单元，其中 m 为 Si 中心的配位数，n 为与 Si 中心相连的氧桥铝原子的数目。在-110ppm 的^{29}Si NMR 峰归因于 Q_0^4；而在-90ppm 的宽峰值包括 Q^2、Q^3 和四个可能的 Q_n^4（$n>0$）。由于这些物质的化学位移差异相对较小，从 Q^2、Q^3 和铝取代的硅酸盐四面体中分离信号比较困难。与母质不含重金属的地质聚合物相比，掺杂重金属的地质聚合物中-110ppm 处的峰减弱，-90ppm 处的峰强度增强。与抗磁性理论一致，Si 原子上部分电荷的减少导致其[29]Si NMR 化学位移的增加。Cu（Ⅱ,3)-Al（Ⅲ,4)-Si（Ⅳ,5)、Zn（Ⅱ,3)-Al（Ⅲ,4)-Si（Ⅳ,5)、Pb（Ⅱ,3)-Al（Ⅲ,4)-Si（Ⅳ,5) 和 Cd（Ⅱ,3)-Al（Ⅲ,4)-Si（Ⅳ,5) 中 Si 原子的电荷低于 Al（Ⅲ,4)-Si（Ⅳ,5) 中的电荷。结果可以证实[29]Si 与重金属地质聚合物结合过程中在－90ppm 的增强和在－110ppm 的降低。在－90ppm 强度的增强可能造成地质聚合物的解聚，解聚的地质聚合物引入重金属可能是引起[29]Si NMR 谱变化的原因，但发生这种变化的机制尚不清楚。

Zhu Ganyu 等[16] 利用高铝粉煤灰，在 50～90℃、钙/硅比（C/S）比为 0.86～2.14 范围内合成了水化硅酸钙。用[29]Si MAS NMR 研究了水化硅酸钙的结构变化。CaO 的添加量对于硅的转化至关重要，当 C/S 比高于 1.14 时，Si 的转化率可达 99%。如图 4-18 ^{29}Si MAS NMR 波谱所示，在较低的温度和 C/S 比下，硅酸盐的聚合度较高。但是，增加系统中 Na[+] 的比例可能会降低聚合度。增高体系中的 Na[+] 浓度，并将 C/S 比提高到 1.43 以上，可以提高硅酸钙中层间结合的 Na[+] 量。体系中 Na[+] 浓度的增加也增加了层间 Na[+] 的结合量，并减少了聚合反应。离子交换是去除水化硅酸钙层间 Na[+] 的有效方法。用[29]Si MAS NMR 测定反应条件对合成的水化硅酸钙中 SiO_4 四面体聚合度的影响。SiO_4 四面体称为 Q^n，其中 Q 代表一个硅原子，n 是附着在硅上的硅原子数。Q^1 和 Q^2 位点分别位于－78ppm 和－83ppm，与传统水泥水化得到的水化硅酸钙中单链四面体结构相似。此外，在[29]Si MAS NMR 谱中可以观察到不同 Q^2 化学环境下

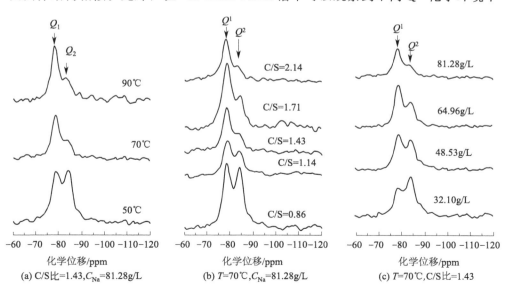

图 4-18　不同条件下合成的水化硅酸钙的[29]Si MAS NMR 谱

的不同共振。—82ppm 的峰为连接两个质子（Q_p^2）的桥接四面体，—83ppm 的信号为连接一个质子和一个钙离子（Q_i^2）的桥接四面体，—85ppm 的信号为连接钙离子的硅酸盐四面体（Q_{Ca}^2）。合成的水化硅酸钙中所有的 Q^2 均位于—83ppm 左右，可认定为 Q_i^2（缩写为 Q^2）。在高碱性体系中，大量的 Na^+ 均匀分布在溶液中。在水化硅酸钙形成过程中，钠离子可以取代钙离子、质子或两者的离子与桥接四面体结合。因此，在这种体系中合成的水化硅酸钙中很少存在 Q_p^2 和 Q_{Ca}^2。

对 ^{29}Si 核磁共振谱进行了定量分析。硅酸盐阴离子在水化硅酸钙中的化学状态的分数如图 4-19 所示。用得到的 Q^1 和 Q^2 计算平均链长（MCL）或 SiO_4 四面体的数目，公式如下：

$$MCL = \frac{2 \times (Q^1 + Q^2)}{Q^1} \tag{4-7}$$

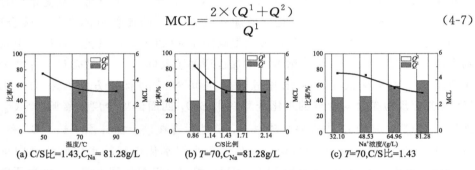

(a) C/S比=1.43，C_{Na}=81.28g/L　　(b) T=70，C_{Na}=81.28g/L　　(c) T=70，C/S比=1.43

图 4-19　通过 ^{29}Si NMR 分析 SiO_4 四面体和 MCL 化学键合结构中 Q^1 和 Q^2 的百分比

温度、C/S 比、Na^+ 浓度对水化硅酸钙结构有显著影响。在相对较低的温度（50℃）下，链内 SiO_4 基团所对应的 Q^2 单元占主导地位，表明聚合程度较高。随着温度升高到 70℃，Q^1 结构数量增加，Q^2 结构数量减少。Q^1/Q^2 的比值为 4/5～2/1，表明硅酸聚合反应还在进行，存在无序结构。然而，Q^1/Q^2 的比值在 70～90℃ 之间保持不变。MCL 也随温度变化，先从 4.49 下降到 3.01，然后保持不变。因此，提高温度不利于 SiO_4 四面体的聚合。Q^n 组分与 C/S 比值的关系也有类似的趋势。当初始 C/S 比为 0.86 时，固体水化硅酸钙的实际 C/S 比为 0.94。钠离子在水化硅酸钙中的保留提高了阳离子比。因此，合成的水化硅酸钙的 Q^1/Q^2 比值约为 2/3。随着 C/S 比增加到 1.14，Q^1/Q^2 比变为 0.90。Q^1/Q^2 比略大，意味着结晶水化硅酸钙更少。当 C/S 比增加到 1.43 时，Q^1/Q^2 比为 2/1，即硅酸盐聚合反应减少，与 MCL 降低到 3.01 时所观察到的结果相似。钠离子浓度对水化硅酸钙聚合反应有显著影响。随着 Na^+ 浓度的增加，Q^1/Q^2 比增加，MCL 降低。当 Na^+ 浓度为 81.28 g/L 时，MCL 仅在 3 左右。Q^1 和 Q^2 单元分数的分布也说明了在这个高碱性体系中合成的水化硅酸钙的无序结构。因此，Na^+ 的存在减少了硅酸盐聚合。由于钠离子具有与钙离子类似的电荷平衡效应，钠离子浓度的增加提供了与桥接四面体结合的机会，而不是 $Si-OH$。这一现象降低了 MCL。

在层间结构中，桥接位点（Q_1^2）的 Si 原子与羟基和层间金属离子结合。对于水化硅酸钙的四面体链纳米结构，两个 SiO_4 链之间的层间距离足够小，需要考虑离子空间位阻。虽然离子半径几乎相同，但 Ca^{2+} 是二价金属离子，Na^+ 是一价离子。因此，Ca^{2+} 每体积可以提供更多的正电荷来平衡所合并的桥接 SiO_4 单元。二价离子在两个 SiO_4 链之间也表现出结合作用，实现了水化硅酸钙空间结构稳定性，如图 4-20 所示。这一发现强调了离子交换以 Ca^{2+} 取代 Na^+ 的理论可能性。用 ^{29}Si NMR 研究了 Na^+ 去除后的水化硅酸钙结构，峰从 $-83ppm$ 左右移动到 $-85ppm$ 以下，对应于 Q_{Ca}^2。这个现象也说明了 Na^+ 被 Ca^{2+} 取代的现象。Q^1/Q^2 的比值为 $5/4$。与普通洗脱条件下（5％钠离子，Q^1/Q^2 为 $2/1$）得到的水化硅酸钙波谱相比，钠离子浓度的降低有利于得到水化硅酸钙。

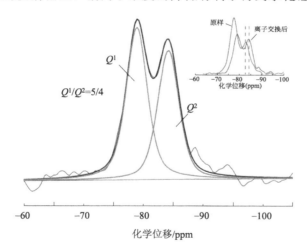

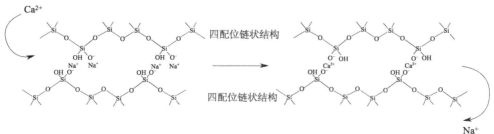

图 4-20　离子交换机理及水化硅酸钙的 ^{29}Si MAS NMR 分析

Qin Ling 等[17] 利用 ^{29}Si-NMR 考察了煤矸石（CG）作为硅酸盐水泥（PC）

的部分替代品的循环利用，作为一种新型的强度增强方法，将碳化固化技术应用于 PC-CG 混合料浆体中。Q^n 峰表示硅酸钙相中硅酸单元的聚合度，其中 n 为硅酸单元之间的氧键数。Q^0 峰的强度代表未反应的硅酸钙的含量；Q^1 是孤立的四面体对或硅酸盐链的端部；Q^2 峰位于链的中间；在偏硅酸盐链或硅胶中可以观察到 Q^4 峰。NMR 显示，各煤矸石掺入水平的 Q^1 峰强度均因加速碳化作用而降低。尽管如此，Q^2 和 Q^4 的强度变得更强，Q^4 强度的增加是由于反应中硅酸盐水泥熟料矿物和水化硅酸钙产生更多的硅凝胶。由 $Q^0 \sim Q^4$ 的强度可以得到水化硅酸钙的平均链长（MCL）和聚合度（Pol），PC-CG 浆料的 ^{29}Si NMR 分析及 MCL 和 Pol 值见图 4-21。加速碳化对水化硅酸钙的平均链长和聚合度的影响越来越大，煤矸石的加入提高了水化硅酸钙的聚合度，生成更多的结晶而不是无定形的 $CaCO_3$ 来细化直径为 $0.1 \sim 1 \mu m$ 的孔。碳化固化处理降低了水化硅酸钙的 Ca/Si 比，从而提高了 MCL。加速碳化提高了硅酸盐聚合度和早期强度，与其他 ^{29}Si NMR 测定结果一致。在比较不同煤矸石含量的样品时，还发现煤矸石的加入增强了水化硅酸钙聚合度。

$$\text{MCL} = \frac{2 \times (Q^1 + Q^2)}{Q^1} \tag{4-8}$$

$$\text{Pol} = \frac{Q^3 + Q^4}{Q^1 + Q^2 + Q^3 + Q^4} \tag{4-9}$$

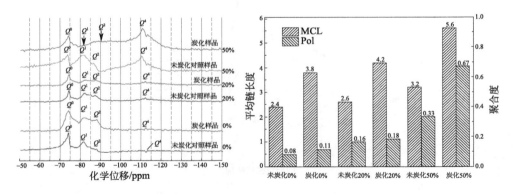

图 4-21 PC-CG 浆料的 ^{29}Si NMR 分析及 MCL 和 Pol 值

Liu Peng 等[18] 制备了 3-硫氰基丙基三乙氧基硅烷（TCPs）改性的粉煤灰（FA）珠粒，并将其掺入透水混凝土中。粉煤灰的微观结构由四面体 $[SiO_4]^{4-}$ 和 $[AlO_4]^{5-}$ 组成。阳离子的存在（如 Na^+ 和 Ca^{2+}）可以补偿四面体阴离子的负电荷。粉煤灰的活性主要归因于活性 SiO_2（玻璃相 SiO_2）和活性 Al_2O_3（玻

璃相 Al_2O_3）在一定条件下的水化作用。由于粉煤灰是在高温（＞1000℃）下形成的，粉煤灰表面的 OH 基团被脱除，因此 Si-O-Si 是粉煤灰表面的主要结构单元。碱在粉煤灰活化过程中，会在粉煤灰表面形成大量的羟基，制得活性二氧化硅（Si-OH）。有机硅氧烷与活性二氧化硅反应得到共轭物，使得有机官能团加载到粉煤灰上（Si-OH＋TCP ⟶ Si-O-TCPS），如图 4-22 所示。经碱活化的样品 [谱图(a)]，其主峰出现在−86.39ppm，属于 $Q^2[(SiO)_2Si(OH)_2]$ 结构。谱图(b) 为未经过碱活化的样品，显示−108.08ppm 的峰，该峰为 $Q^4[(SiO)_2Si(OSi)_2]$ 结构。^{29}Si NMR 显示了从 Q^4 到 Q^2 的变化，表明碱活化后硅-氧键被破坏并变成硅烷醇键。该过程为下一步硅醇与 TCPs 反应提供了活性位点。在用碱活化的粉煤灰对 TCPs 进行修饰后，在−47.22ppm 处出现了一个新峰，该峰归属于 $T^2[RSi(OSi)_2OH]$。另一个峰出现在−68.21ppm，为 $T^3[RSi(OSi)_3]$。这两个峰在图(b) 中没有出现，说明不经过碱激活，TCPs 分子不能与粉煤灰发生化学结合。

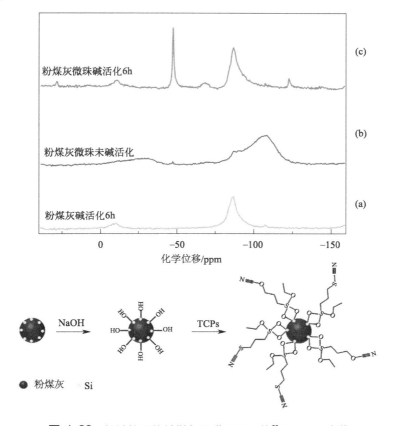

图 4-22　经过处理的粉煤灰吸附 TCPs 的 ^{29}Si NMR 波谱

Yang Jin 等[19] 研究了一种活化粉煤灰、促进粉煤灰可持续利用的湿磨处理方法。讨论了粉煤灰湿法球磨过程中的物理结构、化学演变和离子浸出行为。不同于干磨工艺，湿磨活化机理是物理破碎和离子溶解加速的综合作用。^{29}Si 的 Q^n 结构单元聚合度较低时，有利于粉煤灰反应的解聚。湿磨过程加速了 Si、Al 和 Fe 离子群的溶解，有助于形成一个预水合的离子环境。^{29}Si 单脉冲 NMR 谱图分析显示，不论是否经过湿磨在^{29}Si 的 Q^n（$n=3\sim4$）结构单元中，$-88\sim$ -98ppm 为 Q^3 结构，$-98\sim-129$ppm 为 Q^4，再次证明了粉煤灰的三维聚合结构。-89ppm 左右的信号为 Q^3 结构。-98ppm 左右的强信号和 -106ppm 左右的弱信号分别为 Q^4（2Al）和 Q^4（1Al）单元。湿磨过程中的化学结构演变及 Q^3 和 Q^4 单元的比例如图 4-23 所示。可以看到湿磨后 Q^4 结构的比例下降。从化学反应角度分析，粉煤灰凝结反应是一个玻璃状网络首先解聚（形成较少聚合的结构），然后再聚合的过程。因此，由于化学环境的改变，即高聚合结构（Q^4）的减少有利于凝结过程的进一步解聚反应发生。也说明无定形相中二氧化硅的聚合度越低，粉煤灰的离解越活跃。

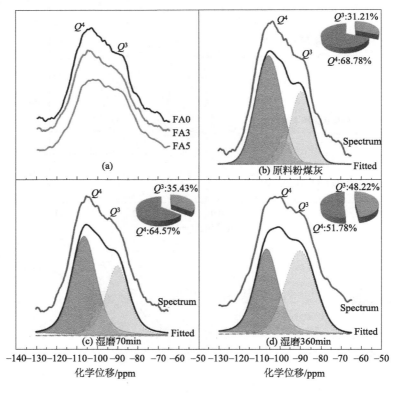

图 4-23　湿磨前后粉煤灰的单脉冲^{29}Si NMR 波谱及定量分析

4.3　煤中 Al 的固态核磁共振分析

4.3.1　无机物中 Al 的结构分布

^{27}Al 是自然界中一种丰富的元素，它与 Si 一起结合在各种天然铝硅酸盐中（Si、Al 和 O 约占地壳组成元素的 90%）。因此，铝是地球化学、矿物学和各种无机材料中的重要元素。^{27}Al 的自旋量子数 $I=5/2$，由核电荷的非球形分布引起的核四极矩可以与原子核处的电场梯度相互作用。这些四极相互作用导致谱峰的展宽和畸变以及各向同性化学位移，由于这些效应随磁场强度的平方值增大而减小，因此需要尽可能在较高的磁场下获取 ^{27}Al 波谱（虽然在某些情况下，较低的磁场强度下会更好地解决重叠问题）。魔角自旋也能将 ^{27}Al 共振缩窄四倍左右，虽然这种方法不能完全消除二阶四极展宽，但可以采用双旋转（DOR）、动态角旋转（DAS）和多量子（MQ）实验来完成。

尽管四极核有一些局限性，但由于 ^{27}Al 的自然丰度为 100%，弛豫时间通常非常快，因此可以使用短的延迟时间，在相对较短的测定时间内即可得到高质量波谱（在一些具有刚性结构和缺乏质子的纯铝酸盐中，可能会需要长弛豫时间）。基于这些原因，^{27}Al 与 ^{29}Si 一样普遍受到关注，作为研究最多的元素，常出现在矿物和无机材料中。

由于四极相互作用，在 ^{27}Al 波谱的旋转速率的倍数处通常会出现旋转边带（SSB）。在含有杂质的天然铝硅酸盐的 ^{27}Al 谱中，经常出现强度更大的旋转边带。产生强旋转边带的原因，不仅是由于化学位移各向异性，还由于存在较大的磁化率展宽。磁化率展宽可以通过添加少量的磁性氧化铁来再现。但无论如何，旋转速度为 3~4kHz 时产生的旋转边带都会干扰八面体和四面体 Al 的波谱。尤其是对八面体和四面体 Al 的相对含量进行估算时，应采用尽可能快的旋转速率（至少 10~12kHz）以去除旋转边带。现代 MAS 探针的转子直径小于 4mm，其旋转速度通常更快（约 20kHz）。为获得 Al 在不同位点之间的准确分布，必须要极高的旋转速度，尤其是对于不定型玻璃材料。

尽管在当前用于 ^{27}Al NMR 波谱的磁场中，中心 NMR 跃迁通常仅通过二阶四极相互作用而展宽，但在某些环境中 ^{27}Al 的化学位移可能与方向有关。这种化学位移各向异性（CSA）是四极耦合的额外相互作用，但对于 ^{27}Al 来说比较少见。尽管存在与四极核相关的复杂性，但由于观测到的 ^{27}Al 位移强烈依赖于 Al 配位数和与 Al 配位的原子的性质，仍可提供有用的信息。

在含 Al-O 结构的材料中，四配位^{27}Al 的化学位移为 50～80ppm，而六配位^{27}Al 的化学位移为 -10～15ppm，很容易区分开来。晶体化合物中五配位^{27}Al 的化学位移规定为 30～40ppm。以尖晶石（$MgAl_2O_4$）为例，可区分其中的八面体和四面体 Al，并对它们的相对含量进行半定量计算。尖晶石结构包含 A 和 B 两种类型的位点，它们可能含有四面体或八面体阳离子（或两者都有）。通常尖晶石的构型为 $A^4B_2^6O_4$，其中上标表示配位数。反尖晶石的构型为 $B^4(AB)^6O_4$，但大多数尖晶石在这两个末端之间显示出一定程度的无序，其公式表示为 $(A_{1-x}B_x)^4(B_{2-x}A_x)^6O_4$，其中 x 为无序度。X 与 R 相关，R 为八面体与四面体的比例：

$$x=2/[1+R] \tag{4-10}$$

如果使用了合适的峰值拟合或积分方法，并且旋转速度足以确保不受旋转边带干扰，则可以从^{27}Al 波谱中对这一重要参数进行估计。

铝在硅铝酸盐中的结构解析一直是无机材料分析的热点。最常见的两类铝硅酸盐是骨架状结构铝硅酸盐和层状铝硅酸盐。包括长石矿物在内的骨架状结构铝硅酸盐具有由 SiO_4 和 AlO_4 四面体通过角共享连接的三维骨架结构，或由 Si 取代 Al 的四面体产生的负电荷由框架外存在阳离子补偿。由于 Loewenstein 规则禁止 AlO_4 四面体之间的直接连接，骨架状结构铝硅酸盐中的 AlO_4 四面体通常仅与 SiO_4 四面体相连，四面体化学位移的范围为 55～68ppm。但是近年来的很多研究发现在硅铝酸盐和分子筛等物质中普遍存在铝氧四面体的直接相连结构，因此 Loewenstein 的禁止原则可能只是基于理论计算的结果，在实际的杂乱结构中打破了理论平衡而出现异于理论计算的情况。

层状铝硅酸盐的结构由二维八面体 AlO_6 层和四面体 SiO_4 层交替组成，其中也可能发生 Al 取代 Si 的情况，通过层间存在的阳离子补偿电荷的平衡。在这种情况下，Al 被三个 SiO_4 单元包围，四面体化学位移为 70～80ppm（比骨架状结构铝硅酸盐的化学位移低约 10ppm）。许多层状结晶铝硅酸盐中四面体 Al 的化学位移 δ 和四面体组分之间呈近似线性关系（但具有相当大的离散性），表示为 $Si/(Si(IV)+Al(IV))$：

$\delta=-11.5[Si/(Si(IV)+Al(IV))]+79.3$ 或 $\delta=-18.5[Si/(Si(IV)+Al(IV))]+72.3$

八面体 Al 的化学位移通常在 0～10ppm 范围内，但未检测到八面体化学位移随铝硅酸盐组成发生系统变化。

由于硅酸铝结构中 Al 的位点不同，铝硅酸盐存在多种晶型。莫来石 $Al_6Si_2O_{13}$ 是一种重要的铝硅酸盐，其八面体 AlO_6 单元与 SiO_4 和 AlO_4 四面体交联。这种结构中的电荷不平衡通过三个扭曲的四面体 Al-O 基团（所谓的"三配位体"

或 Al* 单元）形成的特殊氧空位来补偿。莫来石的^{27}Al NMR 谱在 $-0.9\sim$ -3.5ppm 处包含八面体共振，四面体共振峰通常分为 $57\sim63$ppm（常规 AlO$_4$ 基团）和 $42\sim48$ppm（归因于四面体 Al* 单元）两个部分。

AlSi$_4$(O,OH)$_{16}$ 中可以检测到一种不常见的五配位铝硅酸单元，这种五配位体由四个 Q^1(1Al) 硅原子排列在一个 Q^4(4Si) 铝原子周围组成，Al-O-Si 角为 176°。^{27}Al NMR 波谱包含一个 $\delta_{iso}=44$ppm 的单峰，介于 AlO$_4$ 和 AlO$_5$ 的范围之间。从 Al 原子的角度来看，由于每个 AlO$_4$ 基团都被四个 Si(O,OH)$_4$ 四面体包围，因此类似于骨架状结构。在包括红柱石、Al$_2$Ge$_2$O$_7$，硅硼镁铝石、脱羟叶蜡石、CaAl$_{12}$O$_{19}$、磷酸盐矿物光彩石和水磷铝石、AlPO$_4$、分子筛前驱体和 Al$_{18}$B$_4$O$_{33}$ 的大量晶体材料中存在 Al 的五配位位点。这些化合物中的五配位 Al 呈现出近三角形双锥体或方形锥体的构型，从而在原子核上产生了明显的电场梯度，并且可以通过模拟波谱中充分展现的四极线形得到四极参数。其中一些化合物含有五配位点以外的 Al，从而形成复杂的线型。脱羟叶蜡石的结构只含有五配位 Al，可以用一个四极线形状来模拟，而红柱石同时包含五配位和八面体位点，其 χ_Q 值比前者大得多。红柱石是为数不多的含 Al(V) 化合物之一，通过计算其电场梯度，得到 Al(V) 和 Al(Ⅵ) 位的 NMR 参数与实验值非常吻合。光彩石的^{27}Al 波谱还显示出两个四极点，分别对应于 Al(V) 和 Al(Ⅵ)，后者的 χ_Q 值比前者略小。硅硼镁铝石中的情况更复杂，除了 Al(V) 位点外，它还包含两个 Al(Ⅵ) 位点。在 SrAl$_{12}$O$_{19}$ 和 CaAl$_{12}$O$_{19}$ 中，除了 Al(V) 位点之外，它们都包含三个 Al(Ⅵ) 位点和一个 Al(Ⅳ) 位点。

Al(V) 结晶化合物的各向同性化学位移与理想三角双锥体构型 Al 多面体的角度畸变参数 R 之间的近似线性关系，表示为：

$$R=\sum|\theta_i-\theta_o|/\sum\theta_i \tag{4-11}$$

式中，θ_i 是实际多面体 O-Al-O 键角，θ_o 是 Al 多面体中的理想键角（假设为三角双锥型）。相关性可以表示为：

$$\delta_{iso}=372R+6.93 \tag{4-12}$$

这些结果表明，除了复杂的羟基铝硅酸盐外，这些化合物最常见的是扭曲的三角双锥构型，其 Al（V）位点更接近方形锥体构型。

对于部分架状结构铝硅酸盐，已经确定了^{27}Al 各向同性化学位移 δ_{iso} 与结构参数如四面体 Al-O-Si 平均键角 α（以度为单位）和四面体原子间的平均距离之间的关系，其相关性为：

$$\delta_{iso}=-0.532\alpha+137 \tag{4-13}$$

鉴于^{27}Al 是一个四极核，在^{27}Al 核四极耦合常数 χ_Q 与 Al-O 键长和 O-Al-O

键角有关的结构参数之间得到了更广泛的关系。基于 Al-O 键长 l 的参数称为纵向应变 $|\alpha|$，定义为：

$$|\alpha| = \sum |\ln(l_i/l_o)| \qquad (4\text{-}14)$$

式中，l_i 是实际的 Al-O 键长，而 l_o 是具有与配位多面体体积相同的多面体的理想键长。

与键角相关的参数称为剪切应变 $|\psi|$，定义为：

$$|\psi| = \sum |\tan(\theta_i - \theta_o)| \qquad (4\text{-}15)$$

式中，θ_i 是实际的 O-Al-O 键角，θ_o 是理想的键角（八面体为 $90°$，四面体为 $109.5°$）。这些应变参数提供了一种测量 Al-O 多面体中键长和键角偏离理想值的方法。

在测得的一系列矿物结构中四面体和八面体位点的 χ_Q 参数中，发现四面体位置的 χ_Q 和 $|\alpha|$ 之间的相关性很差，但与键角函数 $|\psi|$ 的线性关系很好，表示为：

$$\chi_Q = 7.78|\psi| + 1.63 \qquad (4\text{-}16)$$

相反，对于八面体 Al-O 单元，χ_Q 和 $|\psi|$ 之间的相关性非常差，但与键长函数 $|\alpha|$ 之间存在合理的相关性，表示为：

$$\chi_Q = 48.7|\alpha| + 1.3 \qquad (4\text{-}17)$$

然而，对于刚玉、锂辉石和金绿宝石等矿物质，此种关系相关性较差。

除了晶体学上明确定义的化合物外，还有许多其他化合物在 Al（V）的 δ_{iso} 值（$25\sim40ppm$）的位置具有较宽的[27]Al 共振。含有该共振的化合物通常为弱结晶或 X 射线无定形化合物，包括淬火铝硅酸盐玻璃、硅铝酸盐凝胶、铝酸盐凝胶、脱羟基矿物（如偏高岭土）、非晶态 γ-氧化铝和通过研磨制成的非晶化合物。从不同来源选出的非晶硅铝酸盐的典型[27]Al NMR 谱图来看，所有波谱均在约 $30ppm$ 处存在共振。由于这些非晶态材料中共振的化学位移与晶体化合物中 Al（V）的化学位移相似，因此通常将该波谱区域中的所有宽峰分配给五配位的 Al。然而，在约 $30ppm$ 处的 Al（V），这种谱峰的总体分配存在问题，因为它们通常只表现出非常小的磁场强度依赖性，与晶态 Al（V）化合物的强场依赖性相反。此外，这种分配导致这些峰的位置与各向同性化学位移一致，说明在原子核处仅存在很小的电场梯度，这与通常 5 配位 Al 位点的畸变以及峰的宽度不一致。有学者提出了另一种解释，这种非晶态铝硅酸盐中的共振是由三配位氧缺陷附近畸变的四面体位点的 Al 导致，如在莫来石中，作为四面体中 Al 取代 Si 的电荷平衡机制。在莫来石中，这种共振发生在 $42\sim48ppm$，但对非晶态凝胶的约束条件较少，可能导致其位移向前移动。当莫来石受热重结晶时，结晶莫来石转变为 X 射线非晶材料，随着 30ppm 共振的出现，共振逐渐恢复到三配体位置。在这些结构重排过程中，四面体和八面体峰的位置基本保持不变，但四面体三配体共振与 30ppm 峰的明显互换表明，引起这些共振的位置存在一定程度相关性。

尽管与三配体氧缺陷相关的扭曲的四面体位点可能导致非晶铝硅酸盐中出现宽的 ^{27}Al NMR 峰，但在其他不会形成三配体的系统中也会出现这种共振。由于其普遍的无特征性，无法模拟该峰以获得 χ_Q 和 η 值。在这种情况下，可以导出一个包含 χ_Q 和 η 的组合参数四极积 P_Q（有时称为复合四极耦合常数 λ）。

$$P_Q = \chi_Q \left(1 + \frac{\eta^2}{3} \right)^{1/2} \tag{4-18}$$

很容易从 MQMAS 数据中获得因太弱而无法模拟的 P_Q 值。非晶铝硅酸盐中各种 Al 位点的 ^{27}Al MQMAS NMR 波谱，在约 30ppm 处的 P_Q 和 δ_{iso} 分别为 $P_Q = 3.0 \sim 4.3\text{MHz}$、$\delta_{iso} = 37 \sim 43\text{ppm}$。莫来石晶体中 P_Q 值与 ^{27}Al MQMAS NMR 测定的扭曲四面体三配体位点非常相似（3.2MH），但后者的化学位移（49ppm）较大。其他铝硅酸盐凝胶材料的脱水和再水合反应的 ^{27}Al MQMAS NMR 研究表明，当凝胶在 $100 \sim 200\,^{\circ}\text{C}$ 加热时，在约 30ppm 处的 Al 共振不是由五配位 Al 组分引起的，而是由扭曲的四面体 Al 由于聚合物网络的构象变化而发生强烈的四极诱导位移和微小化学位移导致。由于这些材料中的四极相互作用很强，因此在这种情况下需要使用偏共振章动 NMR 谱来确认 MQMAS NMR 的结果。

4.3.2　原煤中 Al 的结构解析

对煤中无机质的研究通常普遍采用 XRD 对原煤、低温灰化残留物和燃煤中的矿物进行表征。然而，当灰或渣中含有非晶状态物质时，很难通过 XRD 来确定无机物形态。与 XRD 相比，固体核磁共振（SSNMR）技术不但可分析结晶化合物也可对非晶化合物进行表征，且不依赖于颗粒大小。在过去几十年里，对各种各样的硅铝酸黏土和其他矿物进行了研究，根据近邻取代模式，建立了明确的硅和铝位点的结构-化学位移关系。最初，由于 ^{27}Al 的核电四极相互作用，无机矿物样品会出现严重的线展宽，因此对 Al 原子核的测定存在一些问题。利用高磁场强度的 MAS 可以获得高分辨率 ^{27}Al 波谱，检测到的分辨率的净增加是场强的函数，与二阶四极线展宽的趋势一致。四极共振随静磁场强度的平方减小，而由磁化率或偶极展宽效应引起的线宽的增加只会随着场的增大而增大。最终结果是随着场强的增加，分辨率增加。通过核磁共振分析可以估算 Si/[Si+Al] 比率、四面体铝与八面体铝的比率以及未知结构硅酸盐矿物中 Al/Si 的结构。由于二阶四极效应可导致 ^{27}Al 共谱图的展宽，可通过这一现象分析煤中矿物结构。^{27}Al 谐振的线宽取决于四极耦合常数的大小，其形状取决于原子核处静电场梯度的不对称参数。此外，其他核磁共振相互作用，如磁偶极展宽、磁化率各向异性、化学位移分布或四极耦合也会导致这些系统的线展宽。在 MAS 核磁共振实验中，化学位移各向异性和偶极相互作用得到了平均，而二阶四极相互作用的影响没有降低。MQMAS 核磁共振可以利用适当的激发序列对二阶四极相互作用进行平均。

高岭土［$Al_2Si_2O_5(OH)_4$］、蒙脱石和伊利石是原煤中具有代表性的低温矿物成分，其结构如图 4-24 所示，其化学结构中只有六配位 Al。核磁共振化学位移对 Al 原子周围的化学环境或化学结构非常敏感。煤低温灰化后所得到的矿物可通过[27]Al 核磁共振来表征，以便获得它们随热转化的矿物学信息。[27]Al 谱图通过提供有关四面体和八面体配位点的信息，区分煤中存在的高岭土和莫来石。对煤受热分解得到的矿物残留物的研究表明，由于顺磁物质的存在和二级四极相互作用的影响，[27]Al 波谱很宽。然而，随着受热转变温度的升高，谱图可以检测到高岭土向石英和莫来石的热转变过程。采用 MAS 技术对不同黏土矿物进行鉴别表明，石英、高岭土和蒙脱石黏土易于识别。通过对煤中四面体和八面体铝的定量分析，可以获得煤中四面体铝含量随煤变质程度的变化情况，表明煤中有机质和无机物的成岩作用具有相似性。

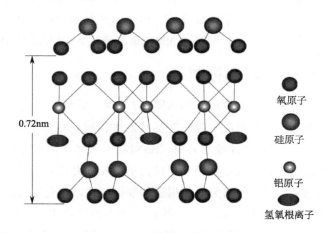

0.72nm

氧原子

硅原子

铝原子

氢氧根离子

图 4-24　黏土矿物中硅和铝的结构（见彩图）

Kanehashi 等[20] 用[27]Al-MAS 方法研究了六种原中四配位铝和六配位铝的分布。从图 4-25 可以看出，Al 主要有四配位和六配位两个峰，其中六配位铝的是黏土矿物的典型特征峰。通过对 NMR 图的详细分析和比较，得到了不同煤种中不同峰型的新信息。以 A 煤为例，六配位 Al 的峰型与高岭土的峰型几乎相同。另一方面，在碳含量较高的煤 E 中，六配位 Al 的峰型与高岭土的峰型有很

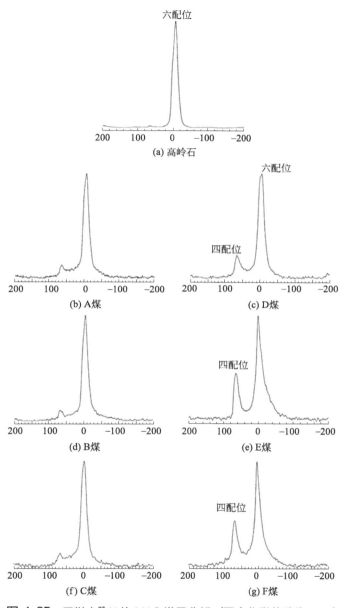

图 4-25　原煤中^{27}Al 的 MAS 谱图分析（图中化学位移为 ppm）

大的不同，很可能 E 煤中还有另一种组分。图 4-26 显示了四面体铝与总铝结构的比与总碳百分比的相关性分析。随着碳含量的增加，四配位 Al 的含量也增加。也就是说，随着煤化程度的升高，煤中矿物质中的铝结构逐渐从六配位向四配位转变。然而，由于^{27}Al-MAS NMR 谱的二阶四极相互作用仍然存在，仅

183

用 ^{27}Al-MAS NMR 很难准确获得其精细化学结构。

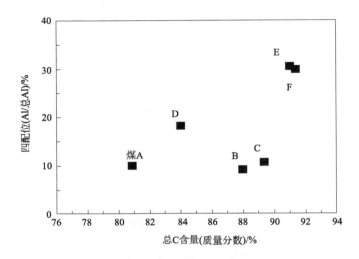

图 4-26　煤中四配位铝百分比与碳含量的关系

　　因此，引入了用于半整数四极核的二维多量子魔角自旋核磁共振（MQMAS）。MQMAS 技术利用多量子相干性和单量子相干性，能够对二阶四极相互作用进行平均。可以解决严重的展宽问题，此种方法优于传统 MAS 方法。此外，标准的 MAS 探针也可用于 MQMAS 实验分析，而其他技术，如双旋转（DOR）和动态角度旋转（DAS）也可应用到样品的两个不同角度的复杂旋转。

　　在 MQMAS 实验中，多个量子相干（$-m \leftrightarrow +m$）被激发并演化为 t_1 周期。然后转化为单量子相干（$-1/2 \leftrightarrow +1/2$），$t_2$ 处形成各向同性回波。当样本以魔角自旋时，方程中的 $P_2(\cos\beta)$ 项变为零。然后在预期的采集时间检测各向同性回波：

$$t_2 = \left| \frac{C_4^I(m)}{C_4^I(1/2)} \right| t_1 \tag{4-19}$$

　　对于 ^{27}Al 核（$I = 5/2$），施加 $3Q$ 和 $5Q$ 激励时，$t_2 = 19/12 t_1$ 和 $t_2 = 25/12 t_1$。^{27}Al MQMAS NMR 谱使用脉冲序列记录，包括如图 4-27 所示的 z 滤波脉冲，它在低 r_f 功率下具有选择性。多核相干 $\pm P_Q$（对 $I = 5/2$，P_Q 可以选为 $3Q$ 或 $5Q$）在 t_1 时间内激发，给定的相干选择性地在数据收集时间 t_2 之前迁移到单个量子相干 $(-1)Q$。因此，所有各向异性在 t_2 区域内重新聚焦。3QMAS NMR 方法在 MQMAS NMR 技术中得到了广泛的应用，因为三量子相干最容易被激发并转化为单量子相干。通常，5QMAS NMR 实验比 3QMAS NMR 具有更高的分辨率。多量子到单量子转移可以产生半整数四极核的纯各向同性谱。在 MQMAS NMR 中观察到的信号强烈依赖于四极产物。采用配合物法进行 MQMAS NMR 实验，获得纯吸附模式的二维波谱，其中 MAS 和各向同性维度代表交叉峰。作为另一种处理方法，采用共享变换得到各向同性和各向异性的尺寸。采用 MAS、MQMAS（$I=5/2$ 的原子核 $M=3,5$，如 Al）和 ^{1}H-^{27}Al CP/3QMAS 方法对煤灰中的铝进行了结构分析。样品在 16kHz 的 MAS 速度旋转。所有 ^{27}Al 谱的化学位移通过 1.0M AlCl₃ 水溶液进行化学位移进行校正（-0.10ppm）。

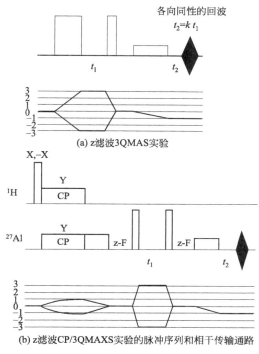

图 4-27　z 滤波 3QMAS 和 CP/3QMAS 实验脉冲序列和相干传输通路

MQMAS 核磁共振技术可以平均 ^{27}Al 核磁共振谱的二阶四极相互作用。为了对六配位铝结构进行精细分析，对六种原煤进行了 ^{27}Al 3QMAS 的核磁共振波谱测定，结果如图 4-28 所示。很明显，由于完全消除了二阶四极相互作用，四配位铝和六配位铝具有明显的峰。此外，在 A 煤、B 煤和 C 煤中，六配位铝的峰形态与高岭土的峰形态基本相同。另一方面，在煤 D、煤 E 和煤 F 中，六配位 Al 的峰形态分别为高岭土（②）和其他化学结构（①和③）的峰形态。与高岭土（②）相邻的两个六配位峰图案，很可能是另一种化学结构与高岭土相似的铝硅酸盐黏土，因为它的化学位移非常接近高岭土。此外，E 煤中六配位 Al 的 3QMAS 峰的化学结构未知，分别沿四极诱导位移（QIS）轴和各向同性化学位移（δ）轴分布。这些结果表明，六配位铝在不同的化学环境中具有不对称结构。平均各向同性化学位移（δ_{iso}）和四极积（PQ）由图 4-28 中 3QMAS 线的各向同性维度和 MAS 维度的重心估算的。δ_{iso} 和 P_Q 在式（4-20）和式（4-21）中给出。

$$\delta_{iso} = \frac{10}{27}\delta_G^{mas} + \frac{17}{27}\delta_G^{iso} \tag{4-20}$$

$$P_Q = \sqrt{\frac{17}{10}\frac{I(2I-1)}{(2I+3)}}(\delta_G^{iso} - \delta_G^{mas})\frac{\omega_0}{450} \tag{4-21}$$

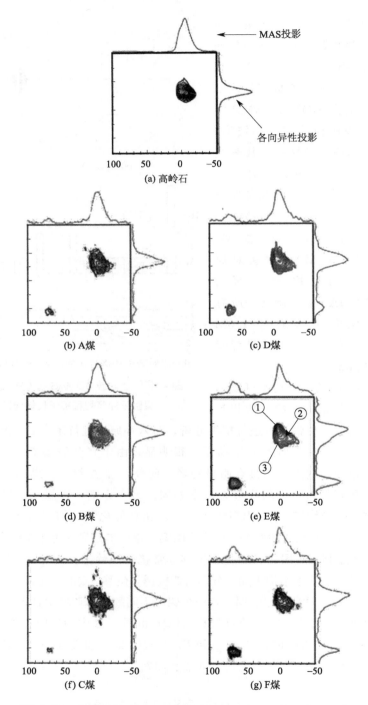

图 4-28　各种煤的 3QMAS 谱图分析（图中化学位移为 ppm）

式中，δ_G^{mas} 和 δ_G^{iso} 为图 4-28 中 3QMAS 轴和各向同性轴的重心位置（单位为 ppm）；ω_0 为塞曼频率；I 为量子数。六配位铝（②高岭土）的 δ_{iso} 和 P_Q 值分别为 9.1ppm 和 8.0MHz，四配位铝（①和③）的 δ_{iso} 和 P_Q 值分别为 2.9ppm、9.7MHz、4.2ppm 和 15.6MHz。这些结果表明，由于 P_Q 值相似，其化学结构与高岭土（②）相似。另一方面，由于交叉峰图显示的 P_Q 值大得多，P_Q 值受到三维结构畸变的影响，使得化学结构更加复杂。

为了分析交叉峰③的化学结构，采用 $^1H \rightarrow {}^{27}Al$ 交叉极化结合 MQMAS 评价铝原子与氢原子之间的结合特性。图 4-29 为 $^1H \rightarrow {}^{27}Al$ 交叉峰 CP/MQMAS 与 ^{27}Al MQMAS 的比较。在图 4-29（a）中，只有两个交叉峰型（①和②）。这意味着使用这种 CP/MQMAS 技术，两个交叉峰（①和②）表明了含有 Al-O-H 键的八面体结构，如高岭土。此外，四配位 Al 在 $^1H \rightarrow {}^{27}Al$ 内未见交叉峰。由于该技术是基于铝原子与氢原子之间的磁化转移，因此图 4-29（a）中四配位 Al 的交叉峰很可能是一种类似 AlO$_4$ 的化合物。另一方面，交叉峰③显示无 Al-O-H 键的八面体化合物。由于 P_Q 值受三维结构畸变的影响，且在没有 Al-O-H 键的情况下其化学结构更加复杂，因此与 P_Q 值的结果一致。通过对 NMR 结果的分析可知，MQMAS 和 CP/MQMAS 对包括四极核在内的无机物的表征非常有效，尤其适合分析煤中存在的非晶态黏土矿物。

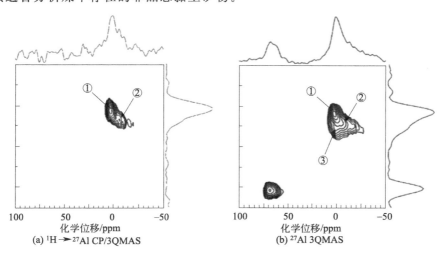

(a) $^1H \rightarrow {}^{27}Al$ CP/3QMAS　　　　(b) ^{27}Al 3QMAS

图 4-29　原煤的核磁共振谱

4.3.3　煤中矿物质在热转化过程铝结构的变化

煤中无机质在受热过程中发生形态和结构的转变。并且，煤中矿物质是由多种成分组成的，因此，要全面理解和预测煤中灰分的物理化学性质以及与各组分在原位条件下的变化有关的物理化学性质，需要更详细的分析矿物质结构演变。但是，经过高温处理后，煤灰渣中既含有晶体矿物，也含有非晶态玻璃。这些因素使得对煤灰的分析较为困难。

图 4-30 总结并描述了灰分随温度变化的矿物转化行为示意图。低温制备的煤灰中含有低温石英和黏土（如高岭石），次要成分包括赤铁矿和金红石。初步分解和转化在 1000℃ 以下进行。石英转化为高温石英，再转化为方石英石和/或无定形石英。高岭土在 600～815℃ 分解为偏高岭土，金红石在灰中变成了细小的颗粒。各组分不断转化反应，灰分明显软化发生在约 1290℃。Fe_2O_3 在 FeO-Fe_3O_4-Fe_2O_3 的平衡温度（1350℃）以下是稳定的，在 1500℃ 左右的富氧环境中，可以作为液体从共晶体溶液中部分分离。在 1400℃ 左右，Fe_2O_3 部分分解产生的 Fe^{2+} 进入晶态氧化铝的间隙，生成铁铝件尖晶石。熔融灰分中的液相被认为主要是由二氧化硅形成的，尽管在共晶溶液中有大量的残余固体（氧化铝）和晶体（莫来石）作为固体颗粒存在。固体和晶体与液体接触时的表面张力可能阻碍了它们的顺利流动。由于 1500℃ 以上同时存在的固相形成了不均匀体系，很难精确地确定所有组分的完全熔融温度。

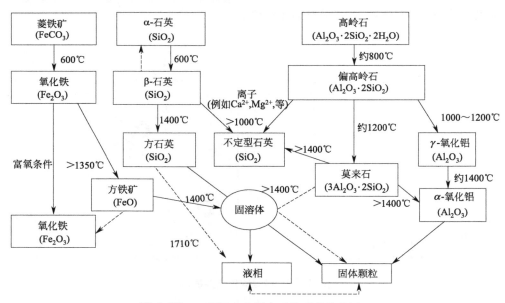

图 4-30　不同温度下煤中矿物质的转化过程

煤中铝的 NMR 信号主要来自于黏土矿物中的铝。通过 MAS NMR 对煤灰的分析表明，煤灰加热到 490℃，^{27}Al 波谱没有变化，加热到 540℃ 时信号强度降低了约 30％，加热到 650℃时信号强度降低了 92％。在这之后出现在 65～70ppm 的为四面体铝信号，在大约 0ppm 的出现六配位铝，同时在 35ppm 出现共振可能归属于四配位或五配位结构。

图 4-31 显示了煤中高岭土矿物在不同温度下的 ^{27}Al MAS 谱。一般情况下，^{27}Al 核磁共振谱包含三个典型区域，0～20ppm 为六配位 Al；20～40ppm 为五配位铝；40～70ppm 是四配位铝。如图 4-31 所示，高岭石原料和高岭石经 300℃热处理后，只有一个六配位 Al 出现尖峰。六配位 Al 在 600～1000℃热处理后迅速下降，同时出现四配位铝和五配位 Al。五配位 Al 的产生表明六配位铝向四配位铝的过渡，这

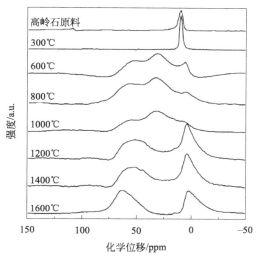

图 4-31　不同温度下煤中高岭土的形态转变 ^{27}Al MAS 谱分析

主要是由高岭石的去羟基化引起的。经过 1200～1400℃热处理后，五配位 Al 可能转变为四配位 Al 或六配位 Al。四配位 Al 表现出较宽的分布区域，说明在桥接氧中 AlO_4 与 SiO_4 的键合状态不同。此外，可以确认从高岭石中分离出的氧化铝很少，因为在 1200℃以上的氧化铝呈 α 形态，在约 15ppm 时应该会出现峰。1600℃热处理后的高岭石峰变尖；此外，四配位和六配位铝呈现轻微畸变，表明高岭石派生的莫来石具有局部无序结构。由于四配位 Al 的峰较宽，重叠峰很难明确区分。实际上，单脉冲 MAS NMR 技术不能完全平均二阶四极相互作用，根据 MAS NMR 结果确定实际原子位置数是困难的。因此，需要借助二维分析技术。

多量子自旋共振（MQMAS）利用 MQ 与中心跃迁（CT）的相关性可以平均二阶四极相互作用，因此，被广泛用于研究铝-硅酸盐的局部对称性和配位结构分析。但是由于 MQ 相干性激发和转换效率较低，MQMAS 的灵敏度受到限制。相比之下，卫星-跃迁魔角旋转（STMAS）核磁共振相关的单量子卫星跃迁（ST）和 CT 相干可测到在同步条件下，比 MQ 有更好的灵敏度。与传统的 MQMAS 实验相比，STMAS NMR 实验不仅缩短了扫描时间，而且提供了高分辨率的稀有自旋波谱。NMR 实验在 18.8T（800 MHz，1H Lamor 频率）下进行，这种高磁场具有提高灵敏度、增强分辨率和增加化学位移分散等传统优势，使结构解析更准确。

Lin Xiongchao[21] 利用高磁场固态核磁共振（^{1}H 拉莫尔频率为 800MHz），初

步进行了双量子滤波卫星转换魔角旋转（DQF-STMAS）实验，分析了高岭土和煤灰中矿物的局部 ^{27}Al 结构。高磁场提供更高的灵敏度和分辨率。因此，在不太严格的条件下成功地获得了卫星过渡魔角旋转的共振。

在 18.8T（^{27}Al 208.48MHz 的拉莫尔频率）处获得 ^{27}Al 核磁共振谱。在 3.2mm 氧化锆（ZrO_2）样品转子底部填充 Na_2SO_4 进行魔角调整后，进行双量子滤波器（DQF）-STMAS。ST-MAS 探测器配备了 MAS 控制器，实现稳定气流旋转 $[(15\pm0.03)kHz]$ 和长期保持准确的魔法角 $[(54.736\pm0.002)°]$。采用 DQF 可消除中心转移（CT）-CT 转移和任何外部卫星-转移-CT 转移所产生的额外信号。相干脉冲和参数如图 4-32 所示。典型的脉冲实验是 $HP_1=1.1s$，$HP_2=0.75\mu s$，$SP_1=30\mu s$，$SP_2=15\mu s$，脉冲持续时间 $t_1=4\mu s$（激励），$t_2=66.67\mu s$（转换），弛豫时间（T_1）大约 10.10 s。回收延迟为 2s，扫描次数为 1024 次。为了获得相干途径的信号，将 HP_2 与 SP_2 之间的时间设置得尽可能短，在 z 滤波实验中将其舍弃。

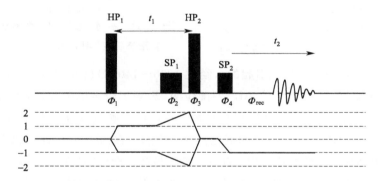

图 4-32 在 DQF-STMAS 实验中，HP_1 和 HP_2 是硬脉冲，SP_1（π）和 SP_2（π/2）是软脉冲

在 DQF-STMAS 谱中，水平坐标被定义为 MAS 维度，而垂直坐标则为各向同性维度。沿 F_1 的重心位置（δ_{F1} 单位 ppm）和沿 F_2 维的各向同性位移位置（δ_{F2} 单位 ppm）由 STMAS 谱获得。如图 4-33 所示，在 300℃加热处理后的高岭土中，没有出现任何四配位和五配位峰。然而，由于其灵敏度高，STMAS 波谱能够充分地区分杂质的影响。因此，在此温度下的煤灰中，可以进一步验证六配位峰。偏高岭石在 800℃时由四配位和五配位铝构成。由于八面体结构的分解，六配位铝的共振变得发散。由于噪声干扰，在图 4-33(a) 中 b 点和 c 点的四配位和五配位区域都检测到了明显的峰位畸变，只有分散信号，未形成明显的峰簇聚焦核。峰的发散主要归因于无序的结构，即三种铝随机分布并相互成键。此外，偏高岭石中羟基的存在也会引起 Al 共振的干扰，因为氢基团具有较强的顺

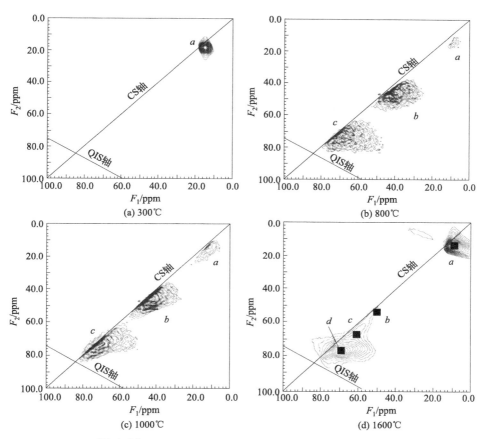

图 4-33 高岭石经不同温度下处理的 DQF-STMAS 谱

磁性。这一结果进一步表明，由于非晶态特点，对偏高岭石的详细晶体或几何结构的解析是相当困难的。经 1000℃ 热处理的高岭石中六配位 Al 比 800℃ 处理的高岭石中六配位铝共振更强且更分散。六配位铝的共振强度的增加可能是由于五配位铝通过热处理部分转变为四面体和八面体铝。此外，由于偏高岭石的非晶状态，所有共振都表现出畸变。

如图 4-33(d) 所示，在四配位区域检测到三个位点 b、c 和 d。共振 b 在 $\delta_{F1}=49$ppm 和 $\delta_{F2}=50$ppm 的四配位铝可能归因于莫来石中的铝四面体，其中一个氧原子可以被周围的三个铝四面体共享，即三团簇（tri-cluster）。该种形式铝的存在可能是高岭石经高温热处理后向莫来石转变过程中氧的去除所致。由于骨架边缘四面体的不规则分布，使得骨架边缘四面体的变形更为明显。因为两个铝氧四面体的直接键合理论上不存在，因此 c 和 d 被认为是六配位 Al 和/或五配位 Al。

在此基础上，利用 STMAS 对不同温度热处理的煤灰进行了 [27]Al 的结构解

191

析，如图 4-34 所示。在低温灰（LTA）中检测到明显的单六配位^{27}Al 共振。在815℃和 1000℃下制备的灰渣中结构相对完整且对称性较好；而经过完全熔融后在 1600℃下制备的灰渣中，^{27}Al 共振谱表现出离散和不对称分布。此外，经过淬冷后的熔渣中铝表现出较低的共振信噪比，表明 Al 的结构多为分散的 T-O-T 结构。STMAS 在强磁场中，可以在较短的时间内揭示灰渣矿物中不同铝元素之间的详细空间相关性。此方法的主要局限，是由于矿物中顺磁性物种引起的谱线展宽，而在非晶态时更为严重。

  ^{27}Al 的二维双量子魔角旋转核磁工作（DQ-MAS）作为一种有效的探测矿

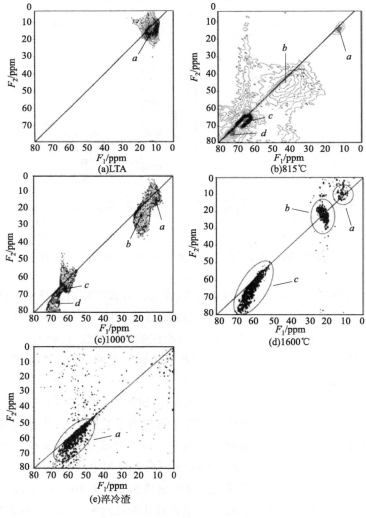

图 4-34 不同温度下煤中矿物质的^{27}Al DQF-STMAS 分析

物中相邻原子空间相关性的方法，已被广泛应用。2D DQ-MAS 核磁共振信号可以通过适当的程序区分不同类型铝单元的不同键合状态。尽管该技术由于其极低的灵敏度和通常超长的弛豫时间而不太成功，但它仍然是阐明详细的化学键相互作用的一种合适的方法。

利用高场强核磁共振（800MHz，18.8T），在 15kHz MAS 条件下进行了二维 ^{27}Al DQ-MAS 谱的分析。在 DQ-MAS 实验中，首先激发 DQ 相干性，然后在 t_1 期间释放，再转化为可检测的磁化强度。用 BR $2\frac{1}{2}$ 序列对 ^{27}Al 的 DQ 相干进行激发和再转换，$\tau_{\text{exc}} = \tau_{\text{rec}} = 0.8\text{ms}$。获得一个 ^{27}Al DQ-MAS 谱大约需要 24h。自旋-5/2 ^{27}Al 核具有单自旋双量子相干性，因此 DQ-MAS π 和 π/2 脉冲是中心跃迁选择性弱脉冲。在这些实验中，π/2 脉冲的长度为 $50\mu\text{s}$。中心跃迁选择 $200\mu\text{s}$ 的 π 脉冲进行选择自旋间的 ^{27}Al DQ-MAS 的 DQ 相干脉冲。实验的脉冲序列和相干传输路径如图 4-35 所示。相位循环选择了双自旋双量子相干的相干传输路径，拒绝了单自旋的相干传输路径。DQ-MAS 谱显示了单量子（F_2）和双量子（F_1）频率之间的相关性。单量子频率的偶极耦合自旋对 σ_1 和 σ_2 出现在 $(F_1、F_2) = (\sigma_1 + \sigma_2, \sigma_1)$ 和 $(\sigma_1 + \sigma_2, \sigma_2)$。如果两个旋转相同的频率，只有单一的峰出现在 $(F_1、F_2) = (2\sigma_1, \sigma_1)$ 的斜率为 2 的对角线上。

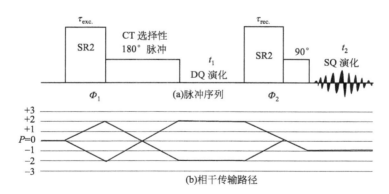

图 4-35　自旋 5/2 核 DQ-MAS 双量子异核相关实验

在 1600℃ 下制备的高岭石中的铝核占据了 1 个四配位和 1 个六配位的位点，其各向同性化学位移和四极耦合常数存在较大差异，如图 4-36 所示。在大约（58ppm，58ppm）和（2ppm，58ppm）处观察到一对强对称 DQ 峰，揭示了相邻的八面体和四面体 Al 之间通过氧的直接相连。而在六配位、四配位和五配位铝之间没有任何其他成键，即使铝原子核只占据一个不同的位置。由高岭土转化成的莫来石主要由框架结构形成的四配位 Al 与六配位 Al 构成。此外，DQMAS

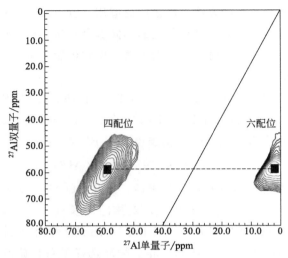

图 4-36　高岭土经 1600℃热处理后的二维^{27}Al DQ-MAS 谱

的结果很难明显区分扭曲的四配位 Al。除杂质干扰外，各配位铝的比例可根据铝的键合状态进行评估。

铝的结构与高岭石的结晶度密切相关。在相同的煅烧条件下，结晶好的高岭土比结晶差的高岭土具有更高的活性。高岭土结晶度好，完全脱羟基（＞94％）表现出较高的灰活性，这是由于煅烧后 Al（Ⅴ）和 Al（Ⅳ）含量较高所致。Xing Haoxuan 等[22] 研究了高岭石在高温下对砷的吸附能力，通过^{27}Al-NMR 测试，确定吸附产物与 Al 配位的变化，探索高岭石中砷和铝的结合方式，如图 4-37 所示。发现对砷的吸附与高岭石中的铝原子密切相关。在游离砷的吸附过程中，近40％的三价砷［As（Ⅲ）］被氧化为五价砷［As（Ⅴ）］并与高岭石结合，形成As-O-Al 结构。在共吸附过程中，82％的 As（Ⅲ）被氧化为 As（Ⅴ）并连接到高岭石的 Al 表面。O-Na 基团键合在 As-O-Al 结构的周围，从而形成 Na-O-As-O-Al。六配位 Al（［Ⅵ］Al）是原高岭石中唯一的形态，去羟基化促进了五配位Al（［Ⅴ］Al）和四配位 Al（［Ⅳ］Al）的形成。对于 1223K 煅烧的（RKaol），［Ⅵ］Al、［Ⅴ］Al 和 ［Ⅵ］Al 的比例分别为 45.4％、5.6％和 29.0％，不饱和［Ⅴ］Al 和 ［Ⅳ］Al 在高温下表现出良好的吸附能力。在分离砷吸附实验中，Kaol-As 的 ［Ⅴ］Al 含量降低了 6.9％，［Ⅵ］Al 增加了 9.5％，说明砷影响了 Al的配位结构。与钠相比，砷对铝配位的影响较小。Kaol-As 和 RKaol-As 和 Na相似的 Al-配位表明，在两个吸附过程中得到的产物中存在相似的 Al-As 结构。另外，共吸附实验和分段吸附实验的 Al 配位差异很大。

在偏高岭石表面，As（Ⅲ）—O 基团与铝结合，在分离砷吸附过程中，O 原子

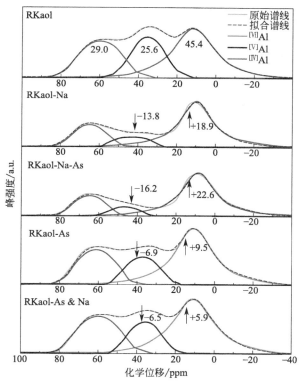

图 4-37 吸附 As 过程中铝配位的变化

位于 Al 原子的桥上，从而形成新的结构，称为—O-Al 结构。此外，在协同吸附过程中，在钠原子周围形成一种稳定的结构 Na-O-As-O-Al 结构，即含砷基团和铝原子的结合。由于 As-O-Al 结构和 Na-O-Al 结构的酸性性质不同，测试吸附产物的酸性性质可以证实这些结构的存在。相对于原高岭石的酸位，高岭石的 B 酸位属于高岭石上的 Al-OH 官能团，高岭石的一些 Lewis 酸性是由于部分 Bronsted 酸位的去羟基化而产生的。RKaol 中有明显的 B 酸位点，在 473K 左右有特征解吸峰。加热过程导致 RKaol 脱羟基酸化，部分 Al-OH 基团转化为 Al-O 基团，从而形成新的 Lewis 酸位点，在 723K 左右有特征的解吸峰。对于 RKaol-As，在 893~1203K 处形成了一个新的解吸峰，表明形成了一个新的更强的酸性结构（结构 As-O-Al），但对于 RKaol-As-Na 出现了一个更大的解吸峰，如图 4-38 所示。这一结果表明，尽管结构 Na-O-As-O-Al 的酸度比结构 Na-O-Al 的酸度弱，但结构 Na-O-As-Al 的酸度更大，从而导致 RKaol-As-Na 的酸度更强。

根据分析，得出钠蒸气对高岭石吸附砷的影响较大。如图 4-39 所示，原高岭石表面存在弱酸性 Al-OH 基团，部分 Al-OH 基团在高温下转化为 Al-O 基团，

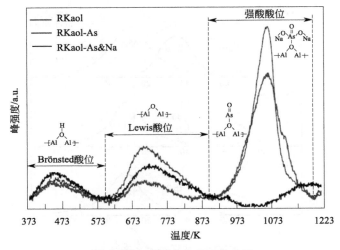

图 4-38 吸附产物的酸性位置

Al〔Ⅵ〕向 Al〔Ⅴ〕/ Al〔Ⅳ〕的转化增加了吸附位点的酸度。当仅存在砷蒸气时，As(Ⅲ) 与 Al-O 基团的 Al 原子结合较弱，从而形成一种不稳定的含 As(Ⅲ) 的铝硅酸盐。此外，在共吸附过程中，As(Ⅲ) 被氧化为 As(Ⅴ)，然后 As(Ⅴ) 与 Al 基团的 Al 原子结合，被 O-Na 基团包裹，从而形成牢固稳定的结构。

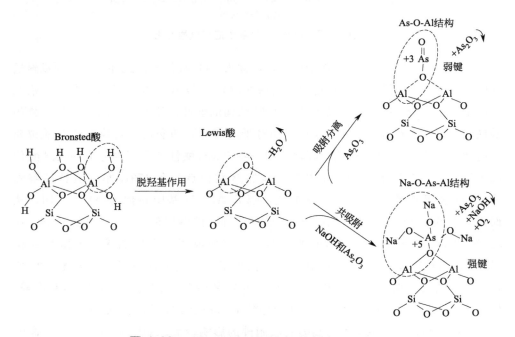

图 4-39 钠蒸气对高岭石吸附砷的影响机理研究

4.3.4 粉煤灰地质聚合物中铝的结构

粉煤灰是由燃料燃烧所产生烟气灰分中的细微固体颗粒物。如燃煤电厂从烟道气体中收集的细灰。飞灰是煤粉进入 1300～1500℃ 的炉膛后，在悬浮燃烧条件下经受热面吸热后冷却而形成的。由于表面张力作用，飞灰大部分呈球状，表面光滑，微孔较小。一部分因在熔融状态下互相碰撞而粘连，成为表面粗糙、棱角较多的蜂窝状组合粒子。飞灰的化学组成与燃煤成分、煤粒粒度、锅炉型式、燃烧情况及收集方式等有关。其中主要物相是玻璃体，占 50%～80%；所含晶体矿物主要有：莫来石、α-石英、方解石、钙长石、硅酸钙、赤铁矿和磁铁矿等，此外还有少量未燃碳。飞灰的排放量与燃煤中的灰分直接有关。

Tian Sida 等[23] 采用 ^{27}Al MAS-NMR，测定了美国两种煤粉煤灰和灰渣样品中铝的配位分布，如图 4-40 所示。在粉煤灰和灰渣中，铝仅存在于硅酸铝中，主要是四配位铝 [Al（Ⅳ）]，少量存在于六配位铝 Al（Ⅵ）中（化学位移：2.8ppm）。由于粉煤灰中含铁物种的顺磁效应，形成旋转边带，增加了粉煤灰铝硅酸盐核磁共振谱的解析难度。粉煤灰中的铝硅酸盐主要是非晶态，也含有低结晶度的菱镁石。在灰渣形成过程中，煤中粉煤灰铝硅酸盐的演化过程是不同的，即使粉煤灰中含有大量的钙，也很难与外来的活性金属元素发生反应。

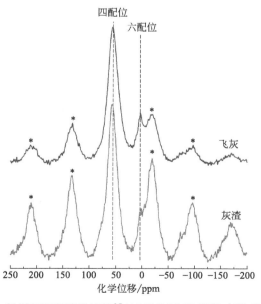

图 4-40　粉煤灰和灰渣样品的 ^{27}Al MAS-NMR 谱图（*为旋转边带）

在铝硅酸盐中，Al（Ⅳ）形成的 AlO_4 四面体比 SiO_4 四面体有更多的负电荷。有两种机制可以补偿铝硅酸盐中多余的负电荷：氧空位或氧三聚体和活性金属阳离子。对于缺少活性阳离子的铝硅酸盐，如莫来石，氧空缺弥补了过量的负电荷的 AlO_4 四面体。对于富含活性阳离子的铝硅酸盐，活性金属阳离子弥补了过量的负电荷的 AlO_4 四面体。聚合理论认为，铝硅酸铝材料中含有的活性金属元素越多，材料越容易熔解。Al（Ⅵ）是铝硅酸盐中莫来石等难熔物质。因此，灰中 Al（Ⅳ）含量的变化表明易熔铝硅酸盐的变化。其中，Al（Ⅳ）的比例是讨论粉煤灰中铝硅酸盐结渣效应的基础。在固态核磁共振分析中，顺磁相互作用比任何其他核磁共振因子对观察到的原子核的影响大得多。在三个粉煤灰样品的核磁共振谱中，含铁物质的顺磁效应是形成旋转侧带的主要原因。因此，研究自旋边带的变化是有价值的。Al（Ⅳ）在煤灰中的比例低于在粉煤灰中的比例，Al（Ⅳ）在煤灰中的旋转侧带比在粉煤灰中的旋转侧带稍弱。核磁共振结果表明，钙离子补偿了过量的负电荷的 AlO_4 四面体。铝硅酸盐中的一些无定形或低结晶度物质发展成矿物晶体，但不再有钙、铁或其他活性阳离子与铝硅酸盐相互作用。

Tian Sida 等[24] 为了了解不同化学配位粉煤灰硅铝酸盐中铝元素的盐酸溶解度，对四种熔点不同的粉煤灰进行了热盐酸分离，利用 ^{27}Al-MAS NMR 对粉煤灰及其酸分离残渣进行了分析，如图 4-41 所示。结果表明，粉煤灰中六配位铝［Al（Ⅵ）］不易溶于热盐酸。四配位铝的一部分［称为 Al（Ⅳ）］易溶于盐酸。灰中的酸溶性 Al（Ⅳ）比莫来石中的 Al（Ⅳ）具有更强的四极相互作用，AlO_4 四面体的过量负电荷由活性金属阳离子补偿。含有大量酸溶性 Al（Ⅳ）的硅铝酸盐易被水化。高熔点粉煤灰中莫来石、刚玉含量高，Al（Ⅳ）含量低，酸溶 Al（Ⅳ）含量低。低熔点粉煤灰中铝硅酸盐主要为非晶态物质，Al（Ⅳ）含量高，酸溶性 Al（Ⅳ）含量多。因此，粉煤灰酸溶性铝组分可以用来表征粉煤灰中硅铝酸盐的结渣倾向。

Phair 等[25] 研究了粉煤灰基地质聚合物的起始材料和铝酸钠溶液的性能及其对最终材料性能和微观结构的影响。用 ^{27}Al NMR 对铝酸钠溶液进行了表征，确定了铝的配位状态与溶液浓度和［OH］/［Al］比值的关系，如图 4-42 所示。^{27}Al MAS NMR 证实，根据［OH］/［Al］的不同，铝酸钠含有四配位或六配位的铝，可以与粉煤灰基地质聚合物发生反应，其强度与硅酸钠活化的地聚合物相当或更大。碱溶粉煤灰对可溶性六配位 Al 有促进作用，而 KOH 的溶出促进了溶液中四面体 Al 的存在，而其他物质的溶出除外。另一方面，在氢氧化钠存在的情况下，在高［OH］/［Al］比例下，溶液中会产生大量的八面体 Al。

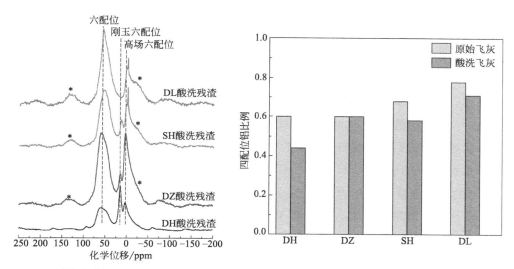

图 4-41　粉煤灰经酸煮分离残渣的²⁷Al MAS NMR 波谱以及四配位铝比例

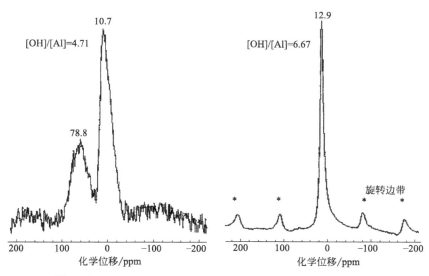

图 4-42　铝酸钠[OH]/[Al]= 4. 71 和 6. 67 的 Al MAS NMR 谱

在四配位和六配位铝同时存在的情况下，也证实了地质聚合物反应的发生。六配位铝是否参与了多晶硅相或其他相有待进一步研究。以粉煤灰、高岭石、钾长石、矿渣为铝源，合成了各种粉煤灰基地质聚合物基质。用碱硅酸盐或碱铝酸盐溶液作为 pH 值、浓度和碱离子（Na⁺或 K⁺）的函数来活化基质。体系中存在铝酸钙和硫铝酸钙等铝酸盐相，铝以六配位形式在结构中存在。然而，铝酸钠的存在形式主要由八面体为主，而不是四面体铝，这对地聚合物基质的抗压强度有积极的影响。在某些情况下，铝酸盐活化地质聚合物的力学性能优于传统的硅酸盐活化地质聚合物，但这一特性的微观结构需要进一步验证。

Zhang Na 等[26] 通过 ^{27}Al-MAS NMR 研究了复合活化赤泥煤矸石的胶结硬化行为。通过 ^{27}Al MAS NMR 获得了水化硅酸钙中 $Al^{[4]}$ 和 $Ca_3Al_2O_6 \cdot xH_2O$ 中 $Al^{[6]}$ 的有价值信息，如图 4-43 所示。^{27}Al MAS NMR 的反卷积数据表明，随着水化过程的进行，水化硅酸钙凝胶中 $Al^{[4]}$ 的相对含量变化不大。随着水化时间的延长，$Ca_3Al_2O_6 \cdot xH_2O$ 中 $Al^{[6]}$ 的相对含量显著增加。水化前，$Al^{[4]}$ 和 $Al^{[6]}$ 的相对含量分别为 14.73% 和 14.96%；水化后，$Al^{[4]}$ 和 $Al^{[6]}$ 的相对含量显著增加，分别达到 34% 左右和 40% 以上。其增量可以看作是水化硅酸钙凝胶中 $Al^{[4]}$ 的相对含量，$Ca_3Al_2O_3 \cdot xH_2O$ 中 $Al^{[6]}$ 的相对含量。钙矾石和非晶态水化硅酸钙凝胶是主要的水化产物，形成的水化硅酸钙凝胶在 SiQ^2 和 SiQ^3 单元中具有高度聚合结构，部分硅被四面体配位的铝取代，是强度提高的主要原因。

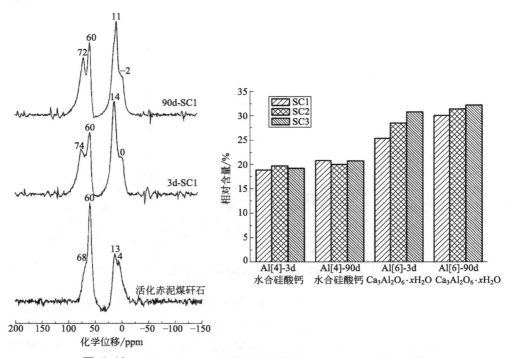

图 4-43　水合 3 天和 90 天的复合浆体的 Al MAS NMR 谱及水化
硅酸钙中 Al 和 $Ca_3Al_2O_6 \cdot xH_2O$ 中 Al 的相对含量

4.3.5　高温熔渣中铝的结构特征

煤灰中 Al_2O_3 的含量变化较大，有的在 3%～4%，有的高达 50% 以上。普遍认为，煤灰中 Al_2O_3 的含量对灰熔融流变特性的影响较为单一，含量越高熔点越高。这是由于 Al_2O_3 具有牢固的晶体结构，熔点高达 2050℃，在煤灰熔化过程中起"骨架"作用，因此 Al_2O_3 含量越高，灰熔点就越高。研究表明，Al_2O_3 含量在 35% 以上时，其软化点（ST）最低也在 1350℃ 以上；Al_2O_3 含量超过 40% 时，ST 一般都大于 1400℃。但由于煤灰组分的复杂性和各组分的变化幅度很大，即使 Al_2O_3 含量低于 30%（有的在 10% 以下）的煤灰，ST 也可能在 1400℃，甚至 1500℃ 以上。所以需要综合判断各个成分的作用才能确定煤灰性质。此外，由于 Al_2O_3 晶体具有固定熔点，当温度达到该铝酸盐类物质的熔点时，该晶体即开始熔化并很快呈流体状。因此，当煤灰中 Al_2O_3 含量高于 25% 时，流动温度（FT）和 ST 之间的温差随煤灰中 Al_2O_3 含量的增加而越来越小。

Dai Xin 等[27] 采用分子动力学模拟、热力学计算和实验研究相结合的方法，阐明了 Al_2O_3-SiO_2-CaO-FeO 体系灰渣黏度变化机理。在 Al_2O_3-SiO_2-CaO-FeO 体系中，随着 CaO 与 FeO 的质量比（C/F）的增加，黏度下降，当 C/F 等于 2 时出现一个拐点，黏度曲线由结晶渣转变为玻璃碴；当 C/F 小于 2 时，冷却过程中结晶矿物较多，系统中主要是晶体矿物；C/F 高于 2 时，系统中主要是非晶态矿物。从微观角度看，随着 C/F 的增加，六配位的 Al（$[AlO_6]^{9-}$）转变为四配位的 Al（$[AlO_4]^{5-}$）。此外，Ca 和 Fe 原子之间存在六配位 Al（$[AlO_6]^{9-}$）竞争，如图 4-44 所示。桥氧含量降低，而非桥氧含量增加，体系的聚合度和稳定性下降。通过氧键 $\ln\eta = 4.07 - 0.069 \times CaO$ 建立了 Al_2O_3-SiO_2-CaO-FeO 四元体系的碱组成（CaO）与黏度之间的定量函数关系。

Cao Xi 等[28] 研究了水蒸气存在条件下对熔渣黏温特性的影响，发现灰熔融温度（AFTs）随水蒸气比例的增加而降低。虽然水蒸气对矿物种类的影响很小，但水蒸气的引入降低了二氧化硅的含量；同时，水蒸气有利于非晶物质的形成，不利于晶体矿物的形成，因此出现更多的非晶态物质。水蒸气的加入也降低了炉渣的黏度和临界黏度（T_{CV}），但在常压下影响不明显。水以-OH 的形式侵入熔渣结构，破坏 Si-O-Si 键，导致其聚合度降低；另外，由于水蒸气的作用，炉渣中的 Al^{3+} 可能成为 $[AlO_6]^{9-}$，如图 4-45 所示。核磁共振分析可以显示出水蒸气对 Si-O-Si 网络结构的破坏削弱，而网络修饰结构 $[AlO_6]^{9-}$ 随着水蒸气比例的增加而增加，导致炉渣黏度和 T_{CV} 降低。

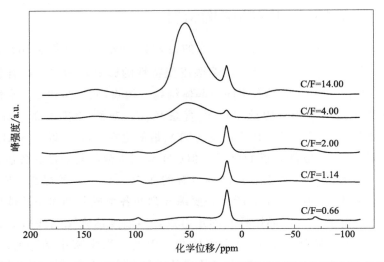

图 4-44　不同 C/F 比例的 Al_2O_3-SiO_2-CaO-FeO 四元系的 ^{27}Al NMR 分析

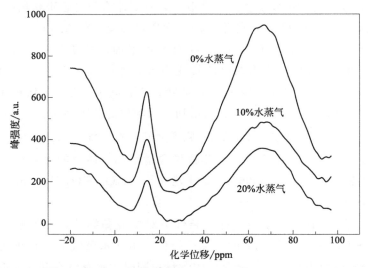

图 4-45　在水蒸气存在条件下熔渣的 ^{27}Al NMR 波谱

　　笔者对三种典型的煤灰渣进行了 ^{27}Al NMR 的分析，如图 4-46 所示。D 煤灰以 SiO_2 和 Al_2O_3 为主要构成，总含量为 83.68%（质量分数），CaO 含量为 1.38%。相比之下，M 煤灰以 Fe_2O_3 占主导，质量分数为 32.16%，CaO、SiO_2 和 Al_2O_3 分别为 7.23%、29.57% 和 19.69%。A 煤灰中 CaO 和 Fe_2O_3 含量分别为 16.80% 和 16.56%，SiO_2 和 Al_2O_3 分别为 37.10% 和 17.11%。

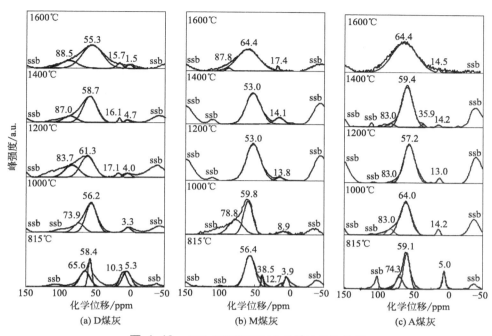

图 4-46　三种典型煤灰渣中的 ^{27}Al 结构分析

高温制备的灰渣中的铝主要以四配位为主，^{27}Al NMR 谱峰包含三个典型区域：0～20ppm 为 Al^{Ⅵ}；20～40ppm 为 Al^{Ⅴ}；40～70ppm 为 Al^{Ⅳ}。由于 ^{27}Al 的峰出现宽化现象，因此采用拟合的方式对各种结构的峰进行去卷积分峰拟合。在 1000℃ 下制备的灰 D 的共振中拟合了四个峰 [图 4-46（a）]。5.3ppm 的峰值来自低晶莫来石。在 58.4ppm 的中心主要出现了的四配位结构，表明主要由四面体 Al 形成的 T-O-T 结构。在 10.3ppm 和 65.6ppm 的两个肩峰是偏高岭土的变形。经 1200℃ 热处理后出现了三个峰。同样在 3.3ppm 的峰源自低结晶度的莫来石。56.2ppm 的峰主要是四配位结构。在 73.9ppm 的肩峰是旋转边带和/或氧化铁的干扰。这种干扰在 1400℃ 的灰中更加明显，在约 83.7ppm 出现较强肩峰。出现在 17.1ppm 的峰主要是 α 氧化铝的六配位结构，这样的峰也出现在 1600℃ 的灰渣中，表明 α 氧化铝可独立和稳定地在高温条件下存在。与此同时，4.7ppm 和 1.5ppm 的峰在 1600℃ 制备的灰渣中变弱，表明莫来石逐渐消失转化为非晶态。

含高铁灰渣 M 也显示出两个主要峰，分别对应四和六配位。在 1000℃ 制备的灰中，在 38.5ppm 处出现的峰可能属于五配位，来自于残余黏土（如偏高岭土和/或白云母）。在 78.8ppm 处的肩峰同样是旋转边带和/或铁氧化物的干扰。

在 1000 ～ 1600℃ 制备的灰渣中，分别在 12.7ppm、8.9ppm、13.8ppm、14.1ppm 和 17.4ppm 处出现的六配位峰源自 α 氧化铝。

高碱含量的 A 煤灰仍以四配位 Al 为主[图 4-46(c)]。经过 1000℃ 热处理后，在 5.0ppm 左右出现较弱的六配位体，以及在 74.3ppm 左右出现肩峰，归因于分解的黏土的残余结构（如高岭石）。并且，在 14ppm 左右出现的峰属于游离出来的孤立 α 氧化铝。在 1600℃ 热处理的灰中，35.9ppm 的峰属于五配位铝结构，可能是由于六配位结构部分扭曲变形所致。

4.3.6　矿物质中 Al-O-Al 结构

Al-O-Al 结构在天然和合成铝硅酸盐试样中是否存在尚不明确。Loewen-stein 根据 Pauling 不相容理论推断 Al-O-Al 键在天然和合成的铝硅酸盐样品中是不可能存在的。但最近的研究发现，Al-O-Al 位的存在代表了骨架阳离子的无序程度，影响了矿物质的性质。在一些 Si/Al<1 的铝硅酸盐中，当碱或碱土阳离子不足以平衡铝氧结构过量的负电荷时，可能出现更高的配位结构或三配位团簇构型。

二维 [27]Al 双量子魔角旋转（DQMAS）核磁共振实验是一种探测矿物中相邻 T-O-T 物种的技术。同核 DQMAS 实验分别利用空间偶极相互作用产生 DQ 相干和磁化转移。因此，通过这些二维相关实验可以获得核间临近度的具体信息。因此可以利用 DQMAS 对矿物质中骨架结构的失序以及结构中 Al-O-Al 结构的存在进行评价。笔者利用 [27]Al 3QMAS 和 DQMAS 分析了若干硅铝酸盐结构，获得了 Al-O-Al 结构信息。通过比较 3QMAS 波谱中沿 F_1 轴的重心位置（δ_{F_1}，ppm）和沿 F_2 维的 MQ 各向同性位移位置（δ_{F_2}，ppm），对 Al 的结构进行识别。各向同性化学位移（δ_{cs}）和四极积（P_Q）的计算公式如下：

$$\delta_{CS} = \frac{17}{27}\delta_{F_1} + \frac{10}{27}\delta_{F_2} \tag{4-22}$$

$$P_Q = \sqrt{\frac{170}{81} \times \frac{[4S(2S-1)]^2}{[4S(S+1)-3]}(\delta_{F_1}-\delta_{F_2})} \times v_0 \times 10^{-3} \tag{4-23}$$

式中，S 为自旋量子数，v_0 为 [27]Al 的拉莫尔频率。P_Q 值一般反映结构的对称性（P_Q 值越小对称性越高），即使 P_Q 值是广泛分布的四极相互作用的平均值。根据 HY 分子筛的 3QMAS 谱，在 CS 轴附近发现了峰 a（$\delta_{F_1}=$63.0ppm，$\delta_{F_2}=65.0$ppm），代表 Si-O-Al 结构，由于 P_Q 值较小（1.35MHz），具有较高的对称性，如图 4-47（a）所示。相比之下，峰 b（$\delta_{F_1}=59.5$ppm，$\delta_{F_2}=68.0$ppm；$P_Q=6.09$MHz）位于离 CS 轴较远的位置，表明结构复杂，对

称性较低，可能是由于三团簇结构的干扰造成的。这种干扰的确切原因无法预测，但推测主要是源于三团簇（tri-cluster）结构的形成而导致的不对称。样品的 ^{27}Al SR2 $\frac{1}{2}$ DQMAS 波谱如图 4-47(b) 所示。在对角线上检测到强烈的 DQ 峰（在 $\delta_{SQ}=59.5$ppm，$\delta_{DQ}=118.0$ppm），说明 HY 分子筛具有 Al-O-Al 结构，这种结构主要来源于结构的无序性。由于 Al-O-Al 上存在高电荷氧，在更高电荷体系（如 Ca＞Na）中可能存在更多的 Al-O-Al 结构。然而，Al-O-Al 结构应具有有限的随机分布特征。因为原子振动和键拉伸所发生的时间比核磁共振时间尺度短得多，这将导致偶极耦合张量的平均，表现出了更大的表观距离。对于原子直接与氢结合，结构振动更为显著。基于电荷平衡的考虑，形成了阳离子-氧四面体的三团簇（即由一个普通氧原子连接的三个四面体）。Al-O-Al 结构能够提供额外的离子，允许一个氧在 HY 沸石中多一个 Si 或 H 键合位置。另外，在 c 和 d 处分别发现了两个共振峰，分别为五配位 Al 和六配位 Al。^{27}Al 原子之间的偶极耦合小于 1kHz。虽然自旋扩散可能会增加交叉峰，但由于 ^{27}Al 核之间没

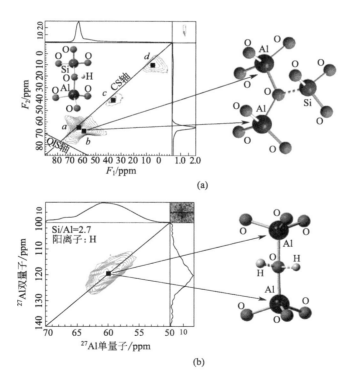

图 4-47　HY（Si/Al= 2.7）型沸石的核磁共振谱图二维 ^{27}Al DQMAS 谱（见彩图）

205

有直接成键，这种影响可以忽略。在这种情况下，两种 ^{27}Al 自旋对中的铝原子之间不存在直接的化学键。如图 4-47 所示，四配位 Al 向六配位和五配位 Al 的过渡可能部分归因于 Al-O-Al 的预先形成。由于原子振动，Al-O-Al 最终转变为相对稳定的结构。原子在六配位和五配位结构之间的迁移，可能是外来原子的干扰引起的。如模型提出的观点，铝硅酸盐材料中随机存在的 Al-O-Al 结构可能对离子极化扩展到框架结构的扭曲产生一定的影响。

由于不同阳离子对 Al-O-Al 结构产生不同的影响，对 CAS（Ca-Al-Si）和 MAS（Mg-Al-Si）两种熔渣体系进行了 ^{27}Al DQMAS 分析，谱图如图 4-48 所示。在 CAS 中，在对角线上检测到一个强烈的 DQ 峰 A（53.0ppm 和 106.0ppm）[图 4-48(a)]，偶联的 DQ 峰说明具有相同结构的相邻 Al-O 之间的成键，也就是 Al-O-Al 结构。DQ 峰也表明了铝氧铝结构的无序分布和熔渣骨架的不对称特征。在 MAS 熔渣的 DQMAS 谱图对角线上检测到两个对称的 DQ 峰，分别为 A（60.5ppm 和 121.0ppm）和 B（48.0ppm 和 96.0ppm）[图 4-48(b)]。Ca 和 Mg 阳离子之间的差异归因于它们不同的离子强度（CFS，即 $CFS_{Mg} > CFS_{Ca}$）。在 MAS 体系中可能存在三团簇体（即三个四面体由一个氧原子连接在一起）[图 4-48(b)]。由于三团簇体的产生，Al-O-Al 结构能够连接额外一个 Si-O 结构，导致更致密的框架结构以及更高的熔融黏度。此外，熔渣 MAS 的共振谱图略有畸变，部分原因可能是由于外来离子（即 Mg）的干扰引起不同类型的 T-O-T 结构发生转变。

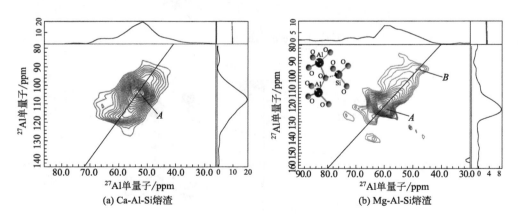

(a) Ca-Al-Si熔渣　　　　(b) Mg-Al-Si熔渣

图 4-48　熔渣二维 ^{27}Al DQMAS 波谱（见彩图）

4.4 煤熔渣中 Si-O-Al 结构及对矿物质特性的影响

　　熔渣的黏温特性是矿物质在高温条件下的一种重要特征。煤灰通常由多种成分组成，关于灰渣的性质和组分之间的关系受到工业界的广泛关注，各种经验的和理论的概念和模型通常根据灰分组成来进行熔融黏度的估算。以往的研究主要依靠模拟和相图来识别各个成分的作用和影响。但从本质上说，熔渣的流变特性与熔融灰渣的微观结构密切相关。Si 和 Al 氧四面体作为矿物质中最常见和最重要的成分，其结构直接影响熔渣的性质。笔者选取了三种含有不同成分的典型灰渣进行 NMR 分析。其中 D 灰渣硅、铝含量高，M 灰渣铁含量高，A 灰渣钙、Mg 含量高。利用 800MHz（^{1}H）多核固态核磁共振在 18.8T 磁场下对其进行分析。并利用高温旋转黏度计进行了黏温曲线的测定。灰渣的流动性及其微观结构之间的关系如图 4-49 所示。

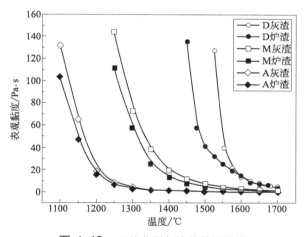

图 4-49　三种典型灰渣的黏温曲线

　　由硅氧四面体和铝氧四面体相结合，可以构成类似高分子聚合物的熔渣微观分子结构。通过核磁共振可以解析 Si-O-Al 铝构成的 T-O-T 结构，同时获得结构的聚合度（Q^n）信息。高硅、铝灰渣（D）主要由硅和铝硅酸盐组成，由 Q^4 的 T-O-T 结构主导形成高聚合度骨架。在氧桥键（BOs）连接的骨架结构中，硅和铝四面体是主要的稳定结构。由于四面体结构允许分枝向四个方向延伸，聚合物将是高度紧凑结构。这些由 T-O-T 组成的框架结构会被游离的阳离子影响。

然而，如果阳离子较少，则只能起到价键补偿作用。

高铁熔渣 M 在接近 1500℃ 以上表现为牛顿流体，表明液态中几乎没有结晶和/或固体颗粒存在。虽然仍然存在大量的 T-O-T 结构，Si 结构以 Q^4 和 Q^3 为主，但由于聚合物结构的分支可以被铁（Ⅱ）离子修饰，因此聚合物结构很容易被破坏。结果是，在层流剪切作用下，聚合物团簇很容易重新排列，黏度降低。在 1500℃ 以上，层流占优势，在此温度以下，聚合结构中既有骨架修饰成分，也有价键补偿离子存在，而铁离子主要起到了骨架修饰的作用。固体颗粒和/或游离的晶体在剪切减薄行为中起着重要作用。

高钙灰渣（A）中主要为相对较短的微观骨架结构（Q^3 和 Q^2），在黏度测定过程中显示轻微的边界层内剪切行为（shear-thinning），甚至在低于临界温度（1250℃）下，依然表现出此种特征。边界层内剪切行为通常归因于熔融体的结构破坏。但是，由于 T-O-M 聚合物相对较短，微观结构弛豫时间较短。温度越高，微观结构间的干涉和拉伸越小，出现湍流现象。黏度曲线显示在 1350℃ 以上属于牛顿流体，其中悬浮固体颗粒在该熔渣中较少。在 1350℃ 以下，由于存在细小的固体颗粒和刚性结构，微观结构的排列阻碍作用变大，流动性下降，非牛顿行为变得更明显。由于不能直接检测固相颗粒的尺寸和体积分数，因此颗粒对其影响的估计比较困难。然而，由于形成过程均匀，初始固体颗粒认为是分散良好的。

如图 4-50 所示为方石英在离子存在情况下形成的网络结构模型。团簇中心 Q^4 结构相互连接，团簇边缘与 Q^3 结构结合，团簇一角被 Q^2 结构占据。如果 Q^2 和 Q^3 结构中的碱土或碱土阳离子被来自钙长石的四面体 $[SiO_4]^{4-}$ 和 $[AlO_4]^{5-}$ 取代，那么方石英石团簇中被取代的 Q^2 和 Q^3 结构应分别转化为 Q^3 和 Q^4。以此类结构模型为依据，随阳离子比例升高，网络结构会逐渐解离形成聚合度较低的片段，从而降低整体体系的黏度。

由于熔渣结构的 Q^n 分布直接影响聚合度大小，进而影响高温流变特性。利用 NMR 分析了两种典型煤灰熔渣的 Q^n 结构随温度的变化（图 4-51）[29]。两种熔渣中的主要晶体为钙长石和方石英石，其 Q^n 结构分布主要为 Q^2、Q^3 和 Q^4。同时探讨了两种熔渣在加热和冷却阶段硅铝微结构的变化。加热过程熔渣形态变化可分为三个阶段：非晶态固体（<1000℃）、结晶（1000～1400℃）和熔融态（1400～1700℃）。缓慢冷却过程允许聚合物结构的逐渐变化，T-O-T 和 T-O-M 可以在足够的停留时间内按规则顺序排列。因此，缓慢冷却过程可形成更多的结晶。快速淬冷过程，可以维持高温熔融状态下的 T-O-T 和 T-O-M 结构，也就是说经过淬冷处理，可以在常温条件下分析高温熔渣的结构。由图 4-51 所示，

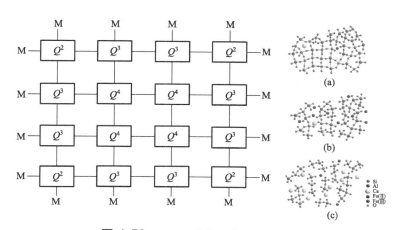

图 4-50　T-O-T 结构团簇的假设模型

（实矩形表示 SiO_4 四面体，实线表示 Si-O 键，M 表示碱和碱土阳离子）

淬冷渣由畸变四面体 $[SiO_4]^{4-}$ 和 $[AlO_4]^{5-}$ 组成，具有 Q^2、Q^3 和 Q^4 结构。随着温度的升高，不同 Q^n 结构之间发生了结构重构，熔渣中硅铝阳离子发生了迁移，尤其是在 800～1000℃时。结晶前 Q^4 百分比快速增加，Q^3 百分比下降，说明碱土和碱土的配位键部分断裂，形成了新的 T-O-T 键。当温度在 1000℃以上时，渣中部分 SiO_2-Al_2O_3 与相邻的 CaO 形成钙长石，导致钙长石中 Q^2 和 Q^3 的百分数增加，Q^4 的百分比下降。

从图 4-51（a）和（b）可以看出，在 1200～1500℃期间，两种熔渣的 Q^2 百分比基本不变，在此温度区间内 Q^3 百分比明显增加，Q^4 百分比明显下降。从 1300～1500℃，CVS 中 Q^3 百分比的增加量高于 THS，说明 CVS 中方石英石团簇是一种小团簇的不稳定聚集。值得注意的是，由于 CVS 的 Q^4 百分比高于 THS，CVS 的方石英石簇大小大于 THS。当温度高于 1550℃时，钙长石全部熔入液态渣中，Q^2 结构中的部分键合被破坏，形成新的 Q^3 或 Q^4 结构。1700℃时，两种炉渣中的 Q^n 百分比与两种淬冷熔渣的 Q^n 百分比相似。当温度从 1700℃降至 1550℃时，扭曲的钙长石开始从液相中析出。根据晶体形核理论，钙长石应在方石英石团簇表面结晶。随着钙长石的增加，液相含量减少，固相含量增加，导致炉渣黏度迅速增加。由于 CVS 具有较大的方石英石团簇和少量的钙长石，其黏度和再固化温度均高于 THS。从图 4-51（c）可以看出，在 1200～1300℃时，Q^2+Q^3 百分比低于计算出的 Q^2+Q^3 百分比为 54%，说明钙长石在 CVS 中没有完全结晶。在 1200～1500℃的温度范围内，CVS 中 Q^2 的百分比几乎是恒定的，低于 THS 的百分比，这说明 CVS 中钙长石的数量低于 THS，因

为只有钙长石具有 Q^2 结构。在 $1200\sim1300℃$ 时 CVS 的 Q^4 百分比高于 46%，表明 CVS 中未形成钙长石的部分 SiO_2 和 Al_2O_3 应该被嵌入内方石英石团簇。当温度在 $1300\sim1400℃$ 时，少量的 $\alpha\text{-}Al_2O_3$ 从方石英石团簇中分离出来，导致 Q^4 百分比下降，Q^3 百分比增加。

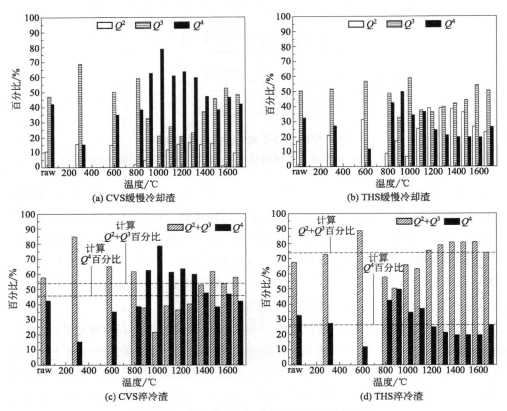

图 4-51　熔渣的 Q^n 结构随热处理温度的变化

根据 ^{27}Al 的 δ_{iso} 化学位移，Al-O-Si 结构中的键角和四面体结构之间的距离随温度的变化关系如式 (4-24)、式 (4-25) 所示。

$$\delta_{iso} = -0.50\alpha + 132 \tag{4-24}$$

$$\delta_{iso} = -59.965(T-T) + 246.39 \tag{4-25}$$

在 $900\sim1700℃$ 温度范围内，由于铝都处于四配位状态，所以四配位铝在淬冷熔渣中的峰的化学位移要高于低温灰中的化学位移。同样，在该温度范围内，两个淬冷熔渣的平均四面体铝氧硅键角低于缓慢冷却熔渣。淬冷渣的四面体铝氧硅键角约为 $140°$，缓慢冷却熔渣的四面体铝氧硅键角约为 $150°$。

淬冷熔渣中两个四面体原子间的平均距离（T-T）大于缓慢冷却熔渣中四面

体原子间的平均距离（T-T），如图 4-52 所示。这些结果表明，价键平衡离子，如 Ca^{2+} 和 Mg^{2+}，或其他碱性和碱土阳离子渗透到铝硅酸盐框架结构中，使得四面体原子之间的平均距离被压缩。

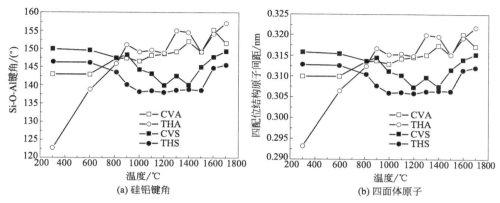

图 4-52　熔渣中不同温度硅铝键角和四面体原子间距随温度的变化

4.5　阳离子对 Si-O-Al 结构的影响

含铝矿物对矿渣的相变和流变性有显著影响。碱离子和碱土阳离子 Na、Ca、Mg 广泛分布于矿物中。其成键随 Al-O 结构的变化会引起不同的熔融行为。这些阳离子对铝氧结构既能起到电荷补偿作用，又能起到网络修饰作用。然而，由于熔渣中阳离子性质不同，对熔渣性质的影响非常复杂。

图 4-53 显示了含有不同阳离子的熔渣二维 ^{27}Al 3QMAS 波谱。NAS 熔渣体系（Na_2O-Al_2O_3-SiO_2）在（59.5ppm，66.5ppm）检测到的峰为四配位铝结构 [图 4-53(a)]。图 4-53（b）为 CAS 熔渣（CaO-Al_2O_3-SiO_2）出现两个共振（57ppm，69ppm）四配位和（30.5ppm，38ppm）六配位。图 4-53（c）为 MAS 熔渣（MgO-Al_2O_3-SiO_2）两个共振峰（55.5ppm，70ppm）四配位铝和（24.5ppm，40.5ppm）六配位铝。NAS 熔渣中只检测到单个四配位位点；不同的是，渣中 CAS 和 MAS 中都观测到六配位位点。这种差异主要归因于阳离子在熔渣微观结构中的不同的作用，也就是说，尺寸相对较小的 Na 阳离子可以嵌入并松动致密的网络结构。Na 阳离子更倾向于平衡 $[AlO_4]^-$ 的负电子位，形成结构更稳定的 T-O-T 形态。Na^+ 对 $[AlO_4]^-$ 负电荷的补偿降低了 ^{27}Al 的 P_Q。NAS 中的 ^{27}Al 峰位偏离较小，说明熔渣分子结构有序性相对较高。Mg 和 Ca 阳离子相比 Na 阴离子直径较大，且谱图出现较明显的偏离，说明矿渣中的

Mg^{2+} 和 Ca^{2+} 改变了熔渣分子的网格结构，产生了更多的 NBOs，将熔渣网络结构离解为较小的片段。此外，Ca 和 Mg 阳离子对铝结构的影响也不尽相同。与熔渣 CAS 相比，熔渣 MAS 峰值的重心向下位移，表明 Mg 阳离子比 Ca 阳离子更能优先渗透到含铝骨架中。此外，熔渣 MAS 的共振也出现畸变，说明 Mg 阳离子导致了 A-O 结构的无序分布。

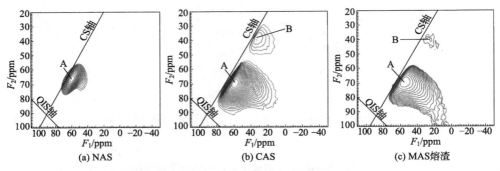

图 4-53　^{27}Al 3Q-MAS 核磁共振二维谱图

阳离子在熔渣微观结构中的作用本质上与它们的 CFSs 有关（对应 Z/r^2），其中 Z 为碱或碱土阳离子的价态，r 为阳离子与氧的距离。Na$^+$、Mg^{2+} 和 Ca^{2+} 的 CFS 分别为 0.18［配位数（CN）＝4］、0.46（CN＝4）和 0.36（CN＝4）。^{27}Al 的 CFS 与 δ_{CS} 和 P_Q 的关系如图 4-54（a）和（b）所示。尽管存在一些不确定性，不同阳离子构成的熔渣中，^{27}Al 的 δ_{CS} 和 P_Q 几乎可以与 CFS 呈线性关系。^{27}Al（包括四配位和六配位）的 δ_{CS} 随着 CFS 的增加（顺序为 Mg^{2+}＞Ca^{2+}＞Na$^+$）而降低。四配位 Al 的 CFS 变化比六配位 Al 的 CFS 下降趋势小。^{27}Al 的 P_Q 的变化在不同阳离子熔渣中的变化更明显。理论上，P_Q 越高，表示电荷补偿大于网络修正作用。因此，相同量的阳离子 Na 比 Ca 和 Mg 能形成更多的 NBOs。最终导致不同的流变行为，也就是黏度变化趋势为 NAS＜CAS＜MAS。

图 4-55 显示了含不同阳离子的熔渣的 ^{29}Si MAS 波谱和 Q^n 结构的定量分布。当相邻元素发生变化时，Q^n 值会发生变化，这种影响取决于被取代元素的化学性质。碱和碱土（即 Na、Ca、Mg）原子的出现，可通过氧原子与硅结合，在 ^{29}Si 的化学位移中产生系统的变化。由于二次四极相互作用，导致局部结构的峰位重叠，因此采用高斯反褶积方法对 Q^n 结构进行了分峰拟合。分峰拟合依据标准矿物质（如石英、钙长石、透辉石、硅灰石、偏硅酸钠）确定不同结构的峰位。

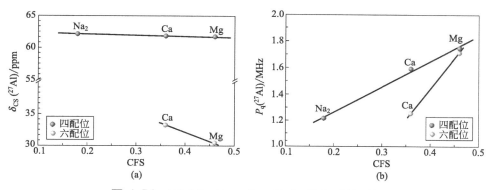

图 4-54　RO（R= Na₂，Ca，Mg）-Al₂O₃-SiO₂ 的
熔渣结构中²⁷Al 的 CFS 和 δ$_{CS}$、P$_Q$ 的关系（见彩图）

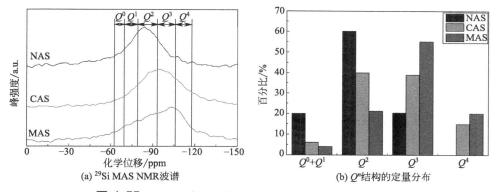

图 4-55　不同阳离子的熔渣中 Si-O 的结构特征（见彩图）

熔渣 NAS 的 ^{29}Si 化学位移明显偏移到低磁场区域，主要由 Q^2 结构以及高比例的 Q^0+Q^1 构成，通常代表着骨架结构中通过 NBOs 连接的 T-O-M。炉渣 CAS 的峰值逐渐向较高磁场移动，Q^2 结构变化为 Q^3 和 Q^4 结构。钙离子在硅氧结构中既可起电荷补偿作用又可以起网络调节作用，这与 Al-O 结构的变化是一致的。同样，含 Mg 阳离子的熔渣 MAS 在高磁场下也有明显的化学变化，主要是 Q^3 结构。镁离子可能更倾向于起网络调节作用而不是电荷补偿。在一定程度上，阳离子对 Si-O 结构变化的不同影响从根本上归因于它们不同的 CFS。因此，NAS 熔渣的微观结构倾向于形成短片段结构，其聚合度较低。相比之下，CAS 熔渣中仍存在大量的 T-O-T 结构，但聚合结构分支易被 Ca^{2+} 解离和修饰，从而在含钙渣中倾向于形成链状结构单元。熔渣 MAS 中的 Mg 阳离子可以渗透到致密的框架结构中，形成较大的 T-O-T 团簇，分枝较多，最终导致这些团簇之间的相互作用，引起相对较高的黏度。

　　阳离子的存在会使框架结构发生扭曲，并且在一定程度上，性质相似的元素在聚合结构中可能相互替代，改变了渣微观结构的稳定性。少量的碱和碱土阳离子只能嵌入到聚合物分子中。然而，熔渣中过量的阳离子会破坏由氧（桥接氧，BO）连接的有序结构，显著降低了分子聚合度和渣的黏度。碱和碱土阳离子在矿渣中既可起到电荷补偿，也可以扮演骨架修饰的作用。此外，具有高阳离子力强度的阳离子（如 Ca^{2+} 和 Mg^{2+}）可能会导致相分离，并最终影响黏度和结渣行为。

　　硅铝结构是形成熔渣骨架结构的主要单元。铝四面体和硅四面体中 NBOs 的产生为阳离子的随机电荷平衡提供了空间。阳离子主要分布在框架内进行相互取代，因此 Si-O-Al 结构的键合状态与阳离子相互作用的关系是影响渣性能的关键因素。

　　图 4-56 为熔渣 CAS 和 MAS 的 ^{27}Al-^{29}Si CP-HETCOR（异核交叉极化）二维波谱。在熔渣 CAS 中观察到三个峰位［图 4-56(a)］。结合 ^{27}Al 3QMAS 和 ^{29}Si MAS 分析，初步确定了峰 A（-86.5，66.0ppm）为 Q^2（Al）、B（-89.0，62.0ppm）为 Q^2（Al）和 C（-92.0，64.0ppm）为 Q^3（1Al）。同样，在 MAS 熔渣中检测到的 A（-83.0，62.0ppm）峰为 Q^2（Al）、B（-89.0，58.0ppm）峰为 Q^2（Al）和 C（-95.5，-58.0ppm）峰为 Q^3（1Al）［图 4-56(b) 中 B］。阳离子对熔渣中 T-O-T 结构的分布有显著影响。四面体硅铝的连接状态在熔渣中发生随机转变，导致熔渣黏度的变化。CFS 较高的 Mg 阳离子有利于 Si-O-Al 和 Si-O-Si 结构的转变和相互取代，导致熔渣性质发生频繁而急剧的变化，因此随着温度的降低，熔渣 MAS 的黏度容易发生突变。此外，Mg 阳离子与 Al-O 的结合比与 Si-O 的结合更稳定。

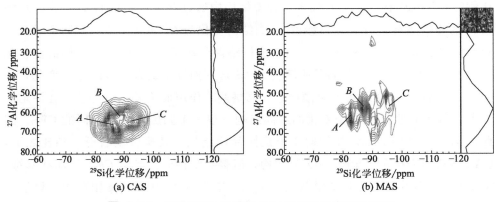

图 4-56　熔渣的 ^{27}Al-O-^{29}Si CP-HETCOR 二维图波谱

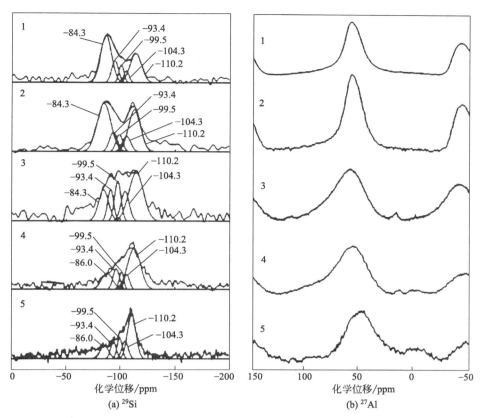

图 4-57 不同 $CaCO_3$ 添加量的熔渣 ^{29}Si 和 ^{27}Al 固体核磁共振谱

1—无添加；2—10％；3—15％；4—20％；5—25％

图 4-57 为添加不同比例碳酸钙后熔渣硅铝结构的变化趋势。在无 $CaCO_3$ 添加时，主要在 $-110ppm$ 附近出现 Q^4 结构；添加 10％$CaCO_3$ 后，^{29}Si 峰变宽，意味着出现 Q^3 结构；随着 $CaCO_3$ 添加比例的升高，峰明显相低场强区域移动，出现大量 Q^3 和 Q^2 结构。这些转变表明，随着 Ca 离子的引入，致密的 Si-O-Al 骨架结构被破坏，引起熔渣聚合结构的变形。^{27}Al 的结构受 Ca 的添加影响较小，主要是四配位铝，表明在熔融体系中，T-O-T 结构相对比较稳定。

4.6 ^{17}O 固态核磁分析在矿物质中的应用

氧是无机化合物中普遍存在的组成部分，对材料性能有重要作用。由于氧在矿物学中的重要地位，氧核磁共振应该有许多重要的应用。氧是一种遍布整个结构的短程相互作用敏感的元素，对氧的分析可以提供关于整个结构的信息，因为其他原子核往往离结构变化的中心更远，变化不直接。然而，关于 ^{17}O 的固体核磁共振研究相对较少。三种稳定的氧同位素（^{16}O，自然丰度为 99.76%；^{17}O 丰度为 0.037%；^{18}O 丰度为 0.2%），只有 ^{17}O 具有核自旋（$I=5/2$），可用于核磁共振。因此，对常规测定来说，必须将同位素进行浓缩，因此也阻碍了氧固体核磁共振的发展。然而，随着傅里叶变换核磁共振仪器灵敏度的提高，^{17}O 核磁振正成为研究自然物质中氧结构的重要工具。^{17}O 的核磁共振有几个重要的优点。^{17}O 有较小的四极矩和较大的化学位移范围（800ppm）。在这个范围内，许多小分子（分子量<100）化合物的 ^{17}O 化学位移可以被区分。虽然原子核的四极相互作用使得谱图变宽，但同时也缩短了原子核的自旋晶格弛豫时间（T），因此可以实现快速的脉冲测试。如果 ^{17}O 波谱具有足够的信噪比，并且能够分辨出不同的信号，则可以测定出不同氧官能团的相对含量。

由于分辨率较低，早期的 ^{17}O NMR 分析并没有显示出很大的应用前景，通常只能检测 Si-O-Si 和 Si-O-Al 结构，并不能检测到晶体学所期望的所有不平衡位点。但事实证明，通过技术上的改进，可以实现 ^{17}O 核磁共振对精细结构的解析。^{17}O 核磁共振的分析方法取得了长足的进步，包括改进了同位素浓缩的工艺，使用快速核磁共振和高强磁场，以及为消除二阶四极相互作用开发的专门技术，如 DAS、DOR 和 MQ 核磁共振方法。

由于不同结构中的化学位移和四极相互作用差异很大，因此没有一种方法是对所有样品的 ^{17}O 核磁共振适用。最常用的方法是单脉冲采集（SP）和自旋回波序列。当回波与 MAS 结合时，回波间距应设置为转子周期的整数。在有明显的四极相互作用的样品中，会出现谱线的展宽，因此通常使用回波技术。

在含有不同相互作用的 X-O-Y 键的材料中，特别是四极相互作用在不同位点有很大变化，且基质为非晶态的情况下，选择最佳的磁场是关键。核磁共振最大的优点之一是可以依据波谱进行定量分析。通过对测定过程的设计，可以从四极 ^{17}O 核磁共振波谱提取图谱定量信息。

在硅铝酸盐矿物中 O 的结构分析，可以直接反应 T-O-T 结构中的 BO 和 NBO 信息。Koji 等人利用 ^{17}O MQMAS 分析了 $15Al_2O_3$-$55SiO_2$-$5CaO$-$15RO$ 体系中 Mg 和 Na 对硅铝结构的影响。与 Mg 相关的 Si-NBO [Si-NBO（Mg）]信号占主导地位，但也存在少量的 Si-NBO（Ca）结构。图 4-58（b）清楚地显示，Si-NBO（Ca）的浓度远远高于 Si-NBO（Na）。因此，在 Ca^{2+} 和 Na^+ 共存的情况下，Na^+ 主导着 AlO_4^- 的负电荷补偿，尽管部分观察到了 Ca^{2+} 和 Na^+ 之间的阳离子混合效应。

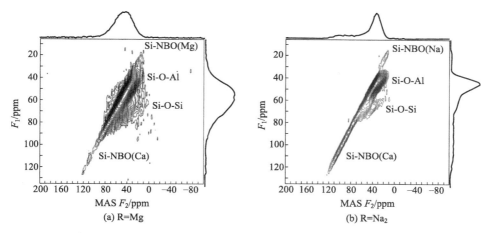

图 4-58 15Al$_2$O$_3$-55SiO$_2$-5CaO-15RO 玻璃的^{17}O 3QMAS 波谱

图 4-59 展示了 Ca-Na 铝硅酸盐玻璃[(CaO)$_{1-x}$(Na$_2$O)$_x$]$_{1.5}$(Al$_2$O$_3$)$_{0.56}$ (SiO$_2$), CNAS] 在 14.1T 时 X_{Na_2O}[=Na$_2$O/(CaO+Na$_2$O)] 为 0、0.25、0.5、0.75 和 1 的^{17}O 3QMAS NMR 谱图。虽然氧的结构在铝硅酸盐玻璃的^{17}O MAS NMR 谱图中没有完全解析，但这些谱图显示了相对完整的多个氧结构，特别是 Si-O-Si 和 Si-O-Al 以及 NBO 峰。氧结构在 MAS 维度从 100～30ppm 的特征属于不同类型的非桥接氧（Na-NBO，Ca-NBO，以及部分 {Na，Ca}-NBO）。但是波谱中 Na-O-Si 峰与 Si-O-Al 峰发生重叠。基于二元硅酸盐和三元 Ca-Na 铝硅酸盐玻璃和晶体得出峰的分配。对于含有过渡结构（X＝0.25，0.5，0.75）的玻璃，得到了混合的-{Ca，Na}-NBO 峰。混合的 {Ca，Na}-NBO 峰的化学屏蔽随着 X_{Na_2O} 的增加而减小（峰移到较低的频率）。这一结果表明钙和钠在 NBO 周围有广泛的混合，这与三元钙-钠硅酸盐玻璃相一致，也与钙-钠硅酸盐玻璃构型中熵随钙/钠浓度的变化规律相一致。（Si-O-Si 和 Si-O-Al）结构中的 BO 化学位移的分散（各向同性的峰宽）和重叠随 X_{Na_2O} 的增加而下降，这意味着随着 Ca/Na 的增加，构型紊乱程度增加。并且非骨架阳离子和桥接氧之间表现出较强的相互作用。Si-O-Al 和 Na-O-Si 之间的峰重叠使得量化氧团簇结构构成和探索组分对 Si-O-Al 结构无序性的影响变得困难。

图 4-60 显示了 CNAS 的^{17}O 3QMAS NMR 波谱图。谱图在 9.4T 的 r_f（射频）强度下收集。场强较低（大约 70kHz，与 14.1 T 条件下的 120kHz 进行对比）。在 Na-O-Si（Na-NBO）和 Si-O-Al 峰可以更好地获得解析，这是由于氧具有更大的 C_q 差异，可以更好地在较低磁场进行解析。随着射频磁场强度增加，

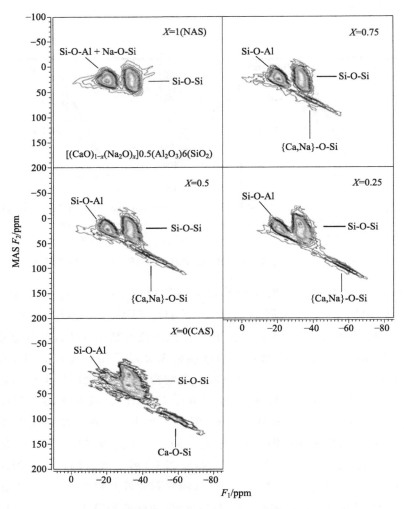

图 4-59　Ca-Na 铝硅酸盐玻璃的 ^{17}O 3QMAS 核磁共振波谱（场强 14.1 T）

（在钠铝硅酸盐玻璃中，　Na-NBO 峰与 Si-O-Al 峰重叠）（见彩图）

整体 3QMAS 效能增加并变得更均匀，使得 3QMAS 核磁共振结果更容易量化。相反地，3QMAS 的效能在较低的射频场（例如 70kHz）下降低，而在较大的 C_q 下（例如 5MHz）被有效抑制。因此，在低射频场的实验中，可以有选择地强化 NBO 的 C_q 值在 2MHz 左右。在 $X=0$ 玻璃中，Na-NBO 比 Ca-NBO（Ca-O-Si）具有更强的屏蔽性，从 2D NMR 谱峰位置可以看出。增强的 Na-O-Si 和 Si-O-Al 的分辨率使我们能够探索 Ca/Na 对各向同性维度 Si-O-Al 峰值宽度的影响。峰值宽度随 X_{Na_2O} 的减少而增大。结果表明，随着 Ca 含量的增加，Si-O-

Al 和非骨架阳离子（可能是电荷平衡阳离子）之间存在显著的相互作用。钙硅铝酸盐中的 Ca-NBO 和 BO 具有比钠硅铝酸盐中的 Na-NBO 和 BO 有更明显的化学位移分散，说明阳离子强度（例如 Ca^{2+} 对比 Na^+）对构型紊乱产生影响。

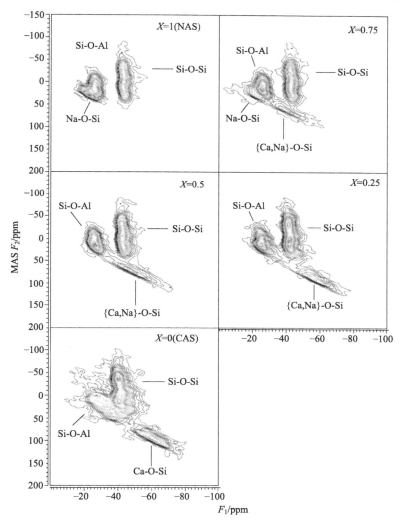

图 4-60　Ca-Na 铝硅酸盐玻璃的 ^{17}O 3QMAS 核磁共振波谱（场强 9.4T）[30]（见彩图）

氧团簇的数量和峰宽的变化提高了对 CNAS 玻璃结构和无序程度的认识。一般来说，3QMAS 的核磁共振谱不能进行准确定量，因为 3QMAS 的效能主要取决于四极核电荷和电场梯度（C_q）之间相互作用的大小。由于在 14.1T 时，氧团簇峰（特别是 Na-O-Si 和 Si-O-Al）之间存在严重重叠，因此很难通过拟合产生稳定的氧团簇结构信息。然而，在 9.4T 下可以获得部分分解的氧团簇峰，能够定量计算其相对比例。值得注意的是，Ca-NBO 的峰值宽度比 Na-NBO 的峰值宽度要宽得多，而混合峰存在过渡值。各向同性维度 BOs 的峰宽可能是由体系中 Ca-Na 构型和拓扑无序变化引起的，并随着 Ca/Na 比的增大而增大，如图 4-61 所示。由于这两种结构紊乱形式是相关的，使用术语"拓扑熵"进行定义。为量化键角和长度的随机性程度，采用了拓扑熵的差（ΔS_{Topo}）。这里，ΔS_{Topo} 表示为 $k\ln W$，k 是 Boltzman 常数，W 是每个氧团簇峰宽（从波谱采集的各向同性投影在 9.4T）。

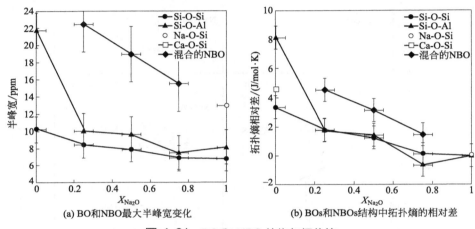

(a) BO和NBO最大半峰宽变化   (b) BOs和NBOs结构中拓扑熵的相对差

图 4-61　BO 和 NBO 结构与拓扑熵

　　拓扑熵是由 Si-O-Si 团簇的半宽值计算得到的一种结构性质。Si-O-Si 引起的拓扑熵线性增加，而 Si-O-Al 引起的拓扑熵在 Ca 端结构附近非线性增加，表明 BO（Si-O-Si 和 Si-O-Al）位点的框架拓扑受到非框架阳离子类型的影响。Si-O-Al 比 Si-O-Si 的 ΔS_{Topo} 较大，并在靠近 Ca 端迅速增大。这一趋势表明 Si-O-Si 与非框架阳离子（包括网络修改和电荷平衡阳离子）的相互作用较弱。另一方面，Si-O-Al 与非框架阳离子（特别是电荷平衡阳离子）具有较强的相互作用，很可能优先接近 Na，而 NBO 可能优先与 Ca 作用。[17]O 的改变对 NBO 最显著，而对 Si-O-Si 结构最不显著，说明 NBO 和网络修饰阳离子之间有更强的相互作用。通过 CNAS 玻璃中氧的结构信息，可以获得 CNAS 玻璃中不同方面的紊乱特征。铝硅酸盐玻璃中硅铝结构混合导致的骨架无序程度随阳离子场强度（CFS）的增加而增加。在过碱性铝硅酸盐玻璃中，结构无序的程度显然是不变的，这可以从 Si-O-Al 和 Si-O-Si 结构中几乎不变的 X_{Na_2O} 情况看出。活度系数受聚合程度的影响，硅在熔体中的活度与结晶态矿物质处于平衡状态。聚合度（NBO 分数）也随着 Na/Ca 的变化而变化。显然，由于没有核磁共振证据表明

Na-O-Al 或 Ca-O-Al 结构的存在，网络修饰阳离子与硅酸盐单元的优先结合优于铝酸盐单元。CNAS 玻璃中 Na 和 Ca 在 NBO 和 Si-O-Al 之间的分配可以用拟平衡表达式表示。

$$Na\text{-}NBO + Ca\text{-}\text{-}\text{-}Si\text{-}O\text{-}Al = Ca\text{-}NBO + Na\text{-}\text{-}\text{-}Si\text{-}O\text{-}Al$$

核磁共振参数的非线性变化以及 Ca 端附近的拓扑紊乱表明 Na 与 Si-O-Al 之间存在优先相互作用，而 Ca 与 NBO 的相互作用可能更强。再加上非线性的拓扑无序性，这些分配将在很大程度上控制 CNAS 玻璃的总体无序程度和构型的热力学混合特性。虽然玻璃成分有不确定性，特别是对于钠含量高的玻璃，可能有碱挥发，但分析结果并不受玻璃成分的显著影响。CNAS 体系也显示出类似的趋势，它们的拓扑无序度随阳离子场强度的增大而增大。由于阳离子场强度增加而引起的结构扰动在玻璃中形成了高配位铝。对于非框架无序 Si-O-Si 和 Si-O-Al 中框架拓扑无序度的增加，验证了 Ca、Na 分布不局限于 NBO 附近而是均匀分布。可以通过铝硅酸盐玻璃中骨架修饰阳离子的干扰来解释，在非框架阳离子和氧簇之间有相对明确的关系。其他类型的非网状阳离子的存在以及它们之间的混合显著降低了每个阳离子的迁移率，被称为混合阳离子效应。通过高场 [27] Al 3QMAS 核磁共振研究表明，在富硅、过碱性、钙铝硅酸盐玻璃成分中，五配位 Al（约 0.6%）可忽略不计。玻璃结构代表了在玻璃转变温度下的淬冷液体的原子构型，过程中液体结构被"冻结"。由于玻璃化转变温度明显低于其熔化温度，因此详细研究温度对玻璃结构的影响十分重要。

铝硅酸盐的原子尺度结构与其宏观和热力学性质之间的关系，一直是研究的重点，尤其是非骨架氧的比例。非骨架氧（NBO）和高配位铝（通常 Al^V）在硅铝酸盐转化过程中扮演重要角色，但是这些变化与组分之间的关系仍未明确。在玻璃中 NBO 的数量通常是给出总氧的百分比或在四面体配位中每个阳离子的平均 NBO 数（NBO/T）。

[17] O MAS 核磁共振谱在 70ppm 附近显示一个大对称峰，归因于桥接氧（包括 Si-O-Al，Si-O-Si，和 Al-O-Al），并出现较小的高频峰（左边），代表非桥接氧（NBO）。检测到的 NBO 和 BO 峰比铝硅酸钙玻璃中的对应峰更宽。氧与三个四面体铝或硅结合，被认为是解释偏离"标准"模型的原因。钙系的量子计算和核磁共振研究的数据表明，如果三团簇体存在，则它们的 [17] O NMR 峰很可能被 BO 峰的重叠掩盖。然而，即便存在三配位氧，这种重叠对实验测定 NBO 占总氧的百分比并不产生影响，如图 4-62 所示。对于钡铝硅酸盐玻璃，NBO 峰面积随着玻璃铝酸性（R）增强而减小。在玻璃结构的"标准"模型中，偏铝酸玻璃（例如 $R=0.5$ 的玻璃）应该"完全聚合"，并且只含有桥氧，对应黏度最大值。然而，对多种钠、

钙、镁铝硅酸盐熔体的实验发现，黏度最大值出现在过铝酸玻璃中。此结果在钙铝硅酸盐玻璃中通过^{17}O核磁共振分析得到证实。根据黏度数据，这种"非化学计量"或过量的NBO也可能存在于镁和钠铝硅酸盐玻璃中，但由于NBO和BO峰之间的重叠，通过核磁共振并不容易确认。此外，在钙铝硅酸盐玻璃中广泛观察到的大量Al^{V}的存在也使标准"模型"复杂化。由于铝硅酸钙和铝硅酸钾玻璃中NBO含量的差异，提出了关于阳离子电荷、阳离子大小或阳离子场强作用的问题。而根据"标准"模型预测，这些因素都不产生影响。

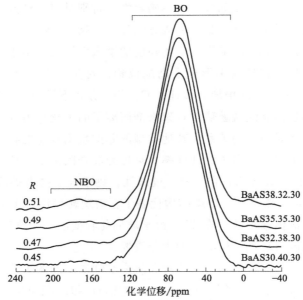

图 4-62　含 30%（摩尔分数）SiO$_2$ 的 BaAS 玻璃的^{17}O MAS NMR 波谱（14.1T）

[铝含量随铝酸性（R）值的降低而增加。桥接 BO 和非桥接氧 NBO 峰如标记]

Shimoda 等[31] 利用^{17}O NMR 分析了非晶态熔渣中氧结构特征。^{17}O 的 MAS 谱在约 68ppm 和 110ppm 出现两个峰，分别代表 BO 和 NBO。然而，由于熔渣中含有镁，峰位匹配受到影响。图 4-63（b）和（c）分别为^{17}O 的 3QMAS 和 5QMAS 谱图。3QMAS 技术被广泛应用于^{17}O MQMAS 研究，因为三量子相干比五量子激发更容易激发，而 5QMAS 可获得比 3QMAS 更高的分辨率。事实上，在 3QMAS 中，出现了一个类似于 MAS 谱的双峰，但缺少具体的结构信息。而在 5QMAS 谱图中，检测到了六个位点，显示出了较高的分辨率。显而易见 F 峰属于 Ca-NBO，但是由于熔渣中组分的复杂性，40～100ppm 范围的峰匹配并不明确。将 A 峰归属为 Mg-NBO，因为与 Mg-NBO 相关的化学位移出现在 50ppm 左右，并且 BO 位点在 MAS（F$_2$）维上发生重叠。B、D 和 E 位点可视为与 Ca 和 Mg 原子同时连接的其他类型 NBO 位点（Ca/Mg 比值随频率增加）。BO 峰出现的范围为 50～70ppm。肩峰 C 有稍大的 P_Q（3.3MHz），因此将其匹配为 Si-O-Al，而归属为 Si-O-Si 的可能性较小。由于五量子激发和转换对 P_Q 有较强的相关性，对 Si-O-Si（4.8～5.5MHz）的探测比 Si-O-Al（3.3-3.5MHz）困难。这里没有考虑 Al-O-Al 位点（72ppm，1.7MHz），因为熔渣中 Al 含量较少（Si/Al＝2）。然而，Ca^{2+} 和 Mg^{2+} 形成高电荷的 Al-O-Al（违反 Pauling 不相容原则），所以 B 位点可能有 Al-O-Al 的贡献。其他核磁共振技术，如 HETCOR（异质核相关）或 CP/(MQ) MAS 将提供氧-阳离子连接结构的更清晰信息。近年来，随计算技术的发展，使得利用第一性原理方法计算非晶结构的 NMR 参数（δ_{CS} 和 P_Q）成为可能。Ca-NBO 和 Si-O-Al 位点的检测结果与计算参数一致，表明通过计算的方法有助于指导谱图的匹配。

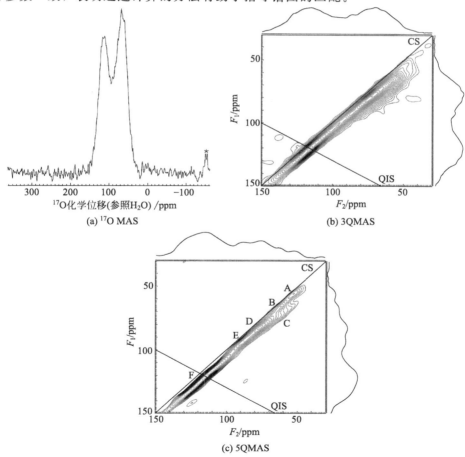

图 4-63　^{17}O NMR 分析了非晶态熔渣中氧结构特征,(16.4T)谱图

223

Lee 等[32] 分析了含硼多组分铝硅酸盐玻璃和熔体中氧构型和结构的变化。图 4-64 表明，随着 B/(B＋Al) 的增加，（Si，B）-O-（Si，B）和 Na-O-Si 的比例明显增加，而（Si，Al）-O-Al 结构明显降低。Na-O-Si 峰强度的增大，预示着熔渣聚合结构随 B/Al 比率的增加而降低。为了更好地量化的程度 B-Al-Si 结构无序度和网络聚合度，定量分析了 BOs 和 NBO 的比率。通过 ^{17}O 3QMAS NMR 波谱的各向同性投影确定了 BO 和 NBO 的比率。如图 4-64（a）所示，（Si，Al）-O-Si 的比例随着 X_{Ma} 降低，而（Si，B）-O-（Si，B）和 Na-O-Si 增加。随着硼含量的增加，熔体聚合度降低。谱图中未发现 Na-O-Al 存在的证据，并且 Na-O-B 的比例也可以忽略不计。而 Na-O-Si 峰在谱图中明显存在，表明 NBO 更容易在硅酸盐结构中形成。熔体解聚在 Na 硅酸盐网络中普遍存在。B-O-Al 结构的缺失证实了 B 和 Al 更倾向于彼此分离。B 和 Al 之间的相分离（或阳离子分离）促进 B-O-B 键的形成。

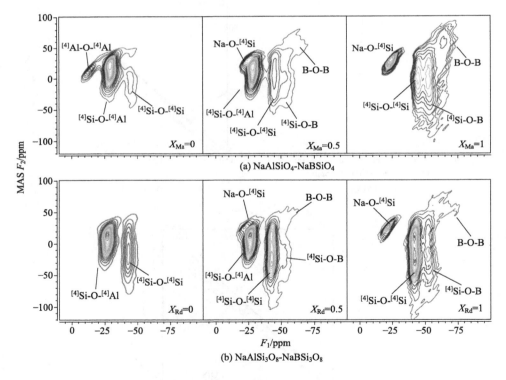

图 4-64　不同 B/（B+ Al）条件下玻璃的 ^{17}O 3QMAS NMR 谱（见彩图）

4.7　煤中 Na 的 SSNMR 分析

4.7.1　^{23}Na 分析方法及应用

钠是一种重要的元素，通常存在于许多无机材料中，特别是玻璃和矿物中。^{23}Na 是一个具有非整数自旋（$I=3/2$）的四极核，因此会受到四极效应的影响。^{23}Na 与 ^{27}Al 相似，具有较大的四极矩、100％的天然丰度和相似的拉莫尔频率，但由于其核自旋比 ^{27}Al 小，因此对于相同的位点畸变，^{23}Na 的二阶四极宽度更大。与 ^{27}Al 一样，这些缺点通常可以通过在更高的磁场和使用魔角自旋来弱化。在相同条件下，魔角自旋可以使二阶四极展宽小于 ^{27}Al。其他特殊技术如双旋转（DOR）、动态角度旋转（DAS）和多量子（MQ）实验都可以提高四极 ^{23}Na 波谱的分辨率。

^{23}Na 核磁共振研究的目标是推导出的核磁共振参数（化学位移或 χ_Q）与结构参数之间的关系，进而获得钠的结构信息。^{23}Na 化学位移、Na 配位数、Na-O 距离、Na-NBO 等是核磁共振分析的重点。在一系列含 Na 材料中 δ_{iso} 与平均 Na-O 键长度之间存在良好的相关性。

$$\delta_{iso}(ppm)=-67(Na\text{-}O \ nm)+179（硅酸盐）$$
$$\delta_{iso}(ppm)=-47(Na\text{-}O \ nm)+130（锗酸盐）$$
$$\delta_{iso}(ppm)=-144(Na\text{-}O \ nm)+366（硼酸盐）$$
$$\delta_{iso}(ppm)=-66(Na\text{-}O \ nm)+159（碳酸盐）$$
$$\delta_{iso}(ppm)=-70(Na\text{-}O \ nm)+163（氟化物）$$

在仅含有 Na 阳离子的玻璃中，^{23}Na δ_{iso} 值与非桥接氧与四面体网络形成阳离子的比率（NBO/T 比率）之间存在相关性。在碱硅酸盐和硼酸盐混合玻璃中，^{23}Na δ_{iso} 与 Na 位点平均大小的关系变得复杂。

在晶体材料研究中主要涉及结构中原子的数量和原子环境的细节。^{23}Na MAS NMR 可以有效解析晶体中原子的详细信息。^{23}Na MQMAS NMR 已被用于细化结晶化合物 NaMg（PO$_3$）$_3$ 和 NaZn（PO$_3$）$_3$ 的结构。可以区分复杂的重叠一维 MAS NMR 谱，获得 NMR 相互作用参数，从而确定 Na 在化合物中的阳离子分布。无水 Na$_2$HPO$_4$ 一直是 ^{23}Na-NMR 研究的对象，因为它的三个非等分 Na 位点可以很好地测试各种 NMR 技术的分辨能力。使用旋转诱导相干转移（RIACT）的 ^{23}Na MQMAS 核磁共振实验可在转子同步和非转子同步实验中，为确定三个位点的四极参数提供帮助。利用 ^{23}Na MAS 和 DOR 方法对 NaAl$_9$O$_{14}$

进行分析，获得了两个非相同 Na 位点的存在，而这两个可能的 Na 位点在 X 射线分析中是完全相同且不可区分的，表明核磁共振技术能够区分原子环境中的微小变化。

4.7.2 原煤中 Na 形态的 NMR 分析

煤中 Na 的物化性质，如 Na 的赋存形态、NaCl、NaS、Na/灰含量和 Na/（Si＋Al）的质量比均影响含钠物质的释放特性。由于煤中钠含量相对较低，而且多分布于煤的空隙及煤大分子中。因此常规的检测手段无法真实有效地揭示钠地存在形式。煤的低温灰化过程被认为大部分的 Na 在煤燃烧过程将保留在固相中，同时 Na 与其他矿物质的相互作用不明显，因此大量的文献采用这一方法对煤中碱金属的化学形态进行分析。研究结果显示在低温煤灰中 Na 主要以 NaCl、硫酸盐和硅铝酸钠的形式存在。然而，灰化研究均存在对煤不同程度的破坏，在这些处理过程中，煤中 AAEMs 的存在方式将发生变化。因此，尽管关于煤中碱金属及碱土金属的赋存形态已被大量的研究报道，但是其原始的化学结合形态仍旧认识不足。

采用溶剂萃取的方式研究了新疆高碱煤中 Na 的赋存形态。从图 4-65 可知，新疆高碱煤中 Na 主要以水溶性形式存在，占煤中总 Na 含量的 $50\%\sim90\%$（质量分数）。乙酸铵可萃取的 Na 的含量其次，且不同高碱煤中乙酸铵溶性的 Na 的含量波动较大。盐酸可溶和不溶态的 Na 的含量均较低，一般小于 10%。

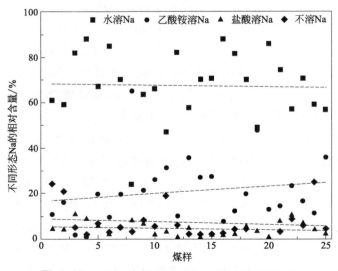

图 4-65　不同新疆高碱煤中 Na 的赋存形态分析

　　溶剂萃取虽然可以按照其不同的结合方式和溶解性将高碱煤中的 Na 分为不同的形态，但萃取过程只能定量的分析不同形式 Na 的含量而无法进一步获取煤中 Na 的化学存在方式。^{23}Na-NMR 的分析可以更好地解析煤中 Na 的化学结构形态。尽管^{23}Na 作为具有非整数自旋（$I = 3/2$）的四极核具有四极效应，但是通过选择更高的磁场可以使这种缺点最小化。更重要的是在核磁共振测试过程中不会损坏煤中 Na 的化学结构。因此通过对比煤中 Na 与已知参考物质的共振谱图能够很好地验证煤中 Na 的结合形态。图 4-65 是煤样品(a)～(e)和标准参照物质(f)～(k)的^{23}Na NMR 波谱结果。由图可知，干燥煤［图 4-65（a）］和原煤［图 4-66（b）］中 Na 的 NMR 谱图存在明显的差异。研究首次证明 Na 在干燥煤样和原煤中表现出不同的化学结合形态。干燥后煤样的 NMR 峰相对较宽并且稍微向低磁场方向偏移。以往的研究普遍认为煤中的 Na 离子通常与无机阴离子（例如 Cl$^-$，OH$^-$ 和 CO$_3^{2-}$ 等）结合。然而，通过对比 NaCl 的 NMR 谱图可以发现，在原煤中 Na 的存在形式可能是乙酸钠，也可能以碳酸钠和十二烷基苯磺酸钠的形式存在，而不仅仅是 NaCl，如图 4-66（b）、（g）、（i）和（k）所示。这说明煤中活性 Na 可与煤中物质随机组合，并可能在离子力或离子浓度的影响下，使煤中 Na 的存在形式处于动态平衡状态。图 4-66（c）、（d）和（e）给出了不同溶剂洗煤的 NMR 谱图，从图中可以看出溶剂处理后的峰强度显著降低，表明大部分的 Na 从煤中洗脱。

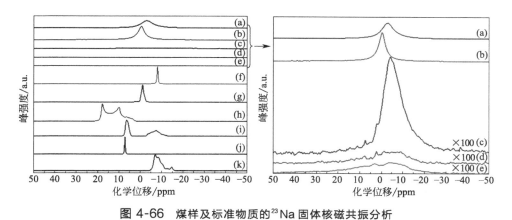

图 4-66　煤样及标准物质的^{23}Na 固体核磁共振分析

（a）干燥煤样；（b）原煤；（c）水洗煤；（d）乙酸铵洗煤；（e）盐酸洗煤；（f）NaNO$_3$；

（g）CH$_3$COONa；（h）NaOH；（i）Na$_2$CO$_3$；（j）NaCl；（k）十二烷基苯磺酸钠

　　为了更详细地解析 Na 在煤中的存在形式和转化特性，对煤样和参考物质进行了二维多量子魔角旋转核磁共振（3Q-MAS NMR）测试，结果如图 4-67 所

示。由于^{23}Na 3Q-MAS 的分辨率高，重叠峰可以在高磁场（800MHz，18.8T）

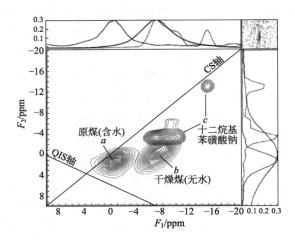

图 4-67　煤样及标物^{23}Na 的 NMR 二维谱图

下区分。在 3Q-MAS 谱图中，可将峰向垂直轴上分解并对应于 MQ 各向同性，并且沿水平轴的每个切片表示每个位点的二阶四极展宽。实验首先确定每个样品中主要 Na 位点的各向同性化学位移（δcs）和四极产物（P_Q）。这些参数可以从沿着 F_1 维度的重心位置（δ_{F1}，以 ppm 计）和在 3Q-MAS 波谱中沿 F_2 维度的 MQ 各向同性移位（δ_{F2}，以 ppm 计）确定，即 a（-0.8 和 1.5ppm）和 b（-4.1 和 -7.2ppm）。可根据以下方程式可计算各向同性化学位移（δcs）和四极产物（P_Q）。

$$\delta_{CS} = \frac{17}{27}\delta_{F1} + \frac{17}{27}\delta_{F2} \tag{4-26}$$

$$P_Q = \sqrt{\frac{170}{81} \times \frac{[4S(2S-1)]^2}{[4S(S+1)-3]}(\delta_{F2}-\delta_{F1}) \times v_0 \times 10^{-3}} \tag{4-27}$$

式中，S 是自旋量子数；v_0 是^{23}Na 的拉莫尔频率；P_Q 值通常代表结构对称的程度（较小的 P_Q 值表示较高的对称性）。

根据 3Q-MAS 谱图可知，原煤的峰 a（δcs=0.05ppm，P_Q=6.2MHz）相对接近 CS 轴；而干燥后煤的峰 b（δcs=-5.39ppm，P_Q=13.2MHz）相对于原煤要远离 CS 轴的位置，这表明原煤中的 Na 元素比干燥煤中的 Na 元素具有更高的对称性，这种差异主要归因于原煤中含有较多的水分。可能是由于 Na 可以溶解在存有大量水的微孔中，分布较为均匀。因此，在离子力的作用下，Na 离子可在无机和有机形式之间相互转化。此外，图 4-67 中的 b 和 c，即干燥煤样和十二烷基苯磺酸钠的谱图局部重叠，这意味着在煤干燥后大部分的 Na 元素将转化为低对称性的有机形式（例如—COONa）。在某种程度上，这些形式的 Na 具有热不稳定并且在热解过程中较容易挥发。

由于 Na 大多情况与 Cl 相结合，因此，对煤样及标准物进行了 ^{35}Cl-NMR 测定分析高碱煤中 Cl 元素的化学存在形态，其结果如图 4-68 所示。从图中可以发现，由于这些样品中 Cl 的结晶度低，干燥的煤样和原煤的 ^{35}Cl 峰均很宽。而且原煤 [图 4-68（a）] 和干燥煤 [图 4-68（b）] 的 ^{35}Cl 核磁共振谱图差异很小，这表明煤中的水对 Cl 的赋存形态几乎没有影响。这可能是因为 Cl 被煤中的官能团强烈地束缚为有机形式，而不是随机分布在煤中。而且由于有机 Cl 极低的固有灵敏度和较高的四极谱展宽度，几种典型的含有有机物 Cl 的参照物的 ^{35}Cl-NMR 谱图并不显著，如图 4-68（f）和（g）所示。同时，对煤中潜在的无机含 Cl 化合物，即 $CaCl_2$、NaCl、$MgCl_2$ 标准物质同样做了 NMR 分析，其 NMR 谱图如图 4-68(c)、(d) 和（e）所示。通过比对标准物质的 NMR 峰（$CaCl_2$ 100ppm 和 25ppm；$MgCl_2$ 14ppm；NaCl －50ppm）与煤中 Cl 的 NMR 峰（约 －10ppm），可以得出煤中的 Cl 不可能完全以无机形式存在。尽管 $MgCl_2$ 的峰与煤样的峰部分重叠，但 Cl 可能主要与煤中的有机官能团相结合，因为煤中 Cl 的谱图受煤中水分含量的影响并不显著。

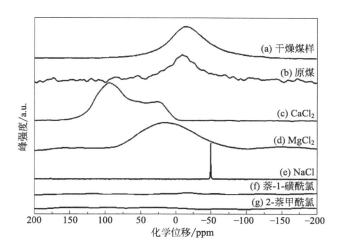

图 4-68 煤样及标准物质 ^{35}Cl 固体核磁共振分析

4.7.3 煤中 Na 的高温热演变行为

热反应（脱水、热分解、固态反应）在矿物、凝胶及相关原料生产无机材料中起着重要作用。固态核磁共振不但可以提供有用的信息，以了解这些反应的进展及其机理细节，还可提供相变和其他高温现象的信息。煤热处理过程中，煤中的活性元素将经历一系列物理化学变化并向不同的形态和物相中迁移，研究煤中 Na 元素的热转化行为有助于深入理解元素的转化迁移方向和规律，能够对其定向转化及控制提供很好的理论支撑。为此，对不同热解温度下制备的半焦进行了 ^{23}Na 的 NMR 分析，结果如图 4-69 所示。由图可以看出，煤焦中存在三种不同化学形态的 Na 元素，其含量主要取决于煤的热解温度。如图 4-69（a）所示，在 200℃下制备的煤焦中 Na 主要以有机形式存在，并且其 NMR 峰（－5ppm）较宽。随着热解温度从 300℃ 升高至 600℃，该峰的强度逐级减弱，同时在化学位移约为 8ppm 处出现一个小的肩峰（代表 Na_2CO_3 和 NaCl 的峰）逐渐增加［图 4-69（b）～（e）］。这是因为在 200℃ 热解后，煤中的游离水将被完全除去，在进一步热解过程中，Na 离子可与溶解于煤孔隙水中的阴离子如 Cl^-、CO_3^{2-} 结合形成无机盐。另一方面，有机 Na（主要是羧基钠）在较高温度下能够分解形成更稳定的 Na_2CO_3。在 800℃ 热解的半焦中，NMR 谱图中在化学位移为 －10～ －15ppm 处出现了一个新的峰值［图 4-69（f）］，表明羧基钠的分解与其他形式的 Na 的生成。在 800℃ 以上热处理后 Na 峰消失［图 4-69（g）］，表明大量的 Na 挥发到气相中。总的来说，煤中的 Na 在不同温度下热解过程中将发生连续的转化。

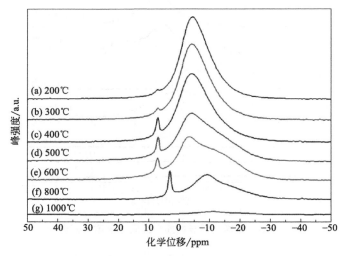

图 4-69　不同热解温度下制备的半焦中 ^{23}Na 的核磁共振谱图

4.7.4　熔渣和玻璃体中 Na 结构分析

　　矿物质中的 Na 对 Si、Al 骨架结构及材料性质有较大影响，一直是研究的重点。^{23}Na MAS NMR 可提供涉及 Na 位置分布和变化的整体信息。马水硅钠石（$Na_2-0.4SiO_2 \cdot 5H_2O$）、水硅钠石（$Na_2-0.4SiO_2 \cdot 7H_2O$）、正硅酸盐（$Na_2-0.8SiO_2 \cdot 9H_2O$）、麦羟硅钠石（$Na_2-0.14SiO_2 \cdot 10H_2O$）和水羟硅钠石（$Na_2-0.22SiO_2 \cdot 10H_2O$）是一系列层间含水合 Na^+ 的聚硅酸盐。^{23}Na NMR 谱显示了层间 Na 配位构型存在显著差异，可以分析出水硅钠石的 CN 为 5，正硅酸盐、麦羟硅钠石、水羟硅钠石的 CN 为 6，马水硅钠石中的钠 CN 可以是 5 和 6。

利用^{23}Na MAS NMR 分析了 NaCl 和通常出现在水化水泥浆中的水化硅酸钙相之间相互作用的有用信息。在干燥的水化硅酸钙表面，钠离子与水化球一起被吸收，而在水化材料中，阳离子位于水化硅酸钙表面的弥漫性离子群中。

采用三磁场^{23}Na 核磁共振测定了三水合铝酸钠的脱水动力学和机理。结果表明，三水合物主要包含两个伪八面体钠位点，而在脱水形式的主要钠位点是伪三角双锥（五配位）。这种脱水结构包含由六配位 Na 离子连接的单体 AlO_4 四边形，与已知的 Al 和 Na 均为四配位的 $NaAlO_3$ 结构不同。

^{23}Na MAS NMR 也被用于研究非晶态铝硅酸钠地聚合物的结构和钠环境。带电平衡的 Na^+ 以高度水化的形式存在。当地聚合物被加热到＞1200℃时，钠离子失去了它们的水化水，^{23}Na 共振的位置从$-5.5\sim-19$ppm 的位移证明了这一点，但材料的无定形性质被保留。

由于固体核磁共振不依赖于长程原子序的存在，它是研究玻璃和液体中的原子环境的理想技术。利用^{23}Na NMR 研究了钠在水玻璃和铝硅酸盐玻璃及熔体中的局部配位环境。淬冷 $Na_2Si_2O_5$ 和 $Na_2Si_4O_9$ 玻璃的波谱很宽，没有显示明显的二阶四极相互作用，获得了一系列各向同性的化学位移和/或 χ_Q 值。波谱也显示^{23}Na 峰位随玻璃成分的变化相对较小，但其他碱金属阳离子如 K 或 Rb 的引入对局部 Na 配位环境的影响更大。^{23}Na 和^{7}Li MAS NMR 研究单一和混合 Na-Li 硅酸盐玻璃显示，单^{23}Na 化学位移随整体碱含量单调变化，说明钠和锂在这些玻璃里存在混合。^{29}Si $\{^{23}Na\}$ 和^{29}Si $\{^7Li\}$ 旋转回波双共振（REDOR）实验也支持了这些玻璃中类似阳离子的作用。研究表明，随着 Si/(Si＋Al) 值的降低，一些框架铝硅酸盐玻璃的^{23}Na 化学位移屏蔽降低（平衡更多负电荷）。类似地，随着 Na/(Na＋K) 值的降低，^{23}Na 位移的屏蔽性也减弱。

铝硅酸盐玻璃水溶作用具有重要的矿物学意义。利用^{23}Na MQMAS NMR 对一系列钠铝硅酸盐玻璃水化特性进行了研究。^{23}Na 的 δ_{iso} 随含水量的增加显著降低，与钠周围形成水化壳一致，与无水铝硅酸盐网络相比，平均 Na-O 距离减小。

利用^{23}Na NMR 对硼硅钠玻璃结构进行了广泛的研究。区分了结构中与非桥接氧原子相关的钠离子和作为四面体硼位置的电荷补偿的钠离子，但在测定中也伴随^{23}Na的共振谱展宽而干扰两种结构的区分。^{23}Na共振位移的变化可以反映两种钠的相对贡献，即较高比例的Na-NBO化学位移负值较低，而电荷补偿型Na化学位移负值变大。^{23}Na MQMAS NMR被用于研究包括硼硅钠玻璃在内的几种玻璃中的Na-O键距离。通过MQMAS波谱解析，确定了各种玻璃的各向同性化学位移的分布，证实了如Al或B等的加入会导致更大的Na-O距离变化。

Na与磷酸钠玻璃中特定磷位点的关系可通过一维CPMAS NMR进行研究，其中极化转移是从四极^{23}Na到自旋1/2 ^{31}P原子核。CP谱表明，三种磷位点（Q^1、Q^2和Q^3）的相邻结构中均有^{23}Na核。Q^1和Q^2位点与Na有关，Na$^+$主要补偿带负电荷的非桥接氧（NBOs）；但Na与超磷酸玻璃（Na/P＝0.25）中Q^3磷位点的相关性尚不明确。可变接触时间CPMAS的实验表明，Q^3位点上的双键氧（DBOs）的配位作用极为复杂。矿物和玻璃与水在低温下的反应（热液蚀变）是地壳中发生的最重要的地球化学过程之一。用^{23}Na、^{27}Al和^{29}Si NMR研究了铝硅酸钠玻璃的水热蚀变。发现随着水热反应的进行，^{23}Na NMR共振变得更窄，化学位移向正方形偏移（较少屏蔽），从-19.6ppm移动到-12.9ppm。这主要是由于^{23}Na平均四极耦合常数的减少造成的，反映了随着碱离子水化，Na环境变得越来越趋向各向同性。水热反应中Na周围形成的水化壳减少了铝硅酸盐结构中与氧的相互作用，降低了Na核处的电场梯度。因此，水热溶解机制涉及水分子融入大块玻璃，然后通过质子交换Na和铝硅酸盐框架解聚。NaAlSi$_3$O$_8$＋H$_2$O↔HAlSi$_3$O$_8$＋NaOH。玻璃中的水不会打破T-O-T键从而产生末端T-OT基。通过^{23}Na共振章动波谱显示δ_{iso}的平均值取决于玻璃溶解水的浓度，从干燥玻璃的-13.4ppm到含56％水玻璃的-4.4ppm不等。

生物玻璃是一种钠钙磷硅酸盐玻璃，对骨骼具有生物活性亲和力。通过包括^{23}Na在内的多核核磁共振对生物玻璃结构的研究表明，Na$^+$和Ca^{2+}都与磷酸盐有关，而不是硅酸盐。当阳离子与硅酸盐单元发生结合时，钠似乎优先与Q^3结构单元结合，而Ca^{2+}优先与Q^2单元结合。在生物活性成分范围内，Ca-Q^2区域对Na-Q^3区域的溶解具有调节作用，使凝胶形成，随后出现生物相容性磷酸钙层。

沸石是由四面体框架组成的铝硅酸盐，结构中的四配位Al所产生的电荷被位于结构腔和通道中的框架外阳离子（如Na$^+$）所平衡。这些阳离子对沸石的吸附和催化性能起着重要的作用。利用固体NMR对其进行了广泛的研究。水合沸石的^{23}Na核磁共振波谱有线型和化学位移，这受到钠迁移率的影响，而钠迁移率反过来反映了Na$^+$的水合状态。水合沸石中钠离子的线宽相对较窄，但脱水后，谱线变宽并向更大的负值转变。脱水沸石的宽线是由于在结晶分布不一致的位置上，钠离子的二阶四级模型重叠造成的，如果这些问题能够被解决，就有可能提供有用的结构信息。为此，采用了多种先进的核磁共振技术（多场高速MAS、DOR、MQMAS NMR、二维章动）对脱水沸石的^{23}Na NMR 谱进行解析，并确定了各钠位点的四极参数。

煤灰中的 Na_2O 含量一般较低，但它们若以游离形式存在于煤灰中时，由于 Na^+ 的离子势较低，能破坏煤灰的聚合结构，因此能显著降低煤灰熔融温度。Na_2O 熔点低，容易与煤灰中的其他氧化物生成低温共熔体。如在煤灰中添加 Na_2O 从 800℃开始，Na_2O 与 Al_2O_3、石英形成典型的碱性霞石 $Na_2O \cdot Al_2O_3 \cdot 2SiO_2$ 矿物。

在钠的硅铝酸盐熔渣中，并没有明确证据的证明存在 Na-O-Al 结构；而通过^{17}O NMR 波谱分析，可以明确存在 Na-O-Si 结构。这证实了 NBO 优先形成于硅酸盐网络中。此外，考虑到多核核磁共振谱的结构细节，遵循准化学方程中的氧位点特定结构，可以描述在熔体网络中的趋向性，其中 Na^*（电荷平衡 Na）更倾向于电荷补偿。

$$Si\text{-}O\text{-}Al \cdots Na^* + Na\text{-}O\text{-}Al \rightarrow Al\text{-}O\text{-}Al \cdots Na^* + Na\text{-}O\text{-}Si$$
$$Si\text{-}O\text{-}Si + Na\text{-}O\text{-}Al \rightarrow Si\text{-}O\text{-}Al \cdots Na^* + Na\text{-}O\text{-}Si$$

化学方程描述的键合机制，通过形成 NBO（即 Na-O-Si），Na 从电荷补偿转变为成网阳离子。

铝硅酸钠玻璃的原子结构如图 4-70 所示。

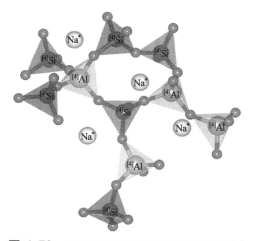

图 4-70　铝硅酸钠玻璃的原子结构示意图[32]

4.8 煤中^{25}Mg 固态核磁共振解析

镁是地壳中 10 种最丰富的元素之一，存在在黏土、沉积岩和变质岩中，主要以矿物质的形式存在，例如白云石[$MgCa(CO_3)_2$]、泻利盐（$MgSO_4 \cdot 7H_2O$）或滑石[$Mg_3Si_4O_{10}(OH)_2$]等。同时，镁也是材料科学领域的重要元素，涉及高温陶瓷、矿物和玻璃等材料。但很少有技术可以提供有关矿物材料中镁的结构信息，其结构和性质之间的关联尚不清晰。

核磁共振技术是分析 Mg 结构的潜在手段。但同位素^{25}Mg 的旋磁比较小（$\gamma = -1.639 \times 10^7$ rad/(s · T)，自然丰度较低（10.1%），导致其核磁共振的响应较弱。此外，^{25}Mg 是一个自旋 5/2 核，具有显著的四极矩，在中等磁场下记录的磁角自旋（MAS）核磁共振谱中会产生较大的二阶四极增宽。在相同的电场梯度和相同的磁场条件下，^{25}Mg 的中心跃迁（$1/2 \sim -1/2$）的二阶四极展宽约为^{27}Al 的 9 倍，因此^{25}Mg 波谱信号较宽，强度较弱。

我国煤中 MgO 的含量大部分都在 3% 以下，一般不超过 13%（极个别的样品也有可能大于 13%，但很少有大于 20%）。煤灰中 MgO 含量很少，在煤灰中只起降低灰熔融温度的作用。MgO 含量每增加 1%，熔融性温度降低 22~31℃，至 MgO 含量为 13%~17% 时，灰熔融性温度最低，超过这个含量时，熔融温度开始升高。利用 NMR 对原煤中 Mg 的赋存形态分析较少见注于文献中，主要的研究集中在熔融灰渣中 Mg 对聚合结构的影响。

Benhelal 等[33] 曾用^{25}Mg 固态核磁共振谱对各种镁硅酸盐标准矿物质进行过全面的分析。虽然核磁共振对纯物质的分析较为准确，但是对混合物的分析变得尤为困难，因为它们受到信噪比、二阶四极效应和较窄的化学位移的限制。在材料中，对称结构的 Mg 的 MAS 共振范围非常狭窄（在 8.45T 的磁场下 < -50Hz）；非对称化合物的谱宽得多，其中一些表现为二阶四极结构，可据此估算δ_{iso}，但其他化合物的谱宽并不能被 MAS 缩小，因此限制了推导其各向同性的化学位移值。对于化学位移可以测定的化合物，六配位 Mg 和四配位 Mg 的化学位移相差 25~40ppm。

即使是用^{25}Mg 的固态核磁共振分析简单的 Mg 盐也是极具挑战性的，可能需要几天的测定时间，采用^{25}Mg 的同位素富集方式依然存在此类问题。利用^{25}Mg NMR 对热处理前后的镁硅酸盐进行了分析，如图 4-71 所示，谱图中 Mg 位点几乎没有区别。虽然纯相 MgO 显示了强烈的响应信号，但镁硅酸盐表现出显著的线展宽约 110ppm（从 10~-100ppm）。由于线形和信噪比较差妨碍了对化学位移信息的提取，不能提供镁硅酸盐结构的足够信息。

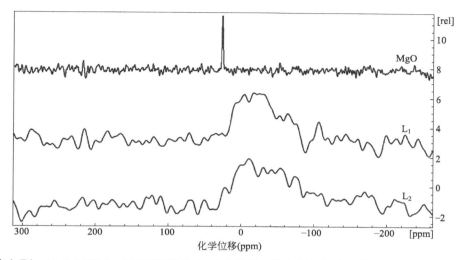

图 4-71　MgO（标准）、天然镁硅酸盐（L_1）和热处理镁硅酸盐（L_2）的^{25}Mg 固态核磁共振波谱

由于^{25}Mg 谐振具有非常大的四极耦合常数，谱图具有二阶四极展宽的特征，对于含有一个以上的 Mg 结晶位点的化合物，需要在两个不同的磁场下进行测定，以明确^{25}Mg 的核磁共振参数。在不考虑^{25}Mg 化学位移各向异性的情况下，采用理想的四极谱线同时获得了不同磁场下的静态波谱和 MAS 波谱的拟合，如图 4-72 所示。在 20T 的高磁场下进行的静态实验，可以放大非常弱的^{25}Mg 各向异性化学位移。然而，外部磁场的波动和磁场的不均匀性限制了分辨率。Mg（PO_3）$_2$ 的结构是由四元的 P_4O_{13} 环和共边的 MgO_6 八面体交替层组成。在 Mg（PO_3）$_2$ 的^{25}Mg 静态和 MAS 波谱中，有两个重叠的特征二阶四极共振，相对强度为 1∶1，与结构一致。在这种情况下，不能直接匹配镁在晶体结构的峰位。考虑 Mg 配位多面体的畸变，初步将其匹配到键合角分布最大的 Mg2 位点，并将剩余的位点分配到 Mg1 位点。焦磷酸镁的低温相，α-$Mg_2P_2O_7$ 含有六配位和五配位两个不相等的 Mg 位点。在该结构中，共享边的 MgO_6 和 MgO_5 多面体形成平行于 ab 平面的薄片，弯曲的 P_2O_7 单元位于这些薄片之间。所得的^{25}Mg NMR 谱清晰地显示出两个不同的二阶四极线，相对强度为 1∶1。非常宽的静态共振谱（在 MAS 谱中分裂成许多重叠的旋转边带）为扭曲的 MgO_5（$\delta_{iso}=6$ppm，$C_Q=12.45$MHz，$\eta_Q=0.06$）；另一个具有较小的四极耦合常数峰为对称的 MgO_6 位点（$\delta_{iso}=-11$ppm，$C_Q=4.05$MHz，$\eta_Q=0.92$）。高温相 β-$Mg_2P_2O_7$（70℃左右的发生 α-β 相转变）的结构在许多方面与 α-$Mg_2P_2O_7$ 相似，除了包含一个单一的六配位 Mg 位点。Mg_3（PO_4）$_2$ 的结构是由扭曲的

MgO_6 八面体、MgO_5 多面体和 PO_4 正四面体组成的三维框架，它们通过共享角和边连接在一起。$Mg_3(PO_4)_2$ 的 ^{25}Mg 静态核磁共振谱显示了明确的奇点，提供了两个具有相对较大的四极耦合常数的重叠二阶谱图。基于它们的相对强度是 2∶1，这两个共振被明确地匹配为五配位 Mg1 位点（$\delta_{iso} = 17ppm$，$C_Q = 7.12MHz$，$\eta_Q = 0.24$）和六配位 Mg2 位点（$\delta_{iso} = -4ppm$，$C_Q = 5.77MHz$，$\eta_Q = 0.43$）。合成的 $Mg_3(PO_4)_2 \cdot 8H_2O$ 的结构是由分离的 $MgO_2(H_2O)_4$ 构建的。两种不同的 Mg 结构在 ^{25}Mg 静态和 MAS 谱中得到了清楚的证明，显示了两种不同二阶四极耦合展宽的共振。考虑到这个相对较弱的 ^{25}Mg 各向同性化学位移范围，四极耦合常数 C_Q（在所研究的化合物中表现出较大的变化）似乎比各向同性化学位移更有意义。以镁为例，对矿物的早期研究表明，Mg 配位数对 ^{25}Mg 的各向同性化学位移（i_{so}）有很强的影响，而降低 Mg 配位数会导致较高的 δ_{iso} 值。在 Mg 磷酸盐中，这种趋势也可以清楚地观察到。

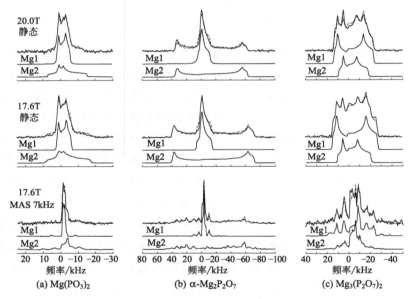

图 4-72 ^{25}Mg 的静态和 MAS 核磁共振谱及模拟（虚线）分析[34]

^{25}Mg 各向同性化学位移与 Mg-O 键平均长度之间存在一定的关系。事实上，对于硫酸盐、硝酸盐、铝酸盐和钛酸盐来说，^{25}Mg 的 δ_{iso} 和平均 Mg-O 距离之间存在相关性，但是这种相关性在其他无机物质如硅酸盐或有机化合物中观察不到，如图 4-73 所示。在磷酸盐中，^{25}Mg 的各向同性化学位移随着平均 Mg-O 键距离的增加而减小，与目前报道的无机化合物趋势一致。然而，对于类似 $Mg(OH)_2$、$MgCO_3$、$MgTiO_3$、Mg_2SiO_4、α-$MgSO_4$、β-$MgSO_4$、$MgSO_4 \cdot$

$7H_2O$、$MgWO_4$、$MgMoO_4$、$Mg(NO_3)_2 \cdot 6H_2O$，和 α-$Mg_2V_2O_7$ 等其他类型的无机化合物 ^{25}Mg NMR 峰位变化并没有规律。^{25}Mg δ_{iso} 的变化不仅是由平均 Mg-O 键长度的变化所驱动的，而且必须考虑相邻近邻的影响。

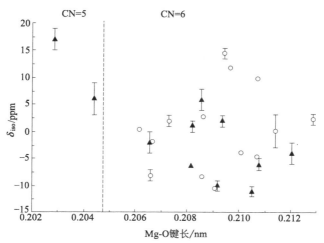

图 4-73　磷酸盐中五和六配位结构中化学位移与 Mg-O

键长度的关系（其他为含镁化合物）

四极耦合参数与原子核周围电子密度变形引起的电场梯度张量的主分量有关，也可以提供结构方面的分析。

提出了四极耦合常数（C_Q）和纵向应变 $|\alpha|$ 或剪切应变 $|\psi|$ 参数之间的相关性。说明电场梯度受局部效应的影响。将这两个用于量化配位多面体畸变的参数定义为：

$$|\alpha| = \sum_i \ln \left| \frac{l_i}{l_o} \right| \tag{4-28}$$

$$|\psi| = \sum_i |\tan(\theta_i - \theta_o)| \tag{4-29}$$

式中，l_i 和 l_o 为独立键长和理想键长；θ_i 和 θ_o 分别为独立键角和理想键角。理想键长和键角由体积相同的完美多面体导出。在这种情况下，将实验固态核磁共振观测结果与结构信息联系起来的方法包括使用第一性原理方法从结构模型计算核磁共振参数。为此，使用 DFT 平面波赝势形式的 PAW 和 GIPAW 方法能够精确和有效地计算包括含镁合物在内的多种晶体系统的四极耦合和化学位移张量。

利用高场强 MAS NMR 对微粉矿渣和磷酸镁钾黏结剂进行了 ^{25}Mg 的固态核磁共振分析，如图 4-74 所示。但是谱图受到较高含量的铁的影响。^{25}Mg MAS

NMR 出现两个峰，分别与磷酸铵镁和过量 MgO 有关。MgO 的各向同性化学位移（δ_{iso}）为 26.4ppm。MgO 是高度对称的八面体，因此不产生强烈的四极效应。通过氧化镁峰和磷酸铵镁峰的组合，可以非常准确地描述^{25}Mg MAS NMR 波谱。

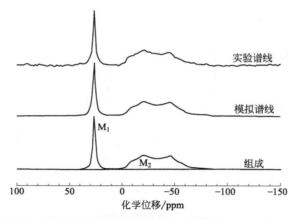

图 4-74　矿渣微粉和磷酸钾镁水泥混合物的^{25}Mg 核磁共振波谱（19.96T，10.0kHz）

表 4-2　使用高场强^{25}Mg MAS NMR 计算出的 Mg 位点的 NMR 四极参数

成分	位点	核磁共振参数		
		δ_{iso}/ppm（±0.1）	C_Q/MHz（±0.1）	η_Q（±0.1）
MgO	^{25}Mg1	26.4	0.0	N/A
磷酸铵镁	^{25}Mg2	−1.0	3.8	0.33
钢渣/磷酸镁钾	^{25}Mg1	26.4	0.0	N/A
钢渣/磷酸镁钾	^{25}Mg2	−1.0	3.8	0.33

通过设计高功率阻抗探针，在一个 4mm 的 MAS 转子里产生最大的电流振幅，以获得更高灵敏度和更强的射频场。对熔渣中^{25}Mg 结构进行了 MQMAS 测定。

如图 4-75 所示，熔渣的^{25}Mg MAS 谱中，在约 50ppm（全峰宽约 270ppm）产生宽信号，属于 $CaMgSi_2O_6$ 玻璃的结构。另一方面，^{25}Mg 3QMAS 谱显示两个不同的位点。A 点和 B 点的各向同性化学位移分别为 17ppm 和 10ppm，属于镁的六配位结构。然而，由于谱图分布较宽不能确认是否有少量的五或四配位结构。

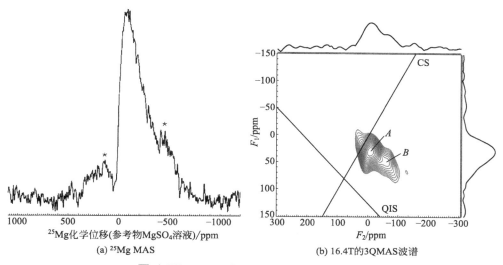

图 4-75　熔渣中 ^{25}Mg 结构的核磁共振测定

4.9　矿物质中 ^{39}K 结构分析

^{39}K（$I=3/2$）的天然丰度为 93.1%，其中心跃迁的相对感应程度为 ^{13}C 的 2.8 倍，因此是适于进行固体核磁共振分析的元素。但由于其较小的磁矩和四偶极（5MHz）特性，导致中心跃迁（CT，$-1/2 \leftrightarrow +1/2$）跨越较宽的化学位移（几百 ppm），限制了 ^{39}K 的固态核磁共振分析。

就结构而言，钾位点的更高不对称性转化为更大的四极耦合常数（C_Q），从而转化为更宽的 C_T。有两种针对 ^{39}K 的实验方案，一种在处理四极核时优化灵敏度，根据 C_Q 的相对强度和射频（r_f）激发来区分信号。如果 r_f 强度较大（例如，对于 KI 或 KBr 中对称的 K 位点，$C_Q \approx 0$kHz，r_f 强度为 30kHz），则激发称为非选择性。如果应用于具有大 C_Q 的 K 位点，则会导致不同跃迁之间复杂的相互作用，进而导致难以克服的重叠边带效应。在 C_Q 占主导地位的情况下（例如，对于 $C_Q=1190$kHz 的 $KMnO_4$ 中的不对称 K 位点），可以使用 C_T 选择性激发来克服此问题，并选择性地操纵 $1/2 \leftrightarrow +1/2$ 跃迁，从而得到最佳的灵敏度和较高的信噪比。

含 K 化合物大多具有相对较小的偶极耦合，导致中心跃迁具有尖锐的峰。大多数模型化合物只有 1 个钾位点，但即使是有 2 个不相等的钾位点的化合物也可以被分辨而进行相对准确的谱图拟合。尽管含 K 矿物的谱图往往很宽，而且没有什么特征，但仍可利用[39]K 核磁共振进行研究。

地质聚合物是被广泛应用的无机硅酸铝骨架化合物，可在室温下形成和发生硬化反应。[39]K NMR 被广泛用于研究硅酸钾地聚合物结构发生的变化。铝和硅原子在其结构中占据四面体位置，通过水合单价离子实现电荷平衡。磷酸铵镁-钾（$MgKPO_4 \cdot 6H_2O$）是一种镁钾磷酸盐矿物，具有天然胶凝性能，作为一种无机水泥越来越多地用于生态应用。利用高场强固态核磁共振[39]K NMR 对合成磷酸铵镁-K 的局部化学结构进行分析。低 γ 四极核[39]K 的 MAS 核磁共振在高场强（20.0T）、拉莫尔频率（52.02MHz）和 39.68MHz 下进行测定。由于[39]K 核的灵敏度非常低（t_1 较长），需要在很高的场强下进行测试。由于二阶四极相互作用，谱图出现严重的展宽现象。只在大约 $\delta_{iso} = -73.1ppm$ 检测到单个共振，代表 K^+ 与 5 个 O 原子键合[35]。

Gardner 等[36] 采用[39]K 高场固态核磁共振（NMR）对磷酸钾镁水泥（MK-PCs）进行了分析。显微结构和多核 NMR 表明，除了主要的结合相磷酸铵镁-K 外，还发现了一种非晶态正磷酸盐相。如图 4-76 所示，[39]K MAS NMR 谱图在各向同性化学位移为 -73ppm 处显示出磷酸钾镁的峰。钾峰形发生四极畸变，可用经验拟合方法确定四极参数。利用来自纯磷酸钾镁样本的实验数据，通过改变四极各向同性位移、不对称和线展宽参数进行拟合，可达到最佳拟合效果。在低场强位置（-107.7ppm）存在一个磷酸钾镁的二次 K 峰，可以肯定地得出此类 K 与游离水合 K^+（化学位移在 0ppm）无关，如表 4-3 所示。直接比较矿渣微粉和磷酸钾镁混合物和纯磷酸钾镁的[39]K MAS NMR 谱，可以发现出现低强度肩峰，由于与主峰有显著差别，表明次生 K 结构与矿渣微粉和磷酸钾镁混合物不相容。

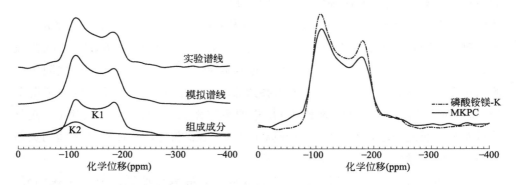

图 4-76 矿渣微粉和磷酸钾镁混合物的[39]K 核磁共振波谱（19.96T，10.0kHz 和 15.0kHz）

表 4-3　使用高场强^{39}K MAS NMR 获得的样品参数

成分	位点	核磁共振参数		
		δ_{iso}/ppm （±0.1）	C_Q/MHz （±0.1）	η_Q （±0.1）
MgO	^{39}K1	−73.1	2.2	0.14
磷酸铵镁	^{39}K1	−73.1	2.2	0.14
钢渣/磷酸镁钾	^{39}K2	−107.7	0.1	0.10

由于 LiASO$_4$（A＝Na、K、Cs 和 NH$_4$）的特殊物理性质，如铁电性、铁弹性和离子导电性等，LiASO$_4$ 家族化合物受到广泛的关注。这些化合物在高温下经历相变，并伴随其导电性的跃升。为了探测晶体的结构特性，Lim 等[37]测定了^{39}K 弛豫时间的变化，进而获得了晶体对称性变化的信息。得到了 LiK$_{0.9}$Na$_{0.1}$SO$_4$ 混合物和纯 LiKSO$_4$ 晶体中^{39}K 的核磁共振谱和自旋晶格弛豫时间 T_1。

由于^{39}K 核的四极相互作用，预期会有三条共振线。然而，LiK$_{0.9}$Na$_{0.1}$SO$_4$ 晶体中的^{39}K NMR 谱只有一条共振线，如图 4-77 所示。^{39}K 核的两条伴生谱线对应着（＋3/2↔＋1/2）和（−1/2↔−3/2）两种能级之间的过渡，不在核磁共振探测的频率范围内。^{39}K 核的四极耦合常数的量级为 MHz，因此通常只能得到中心线。共振线与温度变化关系密切，接近于 $1/T$ 函数关系。LiK$_{0.9}$Na$_{0.1}$SO$_4$ 样品的^{39}K 线半峰全宽（FWHM）随温度的变化如图 4-77（a）所示。线宽随温度的升高呈阶梯式递减。这种逐步变窄是由内部运动引起的，内部运动与线宽观测到的温度变化相关。LiKSO$_4$ 的^{39}K（$I=3/2$）谱图的中央共振线不是一条，而在 190K 以下有三组三根共振线，如图 4-77（b）所示。在 190K，^{39}K NMR 线分裂成三个组的三个组成部分。这表明晶体中的钾位对称性发生了突然的变化，并且发生了相变，形成了铁弹性畴。由^{39}K 核磁共振实验数据可知，三组共振谱线均具有相同量级和相同非对称性参数的四极耦合常数。这三组共振线可以用三种铁弹性孪晶畴的存在来解释，这三种孪晶畴绕 c 轴旋转 120°。从三条共振线到一条共振线的转变，说明晶体的铁弹性特性已经消失，即发生了铁弹性相变。测定了 LiK$_{0.9}$Na$_{0.1}$SO$_4$ 在不同延迟时间下，^{39}K 磁化的恢复曲线。

通过方程：

$$\frac{M(\infty)-M(t)}{M(\infty)}=0.5\exp(-2W_1 t)+0.5\exp(-2W_2 t) \tag{4-30}$$

式中，$M(t)$为饱和后 t 时刻中心跃迁对应的核磁化强度。得到了^{39}K 自旋晶格转变速率 W_1 和 W_2 的温度相关系数。在整个温度范围内，W_1 几乎等于

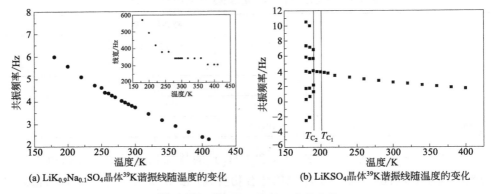

(a) LiK$_{0.9}$Na$_{0.1}$SO$_4$晶体^{39}K谐振线随温度的变化　　(b) LiKSO$_4$晶体^{39}K谐振线随温度的变化

图 4-77 ^{39}K谐振线随温度的变化

W_2。如果 W_1 和 W_2 在 LiK$_{0.9}$Na$_{0.1}$SO$_4$ 晶体中^{39}K 的恢复时间具有相同的值。可以根据 $T_1 = 1/(2W_1)$ 定义弛豫时间 T_1。当 $W_1 \neq W_2$ 时，引入常数 5/ 〔2 ($W_1 + 4 W_2$)〕而不是 T_1。当 $W_1 = W_2$ 时，这个常数等于 T_1。LiK$_{0.9}$Na$_{0.1}$SO$_4$ 和 LiKSO$_4$ 晶体的^{39}K 自旋晶格弛豫时间 T_1 随温度的变化如图 4-78 所示。LiK$_{0.9}$Na$_{0.1}$SO$_4$ 的^{39}K 弛豫时间随着温度的升高而缓慢减小。在 T_{C_2} 附近（=190K），LiKSO$_4$ 中^{39}K 核的弛豫时间发生了显著变化。^{39}K 在 300K 时有 1.44s 的短暂弛豫时间，在 180K 时有 3.10s 的短暂弛豫时间。在第一阶段，^{39}K t_1 几乎与温度无关。在 T_{C_2} 以下的第三相，^{39}K t_1 随温度的降低而升高。重定向运动的活化能可以从 log T_1 与 1000/T 曲线的关系得到。在 LiKSO$_4$ 的作用下，^{39}K 在 Ⅰ 和 Ⅲ 相中的活化能分别为 0.62kJ/mol 和 5.01kJ/mol。在 190K 时，LiKSO$_4$ 晶体的活化能发生了较大的变化，表明在此转变过程中 K 离子受到了显著的影响。

利用^{39}K 固态 NMR 分析了 LiKSO$_4$ 晶体的一系列复杂相转变。利用单脉冲^{39}K MAS NMR 获得了四极耦合常数（$e^2qQ = h$）和不对称参数（η）。在低温下，利用核磁共振谱研究了该晶体的双畴结构。图 4-79 显示了^{39}K 中心核磁共振谱线的二阶四极位移的角度依赖性。在外部磁场中，^{39}K 核磁共振波谱只包含一条用于晶体所有取向的共振线。与能级（+3/2～+1/2）和（-1/2～-3/2）之间的跃迁相对应的^{39}K 原子核的两条卫星线不在这个范围内。当磁场沿晶体 c 轴施加时，可以观察到四极子相互作用导致的共振线的最大分离。根据这些核磁共振结果，在室温下确定了^{39}K 的四极耦合常数（$e^2qQ/h = 1.28$MHz）和不对称参数（$\eta = 0.18$）。

LiKSO$_4$ 晶体在 180K 时的^{39}K 核磁共振谱如图 4-80 所示。与中心共振曲线

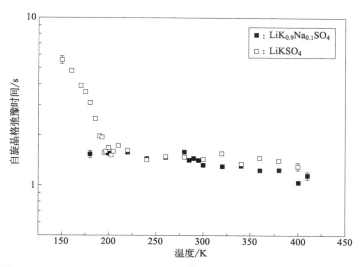

图 4-78 LiK$_{0.9}$Na$_{0.1}$SO$_4$ 和 LiKSO$_4$ 晶体 ^{39}K 自旋晶格弛豫时间 T_1 的温度依赖性

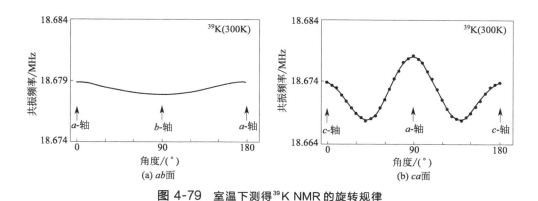

图 4-79 室温下测得 ^{39}K NMR 的旋转规律

不同，图 4-80 显示六组共振线。在 180K 时，^{39}K NMR 谱线分为 6 个部分，显示出晶体中钾位点的对称性突然改变。根据 ^{39}K 核磁共振中心跃迁的二阶四极子位移的角度依赖关系，确定了四极子耦合常数和非对称性参数。四极子耦合常数和非对称参数值相同。得到 ^{39}K 四极子耦合常数 $e^2qQ/h = 1.49$MHz，和不对称参数 $\eta = 0.73$。实验中使用的晶体具有 a-、b- 和 c-镜像对称。旋转峰表明有很强的各向异性 EFG 张量。EFG 张量是不对称的，结果与晶体结构一致。钾离子被 9 个氧原子包围，氧原子位于一个稍微扭曲的四面体上。^{39}K EFG 张量最大主值对应的主轴不再平行于六边形轴：它与 c 轴的距离约为 5°。核磁共振结果表明，LiKSO$_4$ 晶体的畴壁相对于 a 轴成 120° 的夹角，满足彼此 6mm 的对称关系。

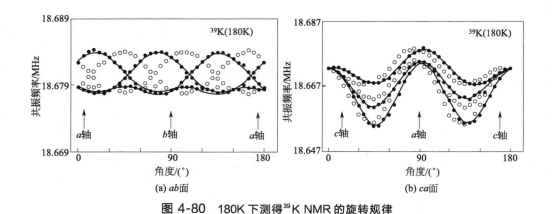

图 4-80   180K 下测得 ^{39}K NMR 的旋转规律

减少二阶四极扩宽对 CT 影响的最有效策略之一是使用高磁场强度。魔角旋转（MAS）可将 CT 线宽减少 3 倍。就结构而言，钾位点的不对称会造成四极耦合常数（C_Q）的增大，从而转化为更宽的 CT。存在两种实验方案，一种是在处理四极核时优化灵敏度，根据 C_Q 的相对强度和射频（r_f）激发来区分的。如果 r_f 强度足够大（例如，对于 KI 或 KBr 中对称的 K 位点，$C_Q \approx 0kHz$，典型 r_F 强度为 30kHz），则激发为非选择性。如果用于大 C_Q 的 K 位点，则会引起不同跃迁之间复杂的相互作用，进而导致难以克服的重叠边带。在 C_Q 占主导地位的情况下（例如，对于 $C_Q = 1190kHz$ 的 $KMnO_4$ 中的不对称 K 位点），可以使用 CT 选择性激发来克服此问题，并选择性地操纵 $1/2 \leftrightarrow +1/2$ 跃迁，从而得到最佳的灵敏度和信噪比。

Kubicki 等[38] 采用 21.1T 的 ^{39}K 固态 NMR，表征卤化钙钛矿掺入 KI 时形成的原子级微观结构。为了评估钙钛矿晶格中钾的最佳激发方式，对 A 位或间隙位的钾进行了密度泛函（DFT）的计算。钙钛矿晶格内的 K^+ 位点的 C_Q 值应在 68~243kHz，考虑到实验射频强度为 29kHz（比计算出的 C_Q 小 2~8），表明存在中间章动状态，即非选择性或 CT 选择性激发可能更有效。因此，使用两种方案进行了测定。

图 4-81 显示了参考物质[（a）、（b）、（f）、（h）、（i）、（k）]和 KI 掺杂钙钛矿相[（c）、（d）、（e）、（g）、（j）、（l）]在 21.1T 和 20 kHz MAS 下的 NMR 实验[（a）~（l）]以及计算得出的[（m）~（n）]^{39}K NMR 波谱。KI[图 4-81（a）]在 59.3ppm 处显示一个窄峰（FWHM 45Hz），与立方晶格中的单个对称钾位点和接近 0kHz 的 C_Q 一致（非零 C_Q 值是由于存在缺陷和有限微晶尺寸导致完好立方点对称性破裂）。对于 $\eta = 0.6$（如果 $\eta < 0.6$ 或 $\eta > 0.6$），KI 信号的拟合导致 C_Q 最高为 230kHz。KI 和 PbI_2 的等摩尔混合物在 5.6ppm 处产生一个窄峰[图 4-81（b）]。对于 $\eta = 0.6$

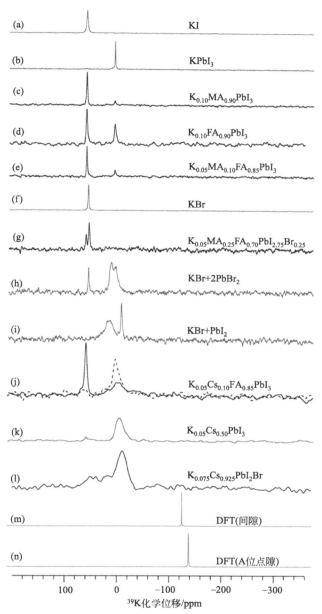

图 4-81　参考物质[（a）、（b）、（f）、（h）、（i）、（k）]和钙钛矿[（c）、（d）、（e）、
（g）、（j）、（l）] 混合物在 21.1T，20kHz MAS 和 298K 时的 ^{39}K 固态 NMR 波谱
（m）用于填隙位点的 K^+；（n）A 位置的 K^+

或更小（对于 $\eta < 0.6$ 或 $\eta > 0.6$），C_Q 最高为 230kHz（线宽可能受不均匀支配
变宽），对应于高度对称环境中的单个钾位。图 4-81（c）显示了掺有 KI 的单阳

离子（MA）碘化。^{39}K 波谱清楚地表明，该物质中钾以未反应的 KI 和 KPbI$_3$ 的混合物形式存在。掺有 KI 的基于 FA 的[图 4-81(d)]和双阳离子（MA/FA）碘化也是如此[图 4-81(e)]。图 4-81(g)显示了掺有 KI 的双阳离子（MA/FA）混合卤化物（I/Br）钙钛矿。没有发现富含钾的溴化或混合的溴化物-碘化物相[图 4-81(h) 和 (i)]，表明卤化钾具有更高的热力学稳定性。

用掺杂 5%（摩尔分数）碘化钾的双阳离子（Cs/FA）碘化来说明钾和铯掺杂钙钛矿中的相分离[图 4-81(j)]。材料的 ^{39}K 波谱显示两个峰值：一个对应于未反应的 KI 和另一个向高场移动的宽峰（$\delta = -2$ppm，FWHM 约 700Hz）。在 CT 选择性波谱中，该峰的位置和形状略有变化（$\delta = -4$ppm，FWHM 约为 500Hz），表明它具有多个不同 C_Q 值的成分。K$_{0.05}$Cs$_{0.10}$FA$_{0.85}$PbI$_3$ 的 ^{39}K 波谱中的宽泛组分[图 4-81(j)和(e)]与这些富含 Cs/K 的混合相表现出的位移非常匹配。例如，K$_{0.05}$Cs$_{0.10}$FA$_{0.85}$PbI$_3$ 的频谱[图 4-81(k)]显示出非常相似的信号（$\delta = -2$ppm，FWHM 约为 700Hz）。图 4-80(l) 显示了全无机 K$_{0.075}$Cs$_{0.925}$PbI$_2$Br 组成。^{39}K 谱表明主要是混合的 Cs/K 卤化相（$\delta = -9$ppm，FWHM 约 900Hz），以及其他富钾碘化溴化相。DFT 结果表明，对于掺入钙钛矿晶格中的钾，其范围在 $-119 \sim -143$ppm，以及最大为 110Hz（如果受到 C_Q 限制）的 FWHM 之间发生变化 [图 4-81(m)和(n)]。^{39}K 固态 NMR 显示，这些材料的钙钛矿晶格中没有 K$^+$ 的存在，而是以未反应的 KI 和 KPbI$_3$（在 MA 和 MA/FA 碘化中）、KBr（在 MA/FA 混合碘化物/溴化钙钛矿中）或非钙钛矿混合 Cs/K 碘化相（在含铯的钙钛矿中）的混合物形式存在。

4.10　矿物质熔渣中 ^{43}Ca 结构分析

熔渣是钢铁、煤燃烧和气化过程中产生的副产物，主要由 CaO-Al$_2$O$_3$-SiO$_2$（CAS）体系组成，具有复杂的结构。根据其高温冷却过程的不同，形成结晶（慢冷）或非结晶（淬冷）相。由于没有长程有序的结构，非晶态渣的化学结构相对晶态渣的化学结构分析更加困难。以往对熔渣的研究几乎都集中在作为网络形成者的 Si 和 Al 原子上，当阳离子网络修饰对于了解矿渣结构的整体也具有相当大的意义，可以使人们对工业矿渣各种性质有更深入的了解。钙离子在铝硅酸钙渣体系中起着非常重要的作用，钙在不同的温度下可以形成不同的相，在不同的环境下也有助于电荷平衡或结构改性。虽然 Ca^{2+} 是一个重要的阳离子，有相对较少的波谱技术能够检测 Ca^{2+}，因为它是一个封闭的壳层 d$_0$ 金属阳离子。核磁共振波谱具有获得玻璃中特定元素周围一系列局部信息的优势，但钙化合物的核磁共振研究严重受阻于其极低的天然丰度

（0.14%）；另一方面采用同位素富集的方式获取^{43}Ca化合物的成本极高。^{43}Ca是唯一的NMR活性稳定同位素，天然丰度仅为0.135%，由于其旋磁比低，自旋$I=7/2$，核磁共振对其含钙结构的分析还不够充分。

^{43}Ca NMR已用于溶胶-凝胶法合成硅酸钙的研究。钙化合物如（Bi，Pb）$_2$Sr$_2$CaCu$_2$O$_{8+x}$，（Bi，Pb）2Sr$_2$Ca$_2$Cu$_3$O$_{10+x}$和（Ca$_{0.5}$La$_{0.5}$）（Ba$_{1.25}$La$_{0.75}$）Cu$_3$O$_y$作为高温超导体引起了人们相当大的兴趣。同位素富集样品的^{43}Ca NMR已用于监测温度和掺杂水平对Ca位点自旋磁化率的影响。^{43}Ca核磁共振谱线宽度还提供了涡旋晶格引起的转变温度以下的磁场分布信息。推导出了（Bi，Pb）化合物中主要Ca位点的^{43}Ca四极参数和位移参数。而Ca-La-Ba铜酸盐的^{43}Ca共振具有较高的对称性，是中心平面阳离子环境对称的证据。

与Ca核的CT相配合，^{1}H-^{43}Ca交叉极化（CP）可以作为提高灵敏度的有效手段。Ca-O键表现出来的离子性质，导致核四极耦合常数通常较小，核磁共振信号变弱。灵敏度低的问题可以通过使用大直径的样品转子来解决。

Shimoda等[31]人采用^{43}Ca固态核磁共振分析了熔渣中^{43}Ca的结构特征。图4-82（a）为非晶态渣的^{43}Ca MAS谱。波谱显示了一个以19ppm为中心的宽信号（FWHM：73ppm）。3QMAS和5QMAS谱分别如图4-82（b）和（c）所示。虽然3QMAS谱与MAS谱一样呈现单一的宽分布，但分辨率较高的5QMAS谱清楚地显示出几个特征峰。每个特征峰之间的分离不是很清楚，但对F$_1$的投影表明，它们有合理的信噪比，因此不是伪影。沿CS轴排列几种Ca配位体。综合考虑^{43}Ca化学位移和Ca-O键长的关系，可以计算出A-E位点的Ca-O距离分别为0.254nm、0.249nm、0.246nm、0.240nm和0.236nm。因此，将A和B点划分为8配位Ca种，C位点为7配位，将D和E点划分为6配位Ca。A-E结构的比例分别为16%、14%、31%、31%和8%，利用函数拟合F$_2$投影的一维谱，则得到平均Ca-O距离和配位数分别为0.245nm和6.9。

利用^{43}Ca固态NMR分析了两种钙含量不同硅铝熔渣中Ca的结构分布，分别为CAS（30% CaO-10% Al$_2$O$_3$-60% SiO$_2$）（摩尔分数）和CAS1（50% CaO-10% Al$_2$O$_3$-40% SiO$_2$）。图4-82显示了CAS和CAS1熔渣的^{43}Ca 3QMAS波谱。从图4-82（a）中可以看出，CAS熔渣样出现四个峰，呈现几乎对称的线形，表明相似但不完全相同的Ca在近程的排序。在许多含钙化合物中Ca直接被氧原子包围，平均Ca-O键距离可以揭示熔渣的局部构造。与^{43}Ca的P_Q相比，Ca结构对C_q的变化作用更敏感。因此，认为平均<Ca-O>键长与Ca配位数有直接的关系。对实验数据点进行线性回归得到：$d_{\text{Ca-O}} = -3.58 \times 10^{-3} \cdot \delta_{\text{CS}} + 2.562$。通过计算^{43}Ca的化学位移与Ca-O键距离，确定出CAS样品中

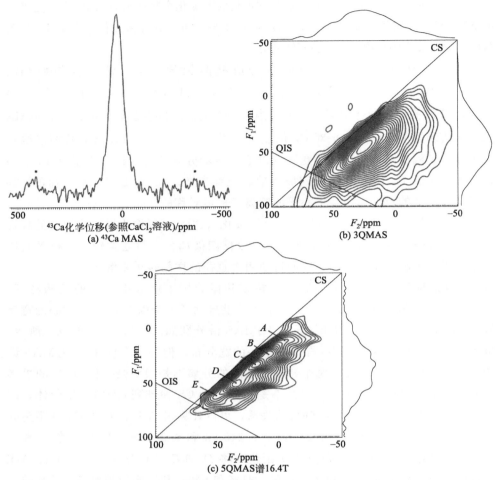

图 4-82　^{43}Ca 固态核磁共振与分析熔渣中^{43}Ca 的结构特征

A-D 位点的 Ca-O 距离分别为 0.234nm、0.227nm、0.222nm 和 0.217nm。CAS1 中 Ca 位点 A-F 的 Ca-O 距离分别为 0.232nm、0.228nm、0.224nm、0.220nm、0.214nm 和 0.208nm。因此，CAS 中的 A-D 位点被划分为 6-、5-、4-和 3-配位 Ca；CAS1 中的 A-F 位点被划分为 6-、5-、4-、3-、2-和 1-配位 Ca 结构。图 4-83 显示了平均<Ca-O>距离与 δ_{CS} 的关系。可以清楚地看到，随着<Ca-O>距离的线性变化，其斜率近似为直线斜率。峰的偏移与 Ca 比例的增加呈现正相关。CAS1 中检测到一个<Ca-O>距离为 0.225nm 的游离峰 C1。这种次峰可能是无序结构中不规则的 Ca-O 键引起的，可能是由于阳离子分布不均和/或局部结构畸变造成的。不同类型的钙化合物的化学位移与 Ca-O 距离呈线性关系。

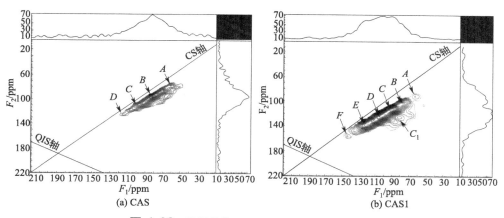

图 4-83　样品的 ^{43}Ca 3QMAS NMR 二维谱图

<Ca-O>距离的变化可以反映钙离子在熔渣中的不同作用，如图 4-84 所示。较高比例的 Ca 阳离子在熔渣中（如 CAS1）主要起网络修饰作用，骨架被 Ca^{2+} 解聚，由非桥接氧（NBOs）连接。尤其是 CAS1 中峰 F（CaO1）的出现表明过量 Ca 阳离子对网络结构的解离。Ca 在骨架中起电荷补偿作用时，可分布到聚合网络中，与 BOs 连接。在 CAS 和 CAS1 熔渣的微观结构中，六配位 Ca 都是典型的网络结构修饰离子。熔渣骨架结构的解聚产生

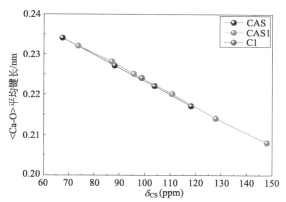

图 4-84　熔渣 CAS 和 CAS1 中的平均< Ca-O > 键长与 ^{43}Ca 各向同性化学位移（ δ_{CS} ）的关系（见彩图）

NBO，可大大降低熔融黏度。通过对比 ^{25}Mg 和 ^{43}Ca 在熔渣中的结构发现，较小的 Mg^{2+} 相对于 Ca^{2+} 更倾向于形成扭曲的结构，Ca^{2+} 更倾向于在 AlO_4 四面体周围，起电荷平衡以及网络修饰的作用。

4.11　^{31}P 固态核磁共振分析

4.11.1　^{31}P NMR 参数与结构的关系

^{31}P 是一个自旋 1/2 核，具有 100% 的天然丰度和高共振频率，很容易被检

测到。在磷化合物中，化学位移主要由顺磁效应决定，这使得[31]P NMR 参数与结构之间的关系变得复杂。顺磁不一定与成键电子分布直接相关，因此与结构参数的关系很可能是偶然的。然而，在一些磷化合物中仍然发现了相关性。从[31]P的化学位移受最邻近配体的数目和电负性、P 原子周围的键角和 P 原子上 π 键轨道的占据出发，对于有限的邻位磷酸盐基团，其邻近配体和键角应该是相似的，因此 π 键的形成是最重要的因素。在只有一个阳离子而没有其他阴离子存在的无水正磷酸盐中，证明了 δ_{iso} 和 n_π（每个 P 原子的 π 电子数）之间的线性关系，可描述为：

$$\delta_{iso}(ppm) = -155n_\pi + 192 \tag{4-31}$$

对正磷酸盐，基于邻近阳离子影响，推导结构 δ_{iso} 和鲍林电负性（EN）之间的关系；或邻近阳离子的电荷（Z）和离子半径（r）之间联系的简单函数关系，如下：

$$\delta_{iso}(ppm) = -35.5EN + 41.4 \tag{4-32}$$

$$\delta_{iso}(ppm) = -7.7Z/r + 18.6 \tag{4-33}$$

磷合物化学位移的顺磁因子与共配位氧原子的键能成反比。具有代表性的正磷酸盐、高级磷酸盐、氢磷酸盐和双磷酸盐的 δ_{iso} 与总氧键能 $S(O^{2-})$ 的函数关系为：

$$\delta_{iso}(ppm) = 33.9S(O^{2-}) - 253 \tag{4-34}$$

基于磷化合物中的 CSA 与 π 键效应直接相关的概念，π 键效应与 P-O 键的长度成反比。[31]P CSA 与 P-O 键长度之间存在良好的线性关系，描述如下：

$$^{31}P\ CSA(ppm) = -1585(P\text{-}O)(nm) + 2553 \tag{4-35}$$

CSA 与描述 PO_4 键角偏离理想四面体对称的平均畸变指数（DI）之间有较好的相关性：

$$DI = I\theta_i - \theta_0 I/n \tag{4-36}$$

式中，θ_i 是理想的四面体角（109.5°，θ_0 是实际的 O-P-O 角）。CSA 和 DI 之间的最终线性关系为：

$$^{31}P\ CSA(ppm) = 30.90(DI) - 1.22 \tag{4-37}$$

4.11.2 煤结构中[31]P 的解析

Erdmann 等[39] 为了探索在相对温和的条件下使用含磷试剂来分析煤的结构，并利用热力学上有利的 P=S 和 P=O 键从煤中去除硫和氧，利用[31]P MAS NMR 分析了用各种磷试剂处理的不同煤的固体残留物。使用 MAS 在 $v_r = 2 \sim 4kHz$ 的速率下进行固态[31]P NMR 分析。采用了三种实验方法：无偶极去耦的

Bloch 衰减（在此指定为 NOD/MAS）；具有高能质子去耦的 Bloch 衰减（DEC/MAS）和具有高能质子去耦的交叉极化（CP/MAS）。去耦和 CP 自旋锁定均使用了 45kHz 的射频场。CP 接触时间为 2ms，在 Bloch 衰减和交叉极化实验中的循环延迟分别为 15s 和 1s。分别采用（MeO)$_3$PO，（n-BuO)$_3$PO，n-Bu$_3$PO，n-Bu$_3$PS，Ph$_3$PO，Ph$_3$PS 和 85％H$_3$PO$_4$ 作为模型化合物。^{31}P NMR 谱如图 4-85 所示，得到的所有 DEC/MAS 谱都由四个中心峰（即各向同性化学位移峰）和若干旋转边带组成。中心峰出现在以下范围：峰 1，－33～－32ppm；峰 2，2～3ppm；峰 3，32～36ppm；峰 4，48～52ppm。

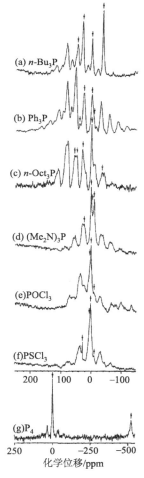

图 4-85　溶剂处理后的煤残余物质子解耦的^{31}P MAS NMR 波谱

对^{31}P NMR 研究表明，在磷化处理过程中形成了磷硫化物和氧化物，表明主要形成热力学稳定的 P＝S 和 P＝O 键。一部分 n-Bu$_3$P 与煤中的不稳定氢（可能来自酸性羟基）反应形成 n-Bu$_3$PH$^+$，可能影响脱硫程度。磷化合物都参与了[(coal)-C-O]$_3$P＝O 物种的形成，说明氧化过程相对简单。

$$煤(O)+PSCl_3 \longrightarrow 煤(S)+POCl_3$$

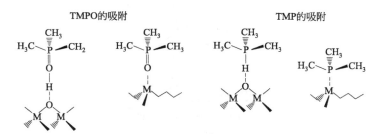

4.11.3　P 对分子筛骨架改性作用

　　磷在硅铝酸玻璃和沸石分子筛结构中发挥着重要的作用，对结构的改性作用一直是研究的热点。分子筛中的酸强度和分布对工业催化反应性和选择性都有重要影响。为了探索沸石催化剂中的各种酸位（Bronsted 和 Lewis）强度和酸分布（晶内和晶外），对一系列 H-ZSM-5 沸石（不同硅/铝比）吸附三甲基膦（TMP）和三甲基氧化膦（TMPO）进行 ^{31}P MAS NMR 实验[40]，定量考察固体催化剂上的酸性位点吸附性能，如图 4-86 所示。与常规酸度表征方法（例如 NH$_3$-TPD 和 FT-IR 波谱法）相比，探针分子辅助 NMR 方法是一种独特且实用的技术，它不仅可以提供特定的酸位点的类型、分布、浓度和强度特征，并能显示在固体酸催化剂中的空间相关性。

图 4-86　磷在固体酸催化剂中的酸中心可能的吸附结构

　　图 4-87 为 TMPO 和 TMP 在典型 Bronsted 和 Lewis 酸位点上的吸附构型。吸附 TMPO 的 ^{31}P NMR 共振具有典型的 δ_{31P} 分布范围为 50～98ppm，这取决于酸在不同固体酸中的分布强度。TMPO 的吸附在 Bronsted 酸位比 Lewis 酸更敏感。可以看出吸附 TMPO 的 δ_{31P} 与去质子化能量 [DPE，DPE 是将 Bronsted 酸性质子（H$^+$）从酸位点上移除所需的能量，相当于质子亲和力（PA），通

常反应酸强度〕之间的线性相关关系，可以作为判断酸强度的依据。图 4-87（a）为 TMPO 吸附在 H-ZSM-5 上的 ^{31}P SSNMR 谱图。TMPO 吸附在 Bronsted 不同酸强度的酸位上，产生了 4 个具有不同化学位移的宽 ^{31}P 共振峰（δ_{31P}）。Bronsted 酸位点的相对浓度和强度，可以通过积分其相应的峰面积获得。根据 DPE 值为 250kcal/mol 推算，TMPO 的 δ_{31P} 值约为 86ppm，是 TMPO 在超酸性位点吸附的临界值。与 TMPO 吸附后的 ^{31}P SSNMR 谱〔图 4-87（a）〕相比，由于吸附质分子移动，在 H-ZSM-5 催化剂上吸附的 TMP 谱呈现出尖锐的窄线〔图 4-87（b）〕。同样，ZSM-5（Si/Al＝26）样品中，在 －50ppm 观察到 TMP 吸附在 Lewis 酸位点上的微弱信号。另一方面，TMP 在 Bronsted 酸位点上的吸附通常会形成 TMPH$^+$ 配合物，仅在 －2～－5ppm 的狭窄范围内产生 ^{31}P 共振。因此，^{31}P-TMP NMR 方法是识别固体酸催化剂中 Lewis 酸度的一种有效方法，但它在探测 Bronsted 酸度时相对不敏感。此缺陷可以通过设计一系列优化方法，可以强化对酸位的区别。采用了 2D ^{31}P-^{1}H HETCOR，2D ^{31}P-^{31}P PDSD 和 2D DQ 同核相关 NMR 来直接检测固体酸催化剂中酸位点的类型和空间邻近性。上述实验的确定参数在很大程度上取决于所研究样品的特性〔比如自旋-晶格弛豫时间（T_1）和沸石中的酸位点数〕。

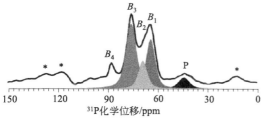

(a)TMPO吸附在H-ZSM-5沸石上的波谱(Si/Al=26)
P为物理吸附TMPO引起的共振信号；(*)代表旋转边带

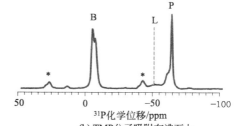

(b) TMP分子吸附在沸石上
B表示由吸附在Bronsted酸位上的TMP引起的共振信号；L表示路易斯酸位上的TMP引起的共振信号；P表示物理吸附的TMP引起的共振信号

图 4-87　微孔沸石中吸附的磷探针分子的固态 ^{31}P MAS NMR 波谱

通过二维异核相关 NMR 实验，建立了不同酸位点之间的空间相关性。通过调整接触时间（τ_c），在二维 ^{1}H-^{31}P HETCOR NMR 实验中进一步区分了 TMP 在 Bronsted 和 Lewis 酸位点上吸附特征。发现脱铝 HY 分子筛中 Bronsted 酸位点（$\delta_H^1 = 6.0 \sim 7.1$ppm）与 Lewis 酸位点（$\delta_P^{31} = -33$ppm）之间不存在空间相关性。在二维 ^{31}P-^{31}P PDSD 和 DQ MAS NMR 实验中间进一步分析了 HY-d450 分子筛上不同酸位点之间的相互作用（图 4-88、图 4-89），证实了脱铝样品中三配位 EFAL-Al^{3+} 的分离。DFT 理论计算进一步验证了 EFAL-Al^{3+} 物种具有较强的 Lewis 酸性，其 δ_P^{31} 值为 $-35ppm$。因此，将 NMR 实验结果与理论数据相结合，可以很容易地识别 Bronsted 与不同 Lewis 酸位点之间的空间相关性。在核磁共振实验中观察到的酸性性质与相应的活性位点的局部精细结构之间的关联

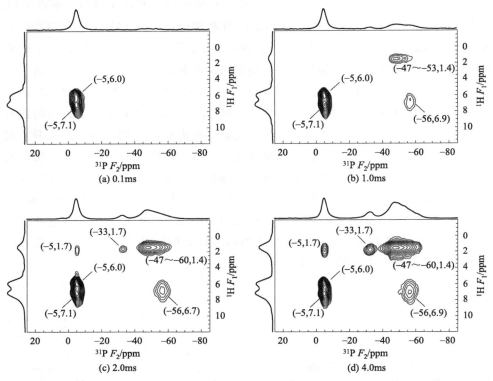

图 4-88 TMP 吸附在脱铝的 HY-d450 沸石上的二维 ^{1}H-^{31}P HETCOR NMR 波谱

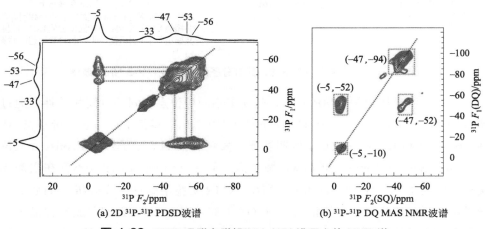

图 4-89 TMP 吸附在脱铝 HY-d450 沸石上的 NMR 谱

也可以确定。EFAL-Al^{3+} 的 Lewis 酸性与邻近的 Bronsted 酸位点有关。结果表明，^{31}P-TMP NMR 方法对区分 Bronsted 和固体催化剂中的 Lewis 酸位点有用，而且它对探测 Lewis 酸比 Bronsted 酸更敏感。

基于 ^{31}P-TMPO NMR 方法通过比较脱水和水合的样品分析，可识别 Lewis 酸位点。如图 4-90 所示，在负载 TMPO 的 H-ZSM-5 的 ^{31}P MAS NMR 谱中，可以观察到多达 6 个特征的 ^{31}P 峰，分别位于 88ppm、85ppm、76ppm、69ppm、65ppm 和 51ppm。在 TMPO/H-ZSM-5 分子筛（P/Al＝0.18）的二维 ^{31}P{^{1}H} HETCOR 谱中，在（76,12.2）ppm 和（88,6.4）ppm 的峰属于不同的质子化的 TMPOH$^+$ 的离子对。ZSM-5 分子筛在 88ppm 存在一个 ^{31}P 峰，表明 ZSM-5 分子筛中存在超强酸。另一方面，由于 65ppm 的 ^{31}P 共振与 Bronsted 酸（$\delta_H^1 >$ 5ppm）^{1}H 共振没有相关性，因此它与质子化的 TMPOH$^+$ 配合物无关。将负载 TMPO 的 ZSM-5 样品暴露在湿度下，相应的 ^{31}P NMR 波谱在 65 和 69ppm 的相对强度明显下降，同时，在 88ppm（或 85ppm，对于 P/Al＝0.42 的样品）的信号完全消失，而反映 TMPO 吸附在弱酸位点上的峰（51ppm）强度显著增加。因此，在 65 和 85～88ppm 的 ^{31}P 信号都与 Lewis 酸位点有关。因此，在 88ppm 的峰主要是由邻近的 Lewis 酸位点诱导的超强 Bronsted 酸性引起的。

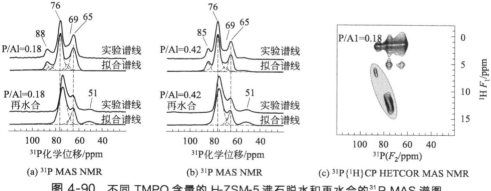

图 4-90　不同 TMPO 含量的 H-ZSM-5 沸石脱水和再水合的 ^{31}P MAS 谱图

Damodaran 等[41] 用固态 NMR 方法追踪 P-ZSM-5 沸石中不同类型磷的复杂结构变化。采用的方法包括一维 ^{31}P MAS，二维同核 ^{31}P-^{31}P 双量子波谱，^{27}Al{^{31}P} 旋转回波双共振（REDOR）和二维异核 ^{27}Al-^{31}P 相关（HETCOR）NMR。通过 NMR 谱图来鉴定磷位点，并探测其与 Al 原子的相关性。

P-ZSM-5 分子筛样品的 ^{31}P MAS NMR 谱及拟合结果如图 4-91 所示。图 4-92 是由 ^{31}P NMR 谱图分析得到的各种结构示意图。将磷位点表示为 QP_m^n，其中 n 和 m 分别表示给定的四面体配位磷的 P-O-P 和 P-O-Al 键合的数目。峰位的匹

50
25
0
−25
−50
−75
−100
化学位移/ppm
(a) C
50
25
0
−25
−50
−75
−100
化学位移/ppm
(b) CS

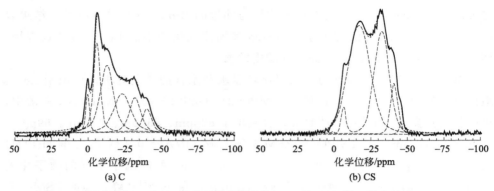

图 4-91　P-ZSM-5 分子筛样品的^{31}P MAS NMR 谱及拟合结果

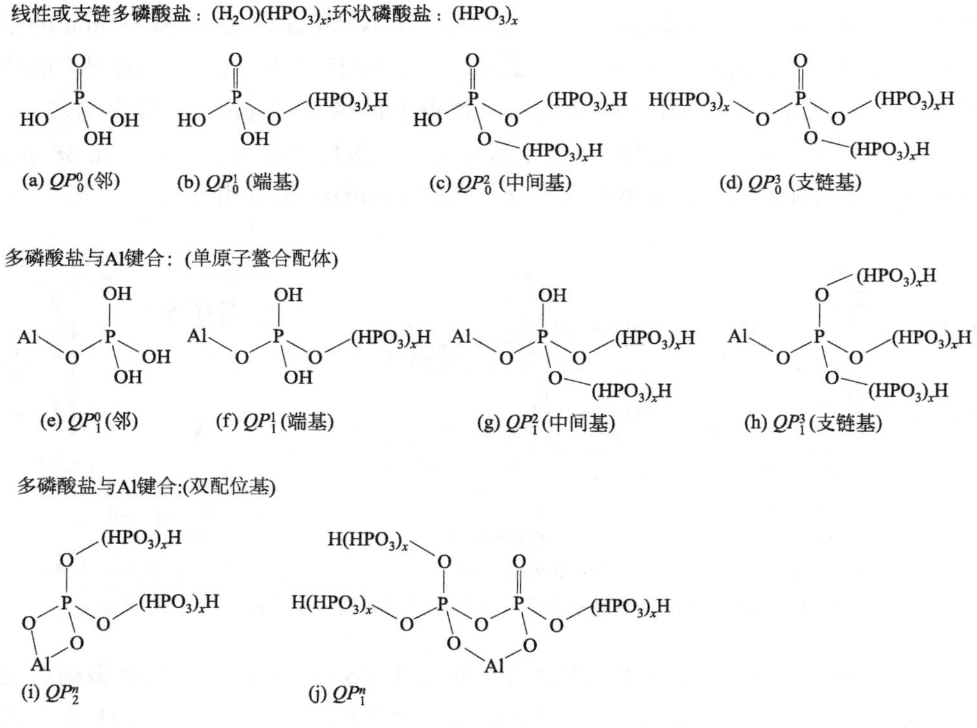

线性或支链多磷酸盐：(H2O)(HPO3)x;环状磷酸盐：(HPO3)x
(a) QP00(邻)
(b) QP01(端基)
(c) QP02(中间基)
(d) QP03(支链基)
多磷酸盐与Al键合：(单原子螯合配体)
(e) QP10(邻)
(f) QP11(端基)
(g) QP12(中间基)
(h) QP13(支链基)
多磷酸盐与Al键合:(双配位基)
(i) QPn2
(j) QPn1

图 4-92　P-ZSM-5 分子筛 C 和 CS 系列中磷结构的示意图

配主要根据化学位移对应的磷酸和磷铝酸盐样品峰。虽然谱图表明^{31}P 共振对铝的存在和 Al-O-P 键角变化比较敏感性，但在观察到的各结构谱图范围内有相当大的重叠。因此，通过对双^{27}Al-^{31}P NMR 结果的分析（如图 4-93 所示），可以进

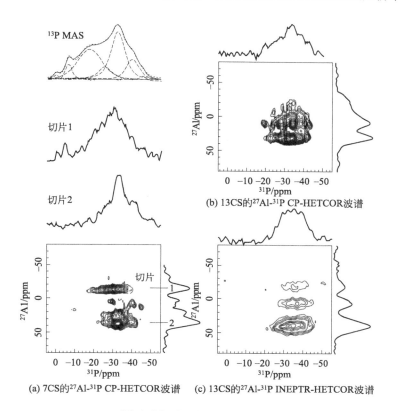

图 4-93 ^{27}Al-^{31}P NMR 分析

一步确定结构分布。煅烧后的 C 样品在 0、-6ppm、-12ppm、-22ppm、-32ppm 和 -40ppm 处产生了 6 个 ^{31}P 共振峰。在 CS 样品中在 0、-6ppm、-24ppm、-32ppm 和 -40ppm 检测到 5 个共振峰，以及在约 -17ppm、-45ppm 和 -50ppm 的另外三条谱线。可以很容易地注意到两个现象，一是 C 系列的谱图对磷含量不敏感，共振主要分布在 $0\sim-20$ppm 范围内；二是在 CS 系列中，谱图中心向低场偏移，特别是在磷含量高的样品中。需要说明的是磷位点的共振与铝结构无关。在 0ppm 的峰属于游离的 $[PO_4]$ 正磷酸盐 QP_0^0 结构（图 4-92）。在 $4\sim7$ppm 出现的宽峰也属于 QP_0^0 结构。在 -6ppm 的峰代表 QP_0^1（图 4-92）和 QP_1^0（图 4-92）结构。在 $-11\sim-14$ppm 范围检测到的峰属于聚磷酸酯链中间基团中的 QP_0^2 结构类型。在 -40ppm±8ppm 范围的峰属于致密的聚磷酸盐分支结构 QP_0^3。在 P-ZSM-5 沸石结构中，在 $-40\sim-46$ppm 的峰属于 OP $[PO_4]_3$ 的分支结构。在谱图范围内，磷含量较高的 CS 样品中，磷含量的增加主要是来自于此种结构。代表磷 QP_m^n 与铝构成的共振（即 $m>0$）峰通常在低

257

场区。因此，与铝结合的正磷酸盐 QP_1^0 的峰位在 $-6 \sim -8ppm$。实际上，在 ^{27}Al-^{31}P 的 HETCOR NMR 结果中，在 $0 \sim -14ppm$ 没有检测到相应的 ^{27}Al-^{31}P 结构峰。表明缺少 Al-O-P 结构，而且在这一范围内观察到的一些磷结构可能位于沸石晶体的外部。虽然样品中的 P 有足够高的数量满足 Al-O-P 结构的形成，但是在谱图中可识别的唯一 ^{27}Al-^{31}P 结构的峰在 $Al_{tet-dis}$（四配位铝的扭曲结构）。^{31}P 的最强烈的峰出现在 $-17 \sim -45ppm$，代表几种 QP_m^n 结构的叠加，而这些结构的解析相对更加困难。核磁共振的 CP 和 INEPT-HETCOR 谱显示了很强的 ^{27}Al-^{31}P 结构，表明大多数此类结构都与铝有关。微孔磷酸铝结晶中的 ^{31}P 信号通常在 $-15 \sim -35ppm$ 之间。在这个范围内，低频共振代表了六配位八面体铝邻域数目较多和/或平均 Al-O-P 键角较小的结构。此外，对 ^{31}P-^{31}PDQ 的测定也没有发现 AlPO 型结构的任何相关信息。以 $-17ppm$ 为中心的 ^{31}P 共振很可能是几个未识别组分的峰的叠加。从图 4-93（a）可以看出，^{31}P 与 $Al_{oct-O-P}$（与 P 结合的六配位铝）之间存在明显的相关性。Al-O-P 是焦磷酸结构中与骨架铝和非骨架铝结合的 QP_1^1，与图 4-92（f）和（i）结构类似。与表示 QP_0^n 位点的谱图相比，该共振宽度增加了约 2 倍，表明其异质性和 Al 邻近性。图 4-93 中的 Al_{oct}-O-P 交叉峰代表了在 $-20 \sim -40ppm$ 之间 ^{31}P 共振的广泛分布，最有可能代表在较低频率共振的 QP_1^2 型位点。在 $-20 \sim -24ppm$ 的峰代表 $Al^{3+}(H_2O)_{6-n}(PO_4^{3-})_n$，聚磷酸中的 QP_0^2，被铝原子屏蔽的基团。图 4-92（j）结构的存在可以被图 4-93 中的 HETCOR 谱图证明。

在 ^{31}P 的谱图中，在大约 $-32ppm \pm 2ppm$ 附近都出现一个峰，与 P 和 Al 的配位结构有关。代表如图 4-92（g）和（j）表示的被 Al 原子强烈屏蔽的双配位和单配位链基团。同时，在聚磷酸盐支链磷 QP_0^3 结构中也发现类似共振。在 $-40ppm \pm 3ppm$ 附近是高度缩合的聚磷酸盐中的 QP_0^3 结构，在水洗过程中并不发生明显的脱除现象。在 $-40ppm$ 的峰与 $Al_{tet-dis}$（扭曲四配位铝）的结构相关。

Zhao Pei 等[42] 用 ^{31}P-MAS NMR 谱研究了水热处理过程中磷改性沸石分子筛中磷形态的结构变化。揭示了骨架内和骨架外可能存在的磷以及水热处理过程中的结构变化。

图 4-94 显示了水热处理前后的 Cu 离子改性 P-CHA 沸石的 ^{31}P MAS NMR 谱图。在沸石中引入 P 会导致在约 $-27ppm$、$-33ppm$ 和 $-40ppm$ 出现几个特征峰，并伴随在 $-14ppm$ 和 $-22ppm$ 处的弱肩峰。对 ^{31}P NMR 化学位移进行了理论研究，以揭示 P-CHA 沸石可能形成的物质。磷的位点用 QP_m^n 表示，其中 n 和 m 分别代

表特定的四面体配位磷原子的 P-O-P 和 P-O-Al 连接数，如表 4-4 所示。

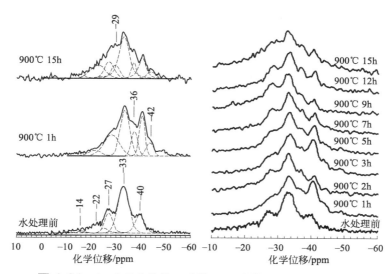

图 4-94　Cu 离子交换的 P 改性 CHA 的 ^{31}P MAS NMR 波谱

表 4-4　^{31}P NMR 的化学位移和磷电荷

磷酸盐	类型		化学位移/ppm	电荷
H_3PO_4	QP_0^0		0.0	1.216
$H_4P_2O_7$	QP_0^1		2.4	1.286
$H_5P_3O_{10}$	QP_0^2	a	−34.0	1.343
$H_3P_3O_9$	QP_0^2	a	−32.4	1.355
		b	−27.3	1.340
		c	−30.4	1.353
L-$H_6P_4O_{13}$	QP_0^2	b	−16.2	1.381
		c	−36.6	1.378
A-$H_6P_4O_{13}$	QP_0^3	a	−24.4	1.337
B-$H_6P_4O_{13}$	QP_0^3	a	−37.6	1.405
P_4O_{10}	QP_0^3		−52.9	1.387

结果表明，磷酸盐和铝磷酸盐中的 ^{31}P 共振在聚合结构中向高场方向偏移。在高场−20.1ppm 附近出现二配位磷酸铝构成的六边形结构 QP_1^1。值得注意的是，与不含铝的磷酸盐相比，磷酸铝中的 ^{31}P 共振在较低的场中有轻微的偏移。建立了六种可能的模型来研究磷与 Bronsted 酸位点之间的相互作用。水热处理初期−42ppm 强度的增加主要归因于框架内的 SAPO 结构产生；而水热处理后期，−29ppm 强度的增加归因于部分骨架分解导致的骨架缩合磷酸盐和磷酸铝结构的积累。所有 ^{31}P 核磁共振波谱中在−33ppm 的峰都归属于骨架中的磷酸盐。^{31}P NMR 分析对解析 P 改性的 CHA 分子筛结构提供了有用的信息。

4.12 煤中^{11}B 的分析

硼是一种环境敏感元素，在某些煤中存在。硼在煤中的赋存方式有三种，即与有机组分结合，与黏土矿物（主要是伊利石）结合，与电气石的晶格结合。有机结合形式通常被认为是最普遍的。硼一般随着煤的燃烧在细粉煤灰中富集。煤飞灰中含有一定量的 B 元素，可对土壤造成一定的污染，因此不同形态 B 的浸出特性收到格外关注。无机污染物的毒性在很大程度上取决于其化学状态，而不是取决于其浓度。通过控制硼的化学状态可以抑制硼的浸出。因此，分析稀土中硼的化学状态，对提出有效的抑制硼对环境的洗脱具有重要意义。^{11}B 的自然丰度为 80.1％，核磁共振（NMR）可以作为检测硼的方法具有较高的灵敏度。

Park 等[43] 以粉煤灰为原料，加入 30％的 Na_2O 和 B_2O_3，采用感应加热法制备了碱硼硅酸盐玻璃。研究发现当 Na_2O 浓度高于 B_2O_3 时，维氏硬度保持在 3800 MPa 以上；加入 15％ B_2O_3 和 15％Na_2O 组成的玻璃具有最高的耐化学性和硬度，维氏显微硬度约为 4030 MPa。硬度的变化主要由于碱硼硅酸盐玻璃中的 "硼异常"（boron anomaly）特征引起。通过 MAS-NMR 分析确定了硼异常特征。由于硼异常排列改善了玻璃网络的连通性，维氏硬度随密度的增加呈现出不同的变化趋势。为了阐明硼在玻璃中的不规则排列，利用^{11}B MAS 核磁共振波谱定量研究了硼的配位分布。图 4-95 为粉煤灰玻璃中不同 Na_2O 和 B_2O_3 含量的^{11}B MAS NMR 谱图。在 15ppm 和 0ppm 左右的峰值分别代表玻璃基质中的三种（BO_3）和四种（BO_4）配位。随着 Na_2O 的加入，BO_3 峰的强度呈下降趋势，而 BO_4 峰的强度呈上升趋势。核磁共振结果显示了典型的硼不规则。在 15％B_2O_3- 15％Na_2O- 70％粉煤灰中，BO_4 的比例最大，这与硬度的结果完全吻合。由此可见，硼的不规则排列对粉煤灰玻璃的物理性能起着重要作用。

Zhang Lian 等[44] 在煤萃取制备 HyperCoal（HPC）工艺中研究了硼的分配行为。在 360℃、1h 下，通过 1-甲基萘及其与 20％极性吲哚的混合物（1-MN 单独和 1-MN 与 20％IN 混合）为溶剂对煤进行了萃取研究。用固态^{11}B MAS NMR 对原煤、萃取煤和残余物中的硼进行了分析。

对四种不同变质程度的原煤中硼的赋存形态进行了解析。如图 4-96 所示，GO 和 YL 煤在 −7.00ppm 观察到单一峰。ND 煤分别在 −6.52 和 −11.76ppm 出现两个主峰，并在 −17.16ppm 出现一个肩峰。第一个峰可以归为三配位有机硼结构，另外的峰为硼酸盐。有机硼在煤中的化学位移也有轻微的变化，这可能是由于不同等级煤中与硼相邻的烃类化合物的差异造成的。各种硼结构的面积分

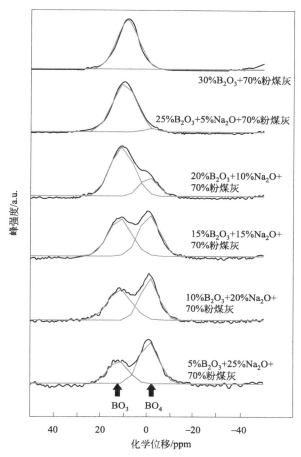

图 4-95　粉煤灰制碱硼硅酸盐玻璃的 ^{11}B MAS NMR 谱图

数如表 4-5 所示，随煤阶的不同而有不规则的变化。

表 4-5　煤样中硼的 NMR 参数

样品	三方晶系的有机硼		氧化硼/硼酸	
	化学位移/ppm	面积分数	化学位移/ppm	面积分数
GO	−7.00	1.00		
WY	−5.88	0.52	−11.88	0.44
ND	−6.52	0.40	−17.16	0.16
YL	−7.00	1.00		

为了揭示煤中原始形态硼的种类，结合样品中硼的含量，对原煤中的硼及其萃余残渣进行了表征。如图 4-97(a) 所示，原煤在 −6.28 和 −11.88ppm 分别出现两个峰。在 13.2ppm 的峰对应三氟化硼醚化物，$BF_3 \cdot O(C_2H_5)_2$，属于三

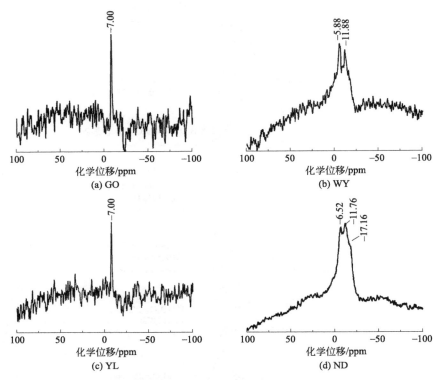

图 4-96 原煤中硼的[11]B NMR 谱

配位硼。硼在萃余物中出现相似的共振峰。与原煤相比，－11.88ppm 的化学位移变化不大。据推测，它对应于离散矿物颗粒中的硼，而硼煤的有机基质没有联系。另一个在－6.28ppm 的化学位移，其相对强度在萃取后明显降低。显然，此化学转移与有机结构的关系密切，并与煤的有机部分同时萃取分离。它可以是与煤官能团化学相关的有机硼，也可以是嵌入在煤基质封闭孔洞中的亚微米颗粒。在 13.9～15.2ppm 处的化学位移对应 $BF_3 \cdot O (C_2H_5)_2$ 可匹配为三方晶系硼，比如电气石或 B_2O_3/H_3BO_3。因此，在－6.2ppm 的化学位移，相当于 $BF_3 \cdot O (C_2H_5)_2$ 的 13.2ppm，可以认为是嵌在煤空隙中的亚微米矿物颗粒，可以经过高温萃取过滤而分离。

Kashiwakura 等[45] 对煤燃烧过程中硼的形态进行了分析，发现粉煤灰颗粒中含硼化合物的形态主要是正硼酸钙或焦硼酸钙。通过魔角旋转核磁共振技术研究了煤中硼化合物的形态和硼的挥发特征。在煤的[11]B MAS-NMR 谱图中观察到三个分离峰，化学位移分别为 4.0ppm、9.9ppm 和 15.8ppm。所有这些峰都可以用图 4-98 所示的各向同性化学位移 δ_{mas}、四极耦合常数 C_Q 和四极不对称参数 η 的洛伦兹曲线进行拟合。各峰的四极耦合常数由式 $C_Q = (10Wv_o)^{1/2}$ 推算。

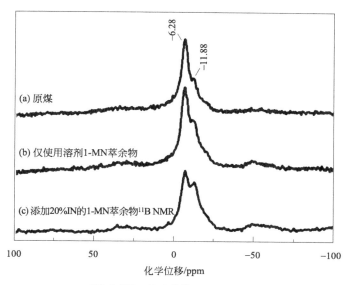

图 4-97 萃余物^{11}B NMR 图谱

式中，W 为峰的总宽度，v_o 为^{11}B 原子的拉莫尔频率。四氧配位硼原子（BO$_4$ 单位）和三氧配位硼原子（BO$_3$ 单位）的峰一般分别出现在 0～5ppm 和 10～25ppm 的化学位移范围内。因此，第一个峰属于 BO$_4$，而其余两个峰属于 BO$_3$ 结构。^{11}B 的 MAS-NMR 峰在 8ppm 和 14ppm 的化学位移无法用无机矿物质中的 BO$_4$ 进行解释，因此可能源于含芳香配体的有机硼配合物。通过加热试验发现，煤中硼的挥发随加热温度的升高和氧浓度的增加而增加，^{11}B MAS-NMR 可以观察到有机硼配合物的优先挥发。表明煤中的大多数硼易挥发，并且在燃煤的早期挥发。

硼在煤燃烧过程中随着挥发会附着在飞灰上，因此为了弄清硼的形态差异，对飞灰进行了^{11}B STMAS NMR 的分析。^{11}B 的 STMAS NMR 测试在 16.4 T 的设备上展开，探针采用自制的 STMAS 探针。NMR 谱图通过 K$_2$B$_4$O$_7$·4H$_2$O，Ca$_2$B$_2$O$_5$/Ca$_3$B$_2$O$_6$，2Al$_2$O$_3$·B$_2$O$_3$·1.5H$_2$O，Na$_2$B$_4$O$_7$·10H$_2$O，Na$_2$B$_4$O$_7$，Mg$_2$B$_2$O$_5$/Mg$_3$B$_2$O$_6$ 等标准样品进行峰位确定。

图 4-99 为燃煤过程中产生的两种飞灰（分别为 F-CFA 和 N-CFA）与一些硼酸盐的^{11}B STMAS 波谱。在 N-CFA 的^{11}B STMAS 谱中，主要检测到三配位 BO$_3$；而在 F-CFA 的谱中，同时观察到三配位 BO$_3$ 和四配位 BO$_4$。从两个样品的二维等高线图中可以看出，对于 Ca$_2$B$_2$O$_5$ 和 Ca$_3$B$_2$O$_6$ 以及 Mg$_2$B$_2$O$_5$ 和 Mg$_3$B$_2$O$_6$，三配位 BO$_3$ 位点的重心位于区域的中部。B$_2$O$_3$ 是 F-CFA 颗粒中占

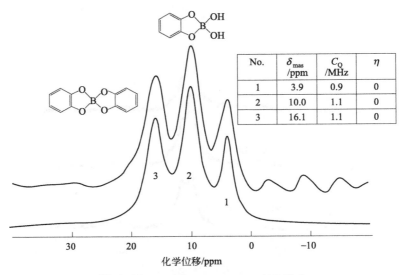

No.	δ_{mas} /ppm	C_Q /MHz	η
1	3.9	0.9	0
2	10.0	1.1	0
3	16.1	1.1	0

图 4-98　煤的 [11] B MAS-NMR 谱峰拟合

优势的硼酸盐；然而，在一系列研究中也发现硼以钙或含镁硼酸盐的形式存在。然而，[11] B 核磁共振不能区分硼酸钙和硼酸镁，因为它们的晶体结构类似。F-CFA 中的硼以三配位 BO_3 和四配位 BO_4 的形式出现，并分布在 SiO_2-Al_2O_3 粒子的外表面。根据 STMAS 的结果可知，硼以 Ca（或 Mg）$_2B_2O_5$ 和/或 Ca（或 Mg）$_3B_2O_6$ 的形式附着在飞灰表面。而 N-CFA 中的硼则主要以三配位 BO_3 的形式出现，由 $Ca_2B_2O_5$ 和 $Ca_3B_2O_6$ 组成，不仅分布在表面，还分布在 CaO-MgO 颗粒内部。硼的化学状态差异的原因尚不清楚，很大程度上取决于煤燃烧过程中的加热和冷却过程以及硼在原煤中的化学状态。F-CFA 中的含硼化合物在 SiO_2-Al_2O_3 粒子形成后产生；而 N-CFA 中的含硼化合物则在灰粒子形成的早期产生。因此，硼的化学状态可能取决于硼的初始赋存形态或煤的燃烧方式。

为了研究飞灰中硼在酸洗过程中的溶解浸出行为，用 [11] B 核磁共振对 HCl 酸洗后的飞灰结构进行了分析。结合 STMAS 核磁共振的化学状态分析，揭示了硼的化学状态与其浸出行为之间的明确关系。STMAS 分析在外径为 4mm 的氮化硅管中，在磁场强度为 14.1T 的核磁共振波谱仪上展开。为了在极少量的硼样品中获得合格的 MAS 信噪比，采用了相对较长的 p/2 脉冲和 0.2s 重复时间。利用 BF_3-OEt_2 对核磁共振波谱进行了峰位置校正。为了消除来自样管的背景信号，在同样的条件下，测试了一个空样品管的 [11] B MAS-NMR 谱，并通过从粉煤灰样品的谱中减去这个背景信号来实现背景补偿。

如图 4-100 所示，为酸洗样品的 [11] B 核磁共振波谱，以及空的氮化硅样管背

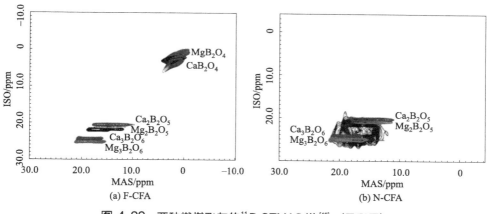

(a) F-CFA　　　　　　　　　(b) N-CFA

图 4-99　两种燃煤飞灰的 ^{11}B STMAS 谱[46]　（见彩图）

景。在大约 2ppm 和 20ppm，检测到两个明显的峰。在 2ppm 左右的峰归于四配位 BO_4；而在 20ppm 左右的峰值由两个或三个不同化学结构的 BO_3 核磁共振信号组成。BO_3 单元的峰值面积比 BO_4 单元大得多。在空的氮化硅样品管中只观察到 BO_4 峰作为背景波谱。背景中 BO_4 峰的强度大约是样品峰强度的四分之一。从图 4-100 的第二到第四谱图可以看出，随着浸出过程的进行，灰中 BO_3 峰强度逐渐变小，而在 HCl 浸出过程中 BO_4 峰强度变化不明显。这一结果表明，BO_3 和 BO_4 的优势形态分别存在于灰中不同结构中。

Kroeker 等[48] 精确地解析了围绕硼酸化合物的 BO_3 的短程结构与四极参数之间的相关性。揭示了几种纯硼酸盐中 BO_3 的 δ_{iso} 和 η 之间的关系。虽然 δ_{iso} 和 C_Q 值之间的相关性较弱，但硅酸盐中 BO_3 结构的 δ_{iso} 和 η 表现出了较强的相关性，提出了如下关系：

$$\delta_{iso}(T^0) > \delta_{iso}(T^1) > \delta_{iso}[T^2(环)] > \delta_{iso}(T^2) > \delta_{iso}[T^3(环)] > \delta_{iso}(T^3)$$

式中，T 和上标分别表示三配位和 BO_3 环的数量。随着桥接氧的减少，在 $10\sim25$ppm 范围内的 BO_3 单元的 δ_{iso} 向低场区域移动。此外，桥接氧数量为 0（T_0）或 3（T_3）时，由于硼原子周围存在对称的电场梯度，BO_3 峰的 η 值非常小。另一方面，由于硼原子核的不对称配位，T_1 和 T_2 的 η 值较高。属于正硼酸盐 T^0 的 $Ca_3B_2O_6$ 四极参数与 $Mg_3B_2O_6$ 或 $La_2B_2O_6$ 的四极参数具有可比性。此外，另一个同构型的 $Ca_2B_2O_5$、$Mg_2B_2O_5$、$Na_4B_2O_5$ 属于焦硼酸盐基团 T_1，也具有类似的四极参数。硼酸盐 BO_3 单元各向同性化学位移与四极不对称参数的相关性如图 4-101 所示。

硼在硅铝酸盐熔体中是一种不相容的元素。硼含量对含硼硅酸盐玻璃结构特征的整体影响在原子水平仍然不明确。为了确定硅含量对钠铝硅玻璃原子结构的

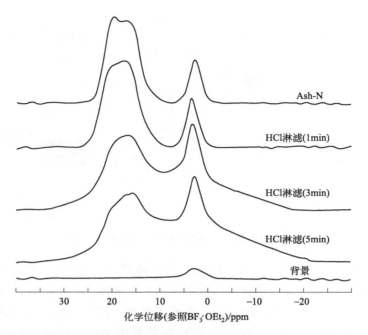

图 4-100 ^{11}B 原料粉煤灰和酸洗飞灰,以及空白样品的 NMR 谱[47]

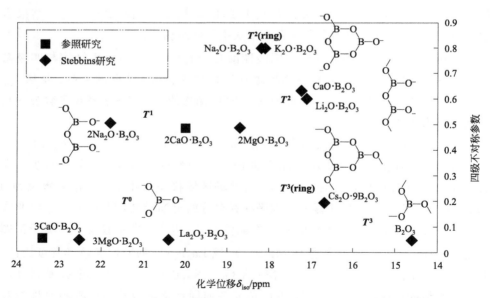

图 4-101 硼酸盐 BO₃ 单元各向同性化学位移与四极不对称参数的相关性

影响,研究了钠硅玻璃中硼配位环境随 B/(B+Al) 的变化,分析了 Si/(B+Al)
比为 3 的钠铝硅玻璃的硼配位环境。图 4-102 显示了 $X_{\mathrm{Ma}}[=\mathrm{B}/(\mathrm{B}+\mathrm{Al})]$ 和 X_{Rd}

［＝B/(B+Al)］值为 0.25、0.50、0.75 和 1 的 NaAlSiO$_4$-NaBSiO$_4$［图 4-102(a)和(b)］和 NaAlSi$_3$O$_8$-NaBSi$_3$O$_8$［图 4-102(c)和(d)］玻璃的[11]B MAS 和 3QMAS NMR 谱图。^{11}B 3QMAS NMR 谱［图 4-102(b)和(d)］显示了 B 结构的存在。图 4-102(a) 和 (c) 也出现了非成环[3]B 和[4]B 的模拟峰。二维[11]B 3QMAS NMR 谱中的[3]B 和[4]B 峰约束了四极耦合常数（C_q）和各向同性化学位移（δ_{iso}），并以此进行一维[11]B MAS NMR 谱图的模拟。随着 X_{Ma} 和 X_{Rd} 的增加，玻璃中[3]B 的分数降低，[4]B 的分数增加。[4]B 比例的微小差异部分是由于研究中使用的静磁场（9.4～21.1T）的差异造成的。[4]B 的分数在 14.1T 核磁共振结果中略大于在 9.4T 时的结果。硼配位数的变化表明了含硼硅酸盐熔体性质随硼铝比的变化。恒定的 B/(B+Al) 比率下，Si/(B+Al) 对铝硼硅酸钠结构的影响如图 4-102(e) 所示。B/(B+Al) 比相同的 NaAlSi$_3$O$_8$ 和 NaBSi$_3$O$_8$ 玻璃中，[4]B 的比例大于 NaAlSiO$_4$-NaBSiO$_4$。随 Si/(B+Al) 比增大，[4]B 峰偏移到一个较低的频率（从 NaAlSiO$_4$-NaBSiO$_4$ 的 0ppm 到 NaAlSi$_3$O$_8$-NaBSi$_3$O$_8$ 的 −3ppm），表明 B/Si 对四元硅酸盐玻璃中 B 原子结构的强烈影响［见图 4-102(e)］。然而，在 9.4T 的核磁共振条件下，不同的拓扑结构的[3]B、[4]B 并没有完全分辨出来［图 4-102(b)和(d)］。^{11}B MAS NMR 波谱在 14.1 T 处[3]B、[4]B 的峰形状和位置的变化表明存在多种[3]B、[4]B 结构［图 4-102(e)］。

对由组成引起的含硼硅酸盐玻璃溶解速率变化进行了考察。原子结构影响 NaAlSiO$_4$ 和 NaBSiO$_4$ 在溶液中的溶解行为。Si-O-Al 峰的存在表明了 Si 和 Al 结构的键合，键合结构的比率并不随 B 比例的变化出现明显的变化，表明硅铝的键合结构与硼的引入相关性不强。然而，随着 B/(B+Al) 的升高，Si-O-B 显著增强，表明 Si 和 B 的键合结构显著增强。随着 Si/(B+Al) 比的降低，对硅和硼的结合更有利。另一方面，B-O-Al 结构的缺失证实了 B 和 Al 倾向于彼此分离。B 和 Al 之间的相分离（或阳离子分离）可促进 B-O-B 键的形成。B-O-B 键更容易水解，导致在水溶液中玻璃反应性的增强。

熔体的黏度很大程度上取决于熔体的组成。在硅酸盐熔体中加入硼可以显著降低熔体的黏度。含硼硅酸盐熔体黏度的降低可以解释为当 B 取代 Al 时 NBO 分数的增加。由于钠氧硅分数的增加而导致聚合度的降低，说明熔体黏度也可能随着硼含量的增加而降低。

对高温熔体淬冷铝硼硅酸盐玻璃进行了分析。硼在钠铝硅酸盐玻璃中的配位环境取决于熔体成分的微小变化，硼可以占据三配位（[3]B）和四配位（[4]B）位置。图 4-103 显示了含硼钠玻璃的[11]B MAS NMR 谱图（NaAl$_{0.9}$B$_{0.1}$Si$_3$O$_8$）。[3]B 和[4]B 分别占 75% 和 25%，表明[4]B 在硅酸盐熔体中占主导地位。

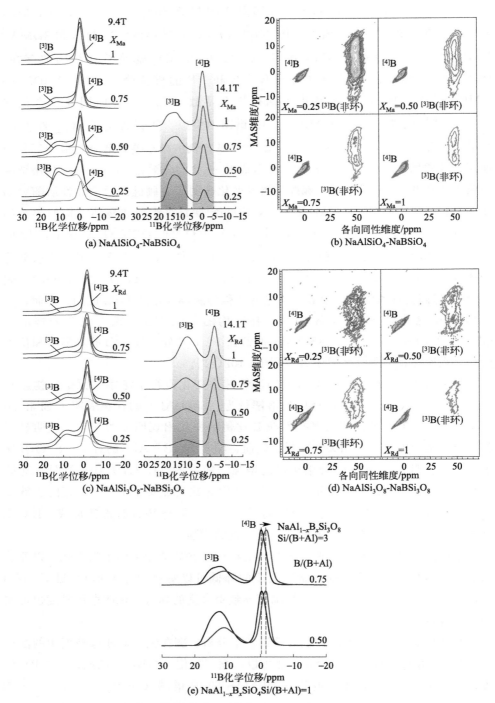

图 4-102　NaAlSiO₄-NaBSiO₄ 玻璃的 ¹¹B MAS NMR 分析[48]（见彩图）

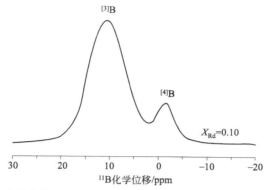

图 4-103　在 14.1 T 收集 NaAl$_{0.9}$B$_{0.1}$Si$_3$O$_8$ 玻璃 1.33% B$_2$O$_3$ 的 ^{11}B MAS NMR 谱[49]

图 4-104(a) 显示了不同 B/(B+Al) 和 Si/(B+Al) 比的铝硼硅酸钠玻璃中$^{[4]}$ B 比例的半定量分析。可以看出，随着 B/(B+Al) 和 Si/(B+Al) 比的增加，$^{[4]}$ B 分数有增加的趋势。氧化物熔体 δ^{11}B$_{melt}$ 值的二维等高线图如图 104(b) 所示。随着 Si/(B+Al) 的增加，$^{[4]}$ B 分数的增加会导致含硼硅酸盐玻璃 δ^{11}B$_{melt}$ 的降低。

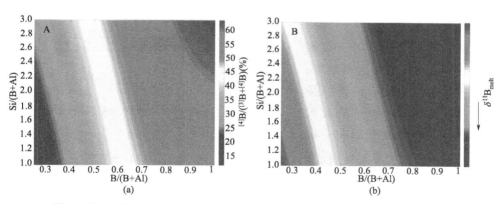

图 4-104　$^{[4]}$ B 结构比例与 B/(B+Al) 和 Si/(B+Al) 关系[49]（见彩图）

4.13　原位 SSNMR 核磁共振

研究煤在热活化过程中的结构变化，有助于揭示煤复杂结构的性质，进而深入理解转化机理。Maciel 等[50] 采用组合旋转和多脉冲波谱技术，在 25～230℃ 对煤样进行了系统的原位变温高分辨率^{1}H 核磁共振研究。在这个温度范围内，^{1}H 的分辨率没有发生显著变化。高温下分辨率的轻微下降表明分子运动受到了多脉冲序列相干平均的干扰。基于 CMG-48 脉冲序列的"时间悬浮"实验和质子双极性退相实验，估算出了分子运动的相关时间约为 $10\mu s$，比室温下煤中吡啶饱和引起的分子运动慢几个数量级。研究表明，230℃的处理温度并不足以破坏煤的共价键或连接大分子网络的非共价键。采用改进的 BR-24[1]H CRAMPS 进行双极性去相实验，定量分析了煤中脂肪族和芳香族质子的质子双极性去相行为。煤在高温下的双极性去相曲线可以描述为两个高斯去相组分，它们代表着两种具有明显不同运动能力的分子。煤在较高温度下的分子迁移率的提高是由于处于相对移动状态的分子比例的增加。[1]H CRAMPS 研究提供了 $25\sim$ 250℃温度下，煤分子动力学与分子结构的相关性。

在进行[1]HCRAMPS 实验前，将样品装入自制的外径 5mm 内径 2.16mm 的消磁派热克斯玻璃转子中。微调器由厚壁耐热玻璃核磁共振管制成。如图 4-105 所示，玻璃管中间用喷枪密封，玻璃管两端仍然打开。这种玻璃密封管是专门为空气敏感的样品和/或需要密封的样品设计的，这样挥发性成分就可以保存在核磁共振管内进行分析。在样品加载侧的转子的开口端可以很容易地用特氟隆盖密封。如果需要绝对密封，可将直径略小于转轮内径的玻璃棒插入转轮内，以将样品限制在一定

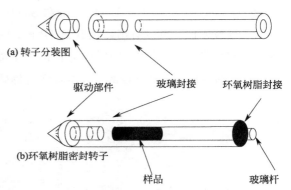

图 4-105　密封样品用玻璃 MAS 转子结构

位置，然后可以用环氧树脂或喷灯密封转子。在[1]H CRAMPS 实验中，环氧树脂密封不会产生可检测的背景信号。

波谱显示，在 25～230℃的温度范围内没有显著的变化，也没有预期在更高的温度的谱图变窄现象。为了明确分子运动对温度的依赖关系，在 25℃，120℃和 180℃的温度下进行了质子双极性退相实验。图 4-106 显示了三种煤的变温双极性去相波谱。可以很清楚地看到，当样品温度升高时，三种煤的脱相率都显著降低。这意味着，热处理确实促进了煤分子的内部运动。煤中分子在高温下迁移率的增加降低了有效偶极耦合，从而延长了脱相时间常数。然而，此类移动不会导致 CRAMPS 线变窄。表明热处理对煤内部分子运动的影响与溶剂饱和产生的影响大不相同。通常在饱和吡啶的情况下，煤[1]H 的 CRAMPS 谱线会明显变窄。这种现象并没有很合理的解释，可能是由于煤中大量结构单元的流动性增强所致。增强的运动将部分不同的各向同性化学变化"锁定"在未经处理的煤中。根

据分析结果和煤的大分子模型，可以推测煤分子在高温下会被显著的活化，因此也会观察到类似的谱线变窄现象。CRAMPS 谱中的线宽可能与分子运动有复杂的关系。当分子运动的相关时间接近于多脉冲序列的周期时间时，分子运动会干扰偶极相互作用的相干平均，并可能导致 CRAMPS 谱线的严重展宽。当运动相关时间接近多脉冲序列的周期时间时，CRAMPS 峰开始扩展。当相关时间与多脉冲周期时间相匹配时，谱线会变得非常宽；当相关时间比多脉冲周期时间短，且与静态偶极相互作用强度成反比时，谱线会逐渐变窄。在谱线窄化的情况下，运动引起的随机平均优于完全相干平均。在 CRAMPS 实验中，煤的随机运动也会干扰 MAS 对化学位移各向异性的相干平均。

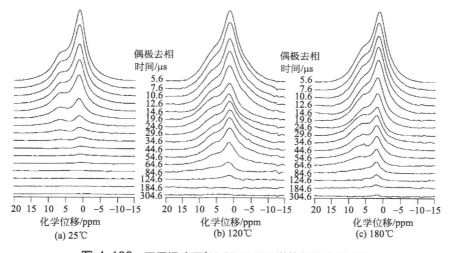

图 4-106　不同温度下 ^{1}H CRAMPS 谱的偶极去相实验

另外一种原位核磁共振分析，利用变温 ^{17}O NMR 检测了方铁矿中 $\alpha \rightarrow \beta$ 在 254℃的相变。T_1 值从室温下的 150s 下降到略低于相变温度的 29s，在相变点进一步下降到 1.5s。对 ^{17}O NMR 谱线的分析表明 η 在转变温度时降低到零（在测量精度范围内）。这些结果表明，这种转变与 SiO_4 基团的重定向波动有关，β 相的特征是在单位细胞尺度上对孪晶域进行动态平均。

原位加热技术已用于化合物 $LiNaSO_4$ 的高温 ^{23}Na NMR 研究，发现该化合物经历了从三角到立方的相变（518℃），并伴有快离子电导行为的出现。在相变温度以下，^{23}Na 线逐渐变窄，但在相变温度处突然被一条新的更窄的线所取代。二维章动波谱表明，这条新的线包含了塌陷的卫星跃迁，代表阳离子的近似液体的运动。采用高温 ^{23}Na MAS NMR 研究了 500℃时，[Na，K] AlSiO_4 中 Na^+ 的交换。从 ^{23}Na NMR 谱估计的 Na^+ 转换与从阳离子扩散测定得到的相关时间是一致的。

参 考 文 献

[1] Zhang J X, Sun H H, Sun Y M, et al. Correlation between [29]Si polymerization and cementitious activity of coal gangue [J]. Journal of Zhejiang University-Science A, 2009, 10 (9): 1334-1340.

[2] Xuan W W, Wang H N, Xia D H, et al. Quantitative study of si structural units in coal slags and their influence on viscosity [J]. Energy & Fuels, 2019, 33 (11): 10593-10601.

[3] Jiang Y, Ideta K, Kim J, et al. The crystalline and microstructural transformations of two coal ashes and their quenched slags with similar chemical compositions during heat treatment [J]. Journal of Industrial and Engineering Chemistry, 2015, 22: 110-119.

[4] Zhang J B, Li H Q, Li S P, et al. Mechanism of mechanical-chemical synergistic activation for preparation of mullite ceramics from high-alumina coal fly ash [J]. Ceramics International, 2018, 44 (4): 3884-3892.

[5] Qi G X, Lei X F, Li L, et al. Preparation and evaluation of a mesoporous calcium-silicate material (MCSM) from coal fly ash for removal of Co (Ⅱ) from wastewater [J]. Chemical Engineering Journal, 2015, 279: 777-787.

[6] Hu P P, Hou X J, Zhang J B, et al. Distribution and occurrence of lithium in high-alumina-coal fly ash [J]. International Journal of Coal Geology, 2018, 189: 27-34.

[7] Ma Z B, Zhang S, Zhang H R, et al. Novel extraction of valuable metals from circulating fluidized bed-derived high-alumina fly ash by acid-alkali-based alternate method [J]. Journal of Cleaner Production, 2019, 230: 302-313.

[8] Wang B D, Zhou Y X, Li L, et al. Novel synthesis of cyano-functionalized mesoporous silica nanospheres (MSN) from coal fly ash for removal of toxic metals from wastewater [J]. Journal of Hazardous Materials, 2018, 345: 76-86.

[9] Shao N N, Tang S Q, Li S, et al. Defective analcime/geopolymer composite membrane derived from fly ash for ultrafast and highly efficient filtration of organic pollutant [J]. Journal of Hazardous Materials, 2020, 388: 121736.

[10] Luo Y, Zheng S L, Ma S H, et al. Novel two-step process for synthesising β-SiC whiskers from coal fly ash and water glass [J]. Ceramics International, 2018, 44 (9): 10585-10595.

[11] Tan H B, Nie K J, He X Y, et al. Compressive strength and hydration of high-volume wet-grinded coal fly ash cementitious materials [J]. Construction and Building Materials, 2019, 206: 248-260.

[12] Zhao X H, Liu C Y, Wang L, et al. Physical and mechanical properties and micro characteristics of fly ash-based geopolymers incorporating soda residue [J]. Cement and Concrete Composites, 2019, 98: 125-136.

[13] Tuinukuafe A, Kaub T, Weiss C A, et al. Atom probe tomography of an alkali activated fly ash concrete [J]. Cement and Concrete Research, 2019, 121: 37-41.

[14] Li H J, Sun H H, Xiao X J, et al. Mechanical properties of gangue-containing aluminosilicate based cementitious materials [J]. Journal of University of Science and Technology Beijing, Mineral, Metallurgy, Material, 2006, 13 (2): 183-189.

[15] Zheng L, Wang W, Gao X B. Solidification and immobilization of MSWI fly ash through aluminate

geopolymerization：Based on partial charge model analysis [J]. Waste Management，2016，58：270-279.

[16]　Zhu G Y，Li H Q，Wang X R，et al. Synthesis of calcium silicate hydrate in highly alkaline system [J]. Journal of the American Ceramic Society，2016，99 (8)：2778-2785.

[17]　Qin L，Gao X J. Properties of coal gangue-Portland cement mixture with carbonation [J]. Fuel，2019，245：1-12.

[18]　Liu P，Gao Y N，Wang F Z，et al. Preparation of pervious concrete with 3-thiocyanatopropyltriethoxysilane modified fly ash and its use in Cd(Ⅱ) sequestration [J]. Journal of Cleaner Production，2019，212：1-7.

[19]　Yang J，Huang J X，Su Y，et al. Eco-friendly treatment of low-calcium coal fly ash for high pozzolanic reactivity：A step towards waste utilization in sustainable building material [J]. Journal of Cleaner Production，2019，238：117962.

[20]　Kanehashi K，Saito K. Investigation on chemical structure of minerals in coal using ^{27}Al MQMAS NMR [J]. Fuel Processing Technology，2004，85 (8-10)：873-885.

[21]　Lin X C. Analyses of aluminum structures in a Chinese coal ash and its slag by STMAS NMR [J]. Energy Sources，2013，35 (19)：1807-1812.

[22]　Xing H X，Liu H，Zhang X J，et al. In-furnace control of arsenic vapor emissions using kaolinite during low-rank coal combustion：influence of gaseous sodium compounds [J]. Environmental Science & Technology，2019，53 (20)：12113-12120.

[23]　Tian S，Zhan Z H，Chen L. Evolution of fly ash aluminosilicates in slagging deposition during oxy-coal combustion investigated by [27]Al magic angle spinning nuclear magnetic resonance [J]. Energy & Fuels，2018，32 (12)：12896-12904.

[24]　Tian S D，Kang Z Z，Chen L，et al. Characterization of aluminosilicates in fly ashes with different melting points using [27]Al magic-angel spinning nuclear magnetic resonance [J]. Energy & Fuels，2017，31 (9)：10068-10074.

[25]　Phair J W，van Deventer J S J. Characterization of fly-ash-based geopolymeric binders activated with sodium aluminate [J]. Industrial & Engineering Chemistry Research，2002，41 (17)：4242-4251.

[26]　Zhang N，Liu X M，Sun H H，et al. Pozzolanic behaviour of compound-activated red mud-coal gangue mixture [J]. Cement and Concrete Research，2011，41 (3)：270-278.

[27]　Dai X，Bai J，Li D T，et al. Experimental and theoretical investigation on relationship between structures of coal ash and its fusibility for Al_2O_3-SiO_2-CaO-FeO system [J]. Journal of Fuel Chemistry and Technology，2019，47 (6)：641-648.

[28]　Cao X，Kong L X，Bai J，et al. Effect of water vapor on coal ash slag viscosity under gasification condition [J]. Fuel，2019，237：18-27.

[29]　Jiang Y，Ideta K，Kim J，et al. The crystalline and microstructural transformations of two coal ashes and their quenched slags with similar chemical compositions during heat treatment [J]. Journal of Industrial & Engineering Chemistry，2015，22：110-119.

[30]　Lee S K，Sung S. The effect of network-modifying cations on the structure and disorder in peralkaline Ca-Na aluminosilicate glasses：O-17 3QMAS NMR study [J]. Chemical Geology，2008，256 (3-4)：

273

326-333.

[31] Shimoda K, Tobu Y, Kanehashi K, et al. Total understanding of the local structures of an amorphous slag: Perspective from multi-nuclear (^{29}Si, ^{27}Al, ^{17}O, ^{25}Mg, and ^{43}Ca) solid-state NMR [J]. Journal of Non-Crystalline Solids, 2008, 354 (10-11): 1036-1043.

[32] Lee A C, Lee S K. Network polymerization and cation coordination environments in boron-bearing rhyolitic melts: Insights from ^{17}O, ^{11}B, and ^{27}Al solid-state NMR of sodium aluminoborosilicate glasses with varying boron content [J]. Geochimica et Cosmochimica Acta, 2020, 268: 325-347.

[33] Benhelal E, Hook J M, Rashid M I, et al. Insights into chemical stability of Mg-silicates and silica in aqueous systems using ^{25}Mg and ^{29}Si solid-state MAS NMR spectroscopy: Applications for CO_2 capture and utilisation [J]. Chemical Engineering Journal, 2020, 9: 127656.

[34] Laurencin D, Gervais C, Stork H, et al. ^{25}Mg solid-state NMR of magnesium phosphates: high magnetic field experiments and density functional theory calculations [J]. The Journal of Physical Chemistry C, 2012, 116 (37): 19984-19995.

[35] Gardner L J, Walling S A, Lawson S M, et al. Characterization of and structural insight into struvite-K, $MgKPO_4 \cdot 6H_2O$, an analogue of struvite [J]. Inorganic Chemistry, 2021, 60: 195-205.

[36] Gardner L J, Bernal S A, Walling S A, et al. Characterisation of magnesium potassium phosphate cements blended with fly ash and ground granulated blast furnace slag [J]. Cement & Concrete Research, 2015, 74: 78-87.

[37] Lim A R, Kim S H. Reconstructive phase transitions and physical properties of mixed $LiK_{0.9}Na_{0.1}SO_4$ crystals [J]. Solid State Ionics, 2012, 214: 19-24.

[38] Kubicki D J, Prochowicz D, Hofstetter A, et al. Phase segregation in potassium-doped lead halide perovskites from ^{39}K solid-state NMR at 21.1 T [J]. Journal of the American Chemical Society, 2018, 140 (23): 7232-7238.

[39] Erdmann K, Mohan T, Verkada J G, et al. ^{31}P solid-state NMR study of coals derivatized with phosphorus reagents [J]. Energy & Fuels, 1995, 9 (2): 354-358.

[40] Yi X F, Ko H H, Deng F, et al. Solid-state ^{31}P NMR mapping of active centers and relevant spatial correlations in solid acid catalysts [J]. Nature Protocol, 2020, 15, 3527-3555.

[41] Damodaran K, Wiench J W, Menezes S M C D, et al. Modification of H-ZSM-5 zeolites with phosphorus. 2. Interaction between phosphorus and aluminum studied by solid-state NMR spectroscopy [J]. Microporous & Mesoporous Materials, 2006, 95 (1-3): 296-305.

[42] Zhao P, Boekfa B, Nishitoba T, et al. Theoretical study on ^{31}P NMR chemical shifts of phosphorus-modified CHA zeolites [J]. Microporous and Mesoporous Materials, 2019, 294: 109908.

[43] Park J S, Taniguchi S, Park Y J. Alkali borosilicate glass by fly ash from a coal-fired power plant [J]. Chemosphere, 2009, 74 (2): 320-324.

[44] Zhang L, Kawashima H, Takanohashi T, et al. Partitioning of boron during the generation of ultra-clean fuel (hypercoal) by solvent extraction of coal [J]. Energy & Fuels, 2008, 22 (2): 1183-1190.

[45] Kashiwakura S, Takahashi T, Nagasaka T. Vaporization behavior of boron from standard coals in the early stage of combustion [J]. Fuel, 2011, 90 (4): 1408-1415.

[46] Hayashi S I, Takahashi R, Kanehashi R, et al. Chemical state of boron in coal fly ash investigated by

274

focused-ion-beam time-of-flight secondary ion mass spectrometry (FIB-TOF-SIMS) and satellite-transition magic angle spinning nuclear magnetic resonance (STMAS NMR) [J]. Chemosphere, 2010, 80 (8): 881-887.

[47] Kashiwakura S, Takahashi T, Maekawa H, et al. Application of ^{11}B MAS-NMR to the characterization of boron in coal fly ash generated from Nantun coal [J]. Fuel, 2010, 89 (5): 1006-1011.

[48] Kroeker S, Stebbins J F. Three-coordinated boron-11 chemical shifts in borates [J]. Inorganic Chemistry, 2001, 40 (24): 6239-6246.

[49] Lee A C, Lee S K. Network polymerization and cation coordination environments in boron-bearing rhyolitic melts: Insights from [17]O, ^{11}B, and ^{27}Al solid-state NMR of sodium aluminoborosilicate glasses with varying boron content [J]. Geochimica et Cosmochimica Acta, 2020, 268: 325-347.

[50] Xiong J C, Maciel G E. In situ variable-temperature high-resolution ^{1}H NMR studies of molecular dynamics and structure in coal [J]. Energy & Fuels, 1997, 11 (4): 856-865.

附录

缩写	英文	中文释义
BR-24	Burum & Rhim（pulse sequence）	布鲁姆和里姆（脉冲）
BO	Bridging Oxygen	桥接氧
CAT	Computer of Average Transients	瞬态讯号平均仪
CIDNP	Chemically Induced Dynamic Nuclear Polarization	化学诱导动态核极化
CODEX	Center-band Only Detection of Exchange	只检测中心波段的交换
COSY	Homonuclear chemical shift COrrelation SpectroscopY	同核化学位移相关波谱
CP	Cross Polarization	交叉极化
CPD	Composite-Pulse Decoupling	复合-脉冲解耦
CP/MAS	Cross Polarization/Magic Angle Spinning	交叉极化/魔角旋转
CRAMPS	Combined Rotational and Multiple Pulse Spectroscopy	旋转和多脉冲联合光谱
CRAZED	COSY Revamped by Asymmetric Z-gradient Echo Detection	利用非对称 z 梯度回波检测来改进同核化学位移相关波谱
CRINEPT	combination of Cross-correlated relaxation-induced polarization transfer and INEPT	相互关联弛豫诱导极化转移与极化增强的不敏感核
CSA	Chemical Shift Anisotropy	化学位移各向异性
CW	continuous wave	连续波
CYCLOPS	Cyclically Ordered Phase Sequence	循环有序相位序列
DAS	Dynamic Angle Spinning	动态角度旋转
DCNMR	NMR in Presence of an Electric Direct Current	在直流电存在下的核磁共振
DD	Dipole-Dipole	偶极-偶极
DDF	Distant Dipolar Field	远程偶极场
DECSY	Double-quantum Echo Correlated Spectroscopy	双量子回波相关光谱

缩写	英文	中文释义
DEFT	Driven Equilibrium Fourier Transform	驱动平衡傅里叶变换
DEPT	Distortionless Enhancement by Polarization Transfer	通过偏振传输实现无失真增强
DFT	Discrete Fourier Transform	离散傅里叶变换
2DFTS	two Dimensional FT Spectroscopy	二维傅里叶变换谱
DMSO	dimethyl-sulfoxide	二甲基亚砜
DNMR	Dynamic NMR	动态核磁共振
DNP	Dynamic Nuclear Polarization	动态核极化
DOR	Double-Orientation Rotation	双向旋转
DOSY	Diffusion-Ordered Spectroscopy	扩散排序谱
2D-PASS	2D-Phase Adjusted Spinning Sidebands	2d 相位调整旋转边带
DQ（C）	Double Quantum（Coherence）	双量子（相干性）
DQD	Digital Quadrature Detection	数字正交检波
DQF	Double Quantum Filter	双量子滤波
DQF-COSY	Double Quantum Filtered COSY	双量子滤波同核化学位移相关波谱
DRDS	Double Resonance Difference Spectroscopy	双共振差分光谱学
DRESS	Depth Resolved Spectroscopy	深度分辨光谱法
DSA	Data-Shift Acquisition	数据移位采集
ECOSY	Exclusive Correlation Spectroscopy	排他相关光谱学
EFG	Electric Field Gradient	电场梯度
ELDOR	ELectron-electron Double Resonance	电子双共振
ENDOR	Electron-nuclear Double Resonance	电子核双共振
EPI	Echo Planar Imaging	平面回波成像
EPR	Electron Paramagnetic Resonance	电子顺磁共振
EPRI	Electron Paramagnetic Resonance Imaging	电子顺磁共振成像
ESR	Electron Spin Resonance	电子自旋共振
ESEEM	Electron Spin Echo Envelope Modulation	电子自旋回波
EXORCY-CLE	4-step phase cycle for spin echoes	自旋回波的 4 步相位循环
EXSY	Exchange Spectroscopy	交换频谱
FFT	Fast Fourier Transformation	快速傅里叶变换
FID	Free Induction Decay	自由感应衰减
FIREMAT	FIve p Replicated Magic Angle Turning	5p 复制魔角翻转
FLOPSY	Flip-Flop Spectroscopy	触发器光谱学
FMRI	functional Magnetic Resonance Imaging	机能性磁共振成像

缩写	英文	中文释义
FOCSY	Foldover-Corrected Spectroscopy	折叠校正光谱
FONMR	field Focusing Nuclear Magnetic Resonance	场聚焦核磁共振
FOV	Field of View	视野
FSLG	Frequency-Switched Lee-Goldburg	李-戈德伯格频率转换
FT	Fourier Transformation	傅里叶变换
GARP	Globally Optimized Alternating Phase Rectangular Pulse	全局优化的交变相位矩形脉冲
GD	Gated Decoupling	门控去耦技术
GBIRD	Gradient-BIRD	梯度双线性旋转去耦（脉冲）
GES	Gradient-Echo Spectroscopy	梯度回波光谱学
GRASS	Gradient-Recalled Acquisition in the Steady State	梯度-稳态中的捕获
GRASP	Gradient-Accelerated Spectroscopy	梯度加速光谱学
H，C-COSY	1H，13C chemical-shift COrrelation SpectroscopY	1H，13C 化学位移相关光谱
H，X-COSY	1H，X-nucleus chemical-shift COrrelation SpectroscopY	1H，X 核化学位移相关光谱
HETCOR	Heteronuclear Correlation Spectroscopy	异核相关谱
HMBC	Heteronuclear Multiple-Bond Correlation	异核多键关联
HMQC	Heteronuclear Multiple Quantum Coherence	异核多量子相干
HOESY	Heteronuclear Overhauser Effect Spectroscopy	异核欧佛豪瑟效应频谱
HOHAHA	Homonuclear Hartmann-Hahn spectroscopy	同核哈特曼-哈恩光谱
HR	High Resolution	高分辨率
HSP	Homogeneity-Spoiling Pulse	均匀性突变脉冲
HSQC	Heteronuclear Single Quantum Coherence	异核单量子相干谱
IFSERF	Isotope-Filtered SElective ReFocusing	同位素过滤选择性重聚焦
INADE-QUATE	Incredible Natural Abundance Double Quantum Transfer Experiment	不可思议的自然丰度双量子转移实验
INDOR	Internuclear Double Resonance	核间双共振
INEPT	Insensitive Nuclei Enhanced by Polarization	极化增强的不敏感核
INVERSE	H，X correlation via 1H detection	H，X 通过 1H 检测相关
IR	Inversion-Recovery	翻转-复原
ISIS	Image-Selected In vivo Spectroscopy	活体光谱学中的图像选择
JR	Jump-and-Return sequence (90y-τ- 90- y)	跳跃-返回序列（90y-τ- 90- y）
JRES	J-resolved spectroscopy	J 分辨光谱法
LSR	Lanthanide Shift Reagent	镧系位移试剂
MARF	Magic Angle in the Rotating Frame	旋转框架中的魔角
MAS	Magic-Angle Spinning	魔角自旋

缩写	英文	中文释义
MASS	Magic Angle Sample Spinning	试样魔角自旋
MAT	Magic-Angle Turning	魔角旋转
MEM	Maximum Entropy Method	最大熵法
MO	Molecular Orbital (in quantum theory)	分子轨道（量子理论）
MQ（C）	Multiple-Quantum (Coherence)	多重量子（一致性）
MQF	Multiple-Quantum Filter	多量子滤波
MQMAS	Multiple-Quantum Magic-Angle Spinning	多量子魔角自旋
MQS	Multi Quantum Spectroscopy	多量子光谱
MRA	Magnetic Resonance Angiography	磁共振血管造影
MREV	Mansfield-Rhim-Elleman-Vaughan sequence for dipolar line narrowing	偶极线变窄的曼斯菲尔德·里姆·埃勒曼·沃恩序列
MRFM	Magnetic Resonance Force Microscopy	磁共振力显微镜
MRI	Magnetic Resonance Imaging	磁共振成像
MRS	Magnetic Resonance Spectroscopy	核磁共振光谱学
NMR	Nuclear Magnetic Resonance	核磁共振
NBO	Non-Bridging Oxygen	非桥接氧
NMR-MOUSE	NMR-MObile Universal Surface Explorer	核磁共振-移动通用表面探索者
NMRI	Nuclear Magnetic Resonance Imaging	核磁共振成像
NOE	Nuclear Overhauser Effect	核欧佛豪瑟效应
NOESY	Nuclear Overhauser Effect Spectroscopy	核欧佛豪瑟效应频谱
NQCC	Nuclear Quadrupole Coupling Constant	核四极耦合常数
NQR	Nuclear Quadrupole Resonance	核四极共振
NQS	Non Quaternary Suppression	非四级抑制
OMRI	Overhauser Magnetic Resonance Imaging	欧佛豪瑟磁共振成像
P2DSS	Pseudo 2D Sideband Suppression	伪 2D 边带抑制
PENDANT	Polarization Enhancement During Attached Nucleus Testing	附核试验中的极化增强
PFG	Pulsed Field Gradient	脉冲梯度场
PGSE	Pulsed Gradient Spin Echo	脉冲梯度自旋回波
*PMFG	Pulsed Magnetic Field Gradient	脉冲磁场梯度
PHORMAT	Phase CORrected MAT	魔角旋转相位校正
ppm	Parts per million	百万分之
POF	Product Operator Formalism	积算符理论
PRESS	Point RESolved Spectroscopy	点分辨光谱法
PRFT	Partially Relaxed Fourier Transform	部分松弛傅里叶变换

缩写	英文	中文释义
PSD	Phase-sensitive Detection	相敏检波器
PSF	Point Spread Function	点分布函数
PW	Pulse Width	脉冲宽度
QCPMG	Quadrupolar Carr – Purcell Meiboom – Gill	卡尔·珀塞尔·梅布姆鳃四极
QPD	Quadrature Phase Detection	正交相位检测
QF	Quadrupole moment/Field gradient (interaction or relaxation mechanism)	四极矩/场梯度（相互作用或弛豫机制）
RARE	Rapid Acquisition Relaxation Enhanced	快速采集弛豫增强
RAPT	Rotor Assisted Population Transfer	转子辅助种群转移
RCT	Relayed Coherence Transfer	转播相干传递
RECSY	Multistep Relayed Coherence Spectroscopy	多步中继相干光谱学
REDOR	Rotational Echo Double Resonance	旋转回波双共振
RELAY	Relayed Correlation Spectroscopy	传递关联能谱法
RFDR	Radio Frequency Driven Decoupling	射频驱动去耦
RF	Radio Frequency	无线电频率
ROESY	Rotating Frame Overhauser Effect Spectroscopy	旋转坐标系欧佛豪瑟效应频谱
RR	Rotational Resonance	旋转共振
SA	Shielding Anisotropy	位移各向异性
SDDS	Spin Decoupling Difference Spectroscopy	自旋解耦差分光谱学
SE	Spin Echo	自旋回波
SECSY	Spin-Echo Correlated Spectroscopy	自旋回波相关光谱
SEDOR	Spin Echo Double Resonance	自旋回波双共振
SEFT	Spin-Echo Fourier Transform Spectroscopy (with J modulation)	自旋回波傅里叶变换光谱（J 调制）
SELINCOR	Selective Inverse Correlation	选择性反相关
SELIN-QUATE	Selective INADEQUATE	选择性不可思议的自然丰度双量子转移实验
SEMQT	Subspectral Editing using a Multiple-Quantum Trap	使用多量子阱进行子光谱编辑
SELTICS	Sideband ELimination by Temporary Interruption of the Chemical Shift	通过暂时中断化学位移来消除边带
SFORD	Single Frequency Off-Resonance Decoupling	单频非共振去耦
SI	Spectroscopy Imaging	光谱成像
SNR or S/N	Signal-to-noise Ratio	信噪比
SPACE	Spatial and Chemical-Shift Encoded Excitation	空间和化学位移编码激发
SPAM	Soft-Pulse Added Mixing	软脉冲加混

缩写	英文	中文释义
SPEED	Stroboscopic Phase Encoding in the Evolution Dimension	进化维的频闪相位编码
SPI	Selective Population Inversion	有选择性的粒子数反转
SPINOE	Spin Polarization-Induced Nuclear Overhauser Effect	自旋极化诱导的欧佛豪瑟效应
SPT	Selective Population Transfer	粒子选择布局
SQF	Single-Quantum Filter	单量子滤波
SR	Saturation-Recovery	恢复饱和
SSI	Solid State Imaging	固态成像
STE	Stimulated Echo	受激回波
STEAM	Stimulated Echo Acquisition Mode for imaging	成像的受激回波采集模式
STMAS	Satellite-Transition Magic-Angle Spinning	卫星跃迁魔角自旋
TE	Time delay between excitation and Echo maximum	激发和回波最大间隔时间
TEDOR	Transferred Echo Double Resonance	转移回波双共振
TMR	Topical Magnetic Resonance	局部核磁共振
TMS	tetramethylsilane，$(CH_3)_4Si$	四甲基硅烷
TOCSY	Total Correlation Spectroscopy	全相关谱
TOSS	Total Suppression of Sidebands	边带的总抑制
TPPM	Two-Pulse Phase Modulation	双脉冲相位调制
TQ	Triple Quantum	三量子
TQF	Triple-Quantum Filter	三量子滤波
TR	Time for Repetition of excitation	重复激发的时间
TROSY	Transverse Relaxation-Optimized SpectroscopY	横向松弛优化光谱学
X-Filter	Selection of 1H-1H correlations when both H are coupled to X	当两个 H 都与 X 耦合时，1H-1H 相关性的选择
X-Half-Filter	Selection of 1H-1H correlations when one H is coupled to X	当一个 H 与 X 耦合时，1H-1H 相关性的选择
Z-COSY	COSY with z-filter	同核化学位移相关波谱与 z 过滤器
Z-Filter	pulse sandwich for elimination of signal components with dispersive phase	脉冲夹心用于消除具有色散相位的信号分量
ZECSY	Zero-Quantum Echo-Correlated Spectroscopy	零量子回波相关光谱
ZQ（C）	Zero-Quantum（Coherence）	零量子滤波（一致性）
ZQF	Zero-Quantum Filter	零量子滤波
β-COSY	COSY with small flip angle mixing pulse β	同核化学位移相关波谱与小翻转角度混合脉冲 β

缩写	英文	中文释义
T_1	Longitudinal (spin-lattice) relaxation time for MZ	纵向（自旋-晶格）弛豫时间
T_2	Transverse (spin-spin) relaxation time for Mxy	横向（自旋-自旋）弛豫时间
$T_1\rho$	T_1 of spin-locked magnetization in rotating frame	旋转架上自旋锁定磁化的 T_1
$T_2\rho$	T_2 of spin-locked magnetization in rotating frame	旋转架上自旋锁定磁化的 T_2
t_n	time domain of the n-th dimension	第 n 维的时域
F_n	frequency domain of the n-th dimension	第 n 维的频域
t_m	mixing time	混合时间
τ_c	rotational correlation time	旋转相关时间
	Tri-cluster	三团簇

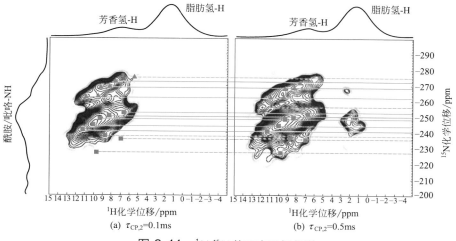

图 2-11　¹H-¹⁵N 的双交叉极化谱

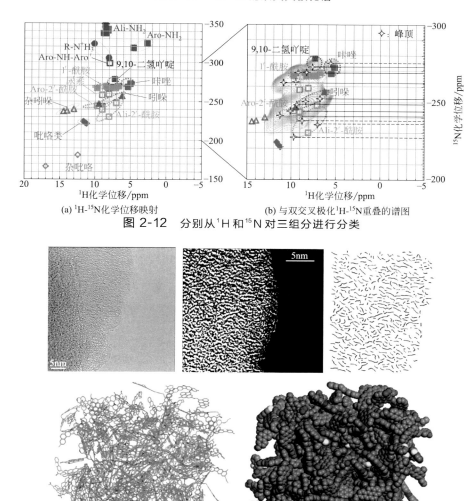

图 2-12　分别从 ¹H 和 ¹⁵N 对三组分进行分类

图 2-15　综合 NMR 获得的分子结构参数构建的富惰质组煤的分子模型

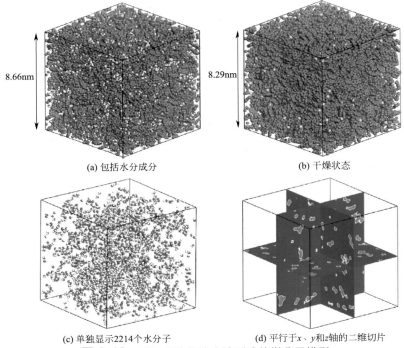

(a) 包括水分成分　　　　　　　　　　(b) 干燥状态

(c) 单独显示2214个水分子　　　　(d) 平行于x、y和z轴的二维切片

图 2-16　基于自动构建方法形成的煤分子模型

（形成聚集体的水分子所占的体积用红色表示；原子用球表示）

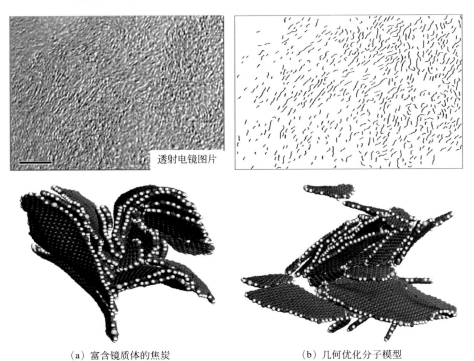

透射电镜图片

（a）富含镜质体的焦炭　　　　　　（b）几何优化分子模型

图 2-31　煤分子结构的几何优化模型

（绿色＝C，白色＝H，红色＝O，蓝色＝N，黄色＝S）

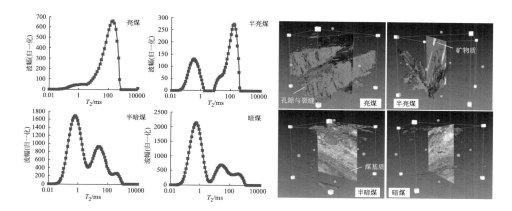

图 3-16　不同显微组分孔-裂隙的T_2分布及 CT 图像

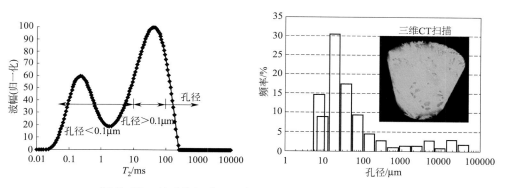

图 3-19　核磁共振（NMR）和 MIP 技术对孔结构的分析

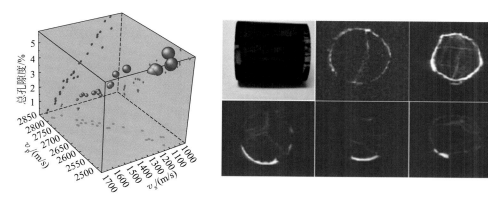

(a) 总孔隙度与纵波速度、横波速度的关系
(紫色球的尺寸增加表明相应样品的孔隙度增加；
黄点表示v_p和v_s的关系；红色代表v_p和总孔隙度
的关系；绿点代表v_s和总孔隙度的关系)

(b) 利用二维核磁共振图像检测自旋密度
(测量过程中，样品被水覆盖)

图 3-20　结合 NMR 和 LM 算法对煤孔隙的分析

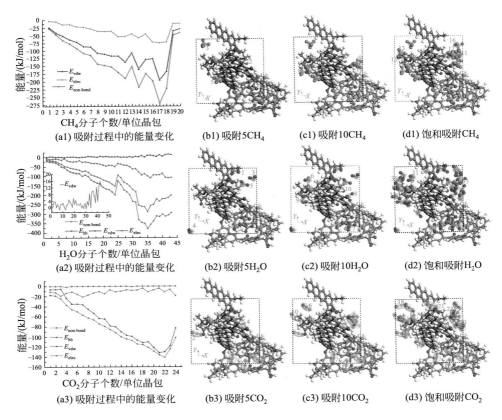

(a1) 吸附过程中的能量变化　　(b1) 吸附5CH$_4$　　(c1) 吸附10CH$_4$　　(d1) 饱和吸附CH$_4$

(a2) 吸附过程中的能量变化　　(b2) 吸附5H$_2$O　　(c2) 吸附10H$_2$O　　(d2) 饱和吸附H$_2$O

(a3) 吸附过程中的能量变化　　(b3) 吸附5CO$_2$　　(c3) 吸附10CO$_2$　　(d3) 饱和吸附CO$_2$

图 3-22　借助分子模拟和 NMR 分析煤基质对甲烷、水和二氧化碳的吸附

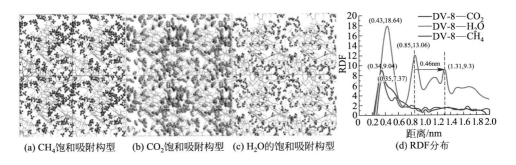

(a) CH$_4$饱和吸附构型　　(b) CO$_2$饱和吸附构型　　(c) H$_2$O的饱和吸附构型　　(d) RDF分布

图 3-23　不同介质的饱和吸附构型和 RDF 分布

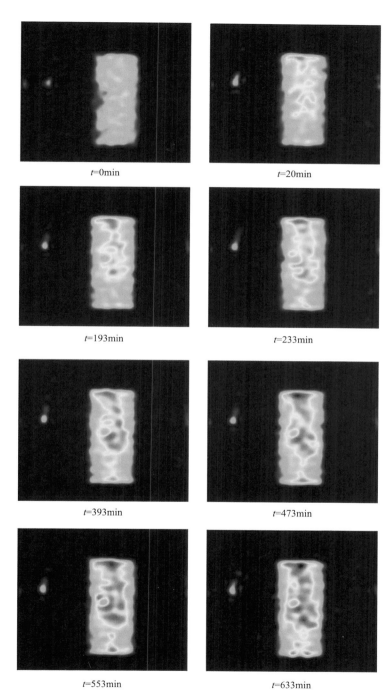

t=0min   t=20min

t=193min   t=233min

t=393min   t=473min

t=553min   t=633min

图 3-25 吸附 CH_4 过程煤样实时成像

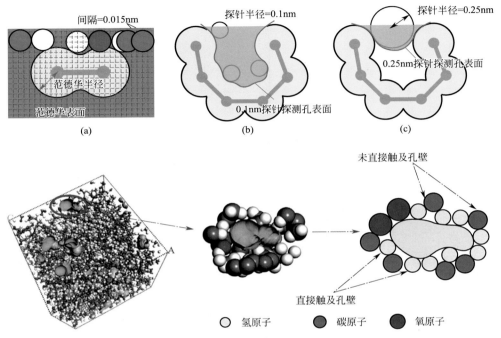

图 3-29　用不同尺寸的探针探测的原子和孔隙表面

○ 氢原子　● 碳原子　● 氧原子

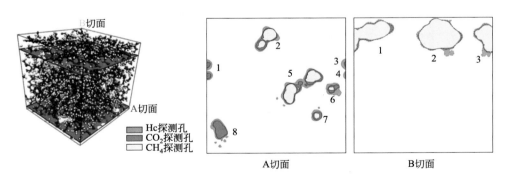

图 3-30　三维大分子结构中的超微孔（可接近的孔隙）

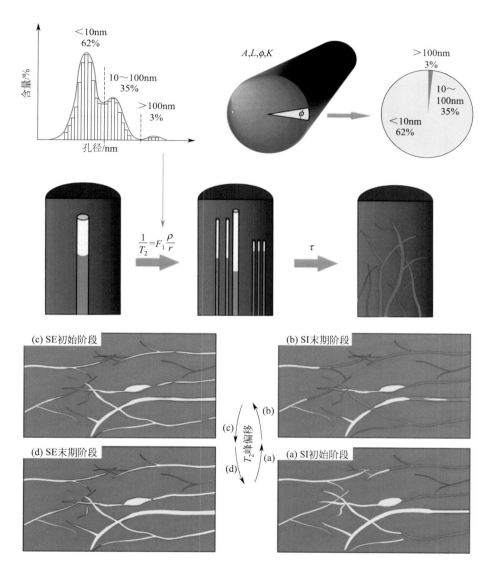

图 3-36　核磁共振自发吸收模型分析方法及自发
吸收和自发蒸发过程中煤孔隙网中的水分迁移
（SI：自发吸收　SE：自发蒸发）

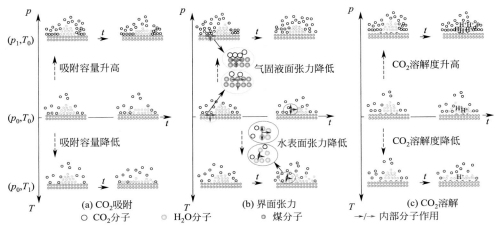

图 3-39 影响水煤润湿行为的压力和温度因素

(a) CO_2吸附　○ CO_2分子

(b) 界面张力　● H_2O分子

(c) CO_2溶解　● 煤分子

→/→ 内部分子作用

○ 成网元素

● 桥接氧(BO)

● 非桥接氧(NBO)

Q^4　Q^3　Q^2　Q^1　Q^0

图 4-4 Q^n 结构示意

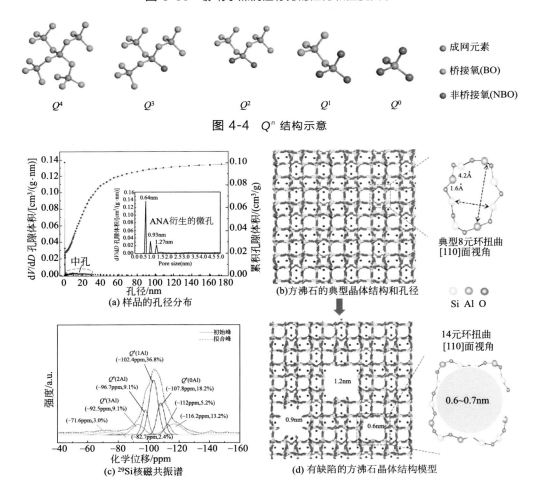

(a) 样品的孔径分布

ANA衍生的微孔

0.64nm

0.93nm

1.27nm

中孔

(b) 方沸石的典型晶体结构和孔径

典型8元环扭曲[110]面视角

4.2Å　1.6Å

Si　Al　O

(c) ^{29}Si核磁共振谱

——初始峰　----拟合峰

Q^4(1Al)(−102.4ppm,36.8%)

Q^4(2Al)(−96.7ppm,9.1%)

Q^4(0Al)(−107.8ppm,18.2%)

Q^4(3Al)(−92.5ppm,9.1%)

(−112ppm,5.2%)

(−71.6ppm,3.0%)

(−116.2ppm,13.2%)

(−82.7ppm,2.4%)

(d) 有缺陷的方沸石晶体结构模型

14元环扭曲[110]面视角

0.6~0.7nm

1.2nm

0.9nm

0.6nm

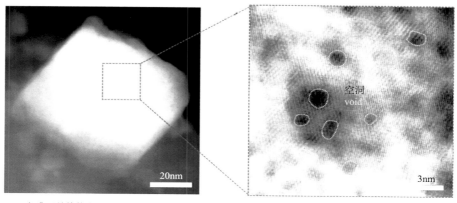

(e) 方沸石晶体的高分辨率投射电镜图像   (f) 方沸石晶体的高分辨率投射电镜图像

图 4-13 粉煤灰合成沸石基纳滤膜

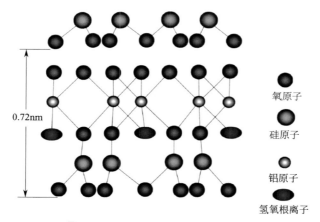

0.72nm

氧原子

硅原子

铝原子

氢氧根离子

图 4-24 黏土矿物中硅和铝的结构

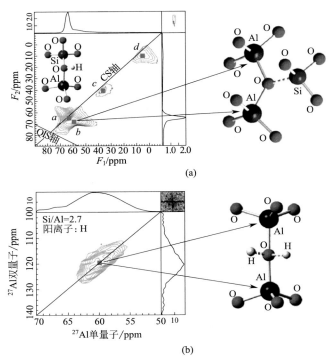

(a)

(b)

图 4-47　HY（Si/Al= 2.7）型沸石的核磁共振谱图二维 ^{27}Al DQMAS 谱

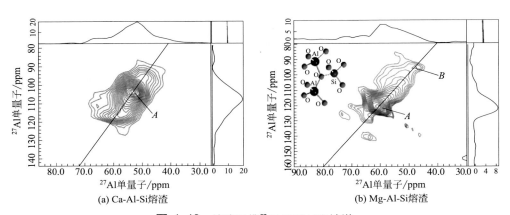

(a) Ca-Al-Si熔渣　　　(b) Mg-Al-Si熔渣

图 4-48　熔渣二维 ^{27}Al DQMAS 波谱

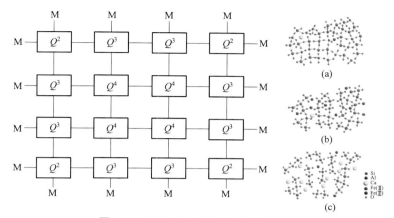

图 4-50　T-O-T 结构团簇的假设模型

（实矩形表示 SiO_4 四面体，实线表示 Si-O 键，　M 表示碱和碱土阳离子）

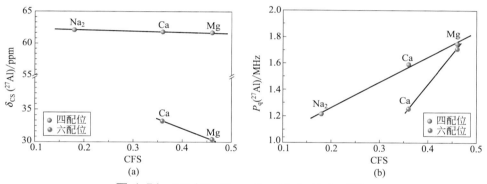

图 4-54　RO（R= Na₂，Ca，Mg）-Al₂O₃-SiO₂

的熔渣结构中 ^{27}Al 的 CFS 和 δ_{CS}、PQ 的关系

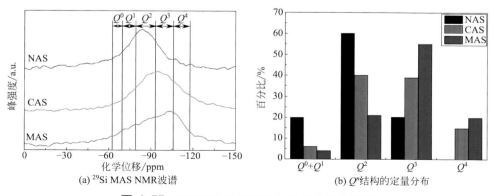

图 4-55　不同阳离子的熔渣中 Si-O 的结构特征

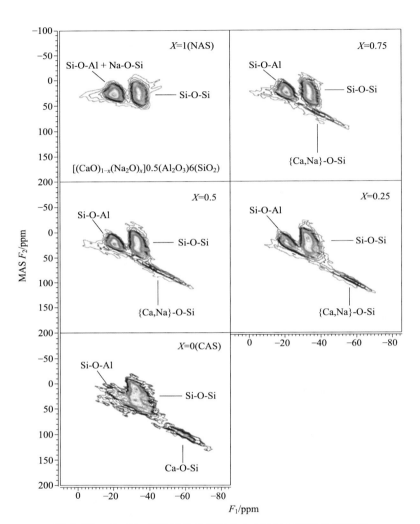

图 4-59 Ca-Na 铝硅酸盐玻璃的 ^{17}O 3QMAS 核磁共振波谱

（场强 14.1 T）（在钠铝硅酸盐玻璃中， Na-NBO 峰与 Si-O-Al 峰重叠）

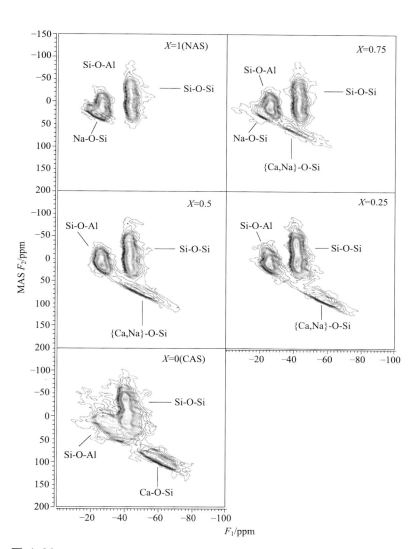

图 4-60　Ca-Na 铝硅酸盐玻璃的^{17}O 3QMAS 核磁共振波谱（场强 9.4T）

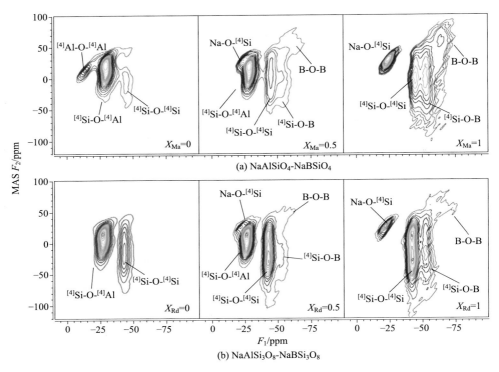

图 4-64　不同 B/（B+ Al）条件下玻璃的 ^{17}O 3QMAS NMR 谱

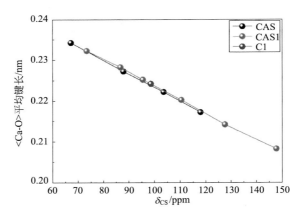

图 4-84　熔渣 CAS 和 CAS1 中的平均< Ca-O> 键长与 ^{43}Ca 各向同性化学位移（ δ_{CS} ）的关系

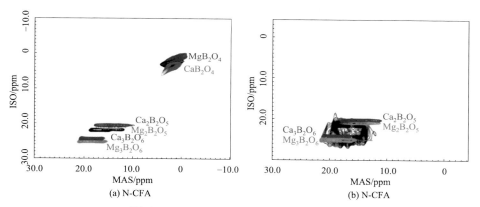

(a) N-CFA (b) N-CFA

图 4-99 两种燃煤飞灰的 ^{11}B STMAS 谱

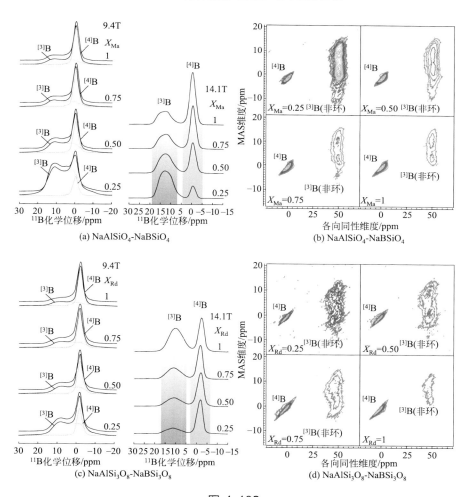

(a) NaAlSiO$_4$-NaBSiO$_4$ (b) NaAlSiO$_4$-NaBSiO$_4$

(c) NaAlSi$_3$O$_8$-NaBSi$_3$O$_8$ (d) NaAlSi$_3$O$_8$-NaBSi$_3$O$_8$

图 4-102

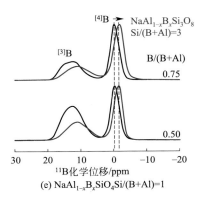

图 4-102 NaAlSiO₄-NaBSiO₄ 玻璃的¹¹B MAS NMR 分析

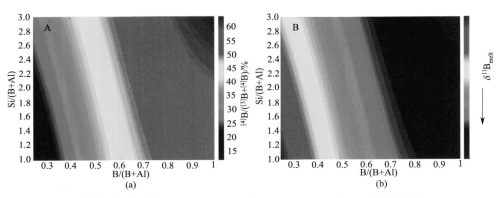

图 4-104 [4]B 结构比例与 B/（B+ Al）和 Si/（B+ Al）关系[49]